高职高专测绘类专业"十二五"规划教材·规范版

教育部测绘地理信息职业教育教学指导委员会组编

测 绘 工 程 C A D (第二版)

■ 主　编　吕翠华

■ 副主编　孙艳崇　张伟红

WUHAN UNIVERSITY PRESS
武汉大学出版社

图书在版编目(CIP)数据

测绘工程CAD/吕翠华主编;孙艳崇,张伟红副主编. —2版.—武汉:武汉大学出版社,2013.2(2021.1重印)
高职高专测绘类专业"十二五"规划教材·规范版
ISBN 978-7-307-10421-1

Ⅰ.测… Ⅱ.①吕… ②孙… ③张… Ⅲ.工程测量—AutoCAD 软件—高等职业教育—教材 Ⅳ.TB22-39

中国版本图书馆 CIP 数据核字(2013)第 013934 号

责任编辑:谢文涛   责任校对:黄添生   版式设计:马 佳

出版发行:**武汉大学出版社** (430072 武昌 珞珈山)
        (电子邮箱:cbs22@whu.edu.cn 网址:www.wdp.com.cn)
印刷:湖北金海印务有限公司
开本:787×1092 1/16 印张:18 字数:419千字 插页:1
版次:2011 年 8 月第 1 版 2013 年 2 月第 2 版
     2021 年 1 月第 2 版第 8 次印刷
ISBN 978-7-307-10421-1/TB·45   定价:35.00 元

高职高专测绘类专业 "十二五"规划教材·规范版
编审委员会

序

    武汉大学出版社根据高职高专测绘类专业人才培养工作的需要，于2011年和教育部高等教育高职高专测绘类专业教学指导委员会合作，组织了一批富有测绘教学经验的骨干教师，结合目前教育部高职高专测绘类专业教学指导委员会研制的"高职测绘类专业规范"对人才培养的要求及课程设置，编写了一套《高职高专测绘类专业"十二五"规划教材·规范版》。该套教材的出版，顺应了全国测绘类高职高专人才培养工作迅速发展的要求，更好地满足了测绘类高职高专人才培养的需求，支持了测绘类专业教学建设和改革。

    当今时代，社会信息化的不断进步和发展，人们对地球空间位置及其属性信息的需求不断增加，社会经济、政治、文化、环境及军事等众多方面，要求提供精度满足需要，实时性更好、范围更大、形式更多、质量更好的测绘产品。而测绘技术、计算机信息技术和现代通信技术等多种技术集成，对地理空间位置及其属性信息的采集、处理、管理、更新、共享和应用等方面提供了更系统的技术，形成了现代信息化测绘技术。测绘科学技术的迅速发展，促使测绘生产流程发生了革命性的变化，多样化测绘成果和产品正不断努力满足多方面需求。特别是在保持传统成果和产品的特性的同时，伴随信息技术的发展，已经出现并逐步展开应用的虚拟可视化成果和产品又极好地扩大了应用面。提供对信息化测绘技术支持的测绘科学已逐渐发展成为地球空间信息学。

    伴随着测绘科技的发展进步，测绘生产单位从内部管理机构、生产部门及岗位设置，进而相关的职责也发生着深刻变化。测绘从向专业部门的服务逐渐扩大到面对社会公众的服务，特别是个人社会测绘服务的需求使对测绘成果和产品的需求成为海量需求。面对这样的形势，需要培养数量充足，有足够的理论支持，系统掌握测绘生产、经营和管理能力的应用性高职人才。在这样的需求背景推动下，高等职业教育测绘类专业人才培养得到了蓬勃发展，成为了占据高等教育半壁江山的高等职业教育中一道亮丽的风景。

    高职高专测绘类专业的广大教师积极努力，在高职高专测绘类人才培养探索中，不断推进专业教学改革和建设，办学规模和专业点的分布也得到了长足的发展。在人才培养过程中，结合测绘工程项目实际，加强测绘技能训练，突出测绘工作过程系统化，强化系统化测绘职业能力的构建，取得很多测绘类高职人才培养的经验。

    测绘类专业人才培养的外在规模和内涵发展，要求提供更多更好的教学基础资源，教材是教学中的最基本的需要。因此面对"十二五"期间及今后一段时间的测绘类高职人才培养的需求，武汉大学出版社将继续组织好系列教材的编写和出版。教材编写中要不断将测绘新科技和高职人才培养的新成果融入教材，既要体现高职高专人才培养的类型层次特征，也要体现测绘类专业的特征，注意整体性和系统性，贯穿系统化知识，构建较好满足现实要求的系统化职业能力及发展为目标；体现测绘学科和测绘技术的新发展、测绘管理与生产组织及相关岗位的新要求；体现职业性，突出系统工作过程，注意测绘项目工程和生产中与相关学科技术之间的交叉与融合；体现最新的教学思想和高职人才培养的特色，在传统的教材基础上勇于创新，按照课程改革建设的教学要求，让教材适应于按照"项目教学"及实训的教学组织，突出过程和能力培养，具有较好的创新意识。要让教材适合高职高专测绘类专业教学使用，也可提供给相关专业技术人员学习参考，在培养高端技能应用性测绘职业人才等方面发挥积极作用，为进一步推动高职高专测绘类专业的教学资源建设，作出新贡献。

按照教育部的统一部署，教育部高等教育高职高专测绘类专业教学指导委员会已经完成使命，停止工作，但测绘地理信息职业教育教学指导委员会将继续支持教材编写、出版和使用。

教育部测绘地理信息职业教育教学指导委员会副主任委员

二〇一三年一月十七日

前　　言

AutoCAD 是美国 Autodesk 公司推出的通用计算机辅助绘图与设计软件包，目前已广泛应用于机械、建筑、电子、航天、造船、石油化工、土木工程、冶金、农业、气象、纺织、轻工业等领域，并成为工程设计领域中应用最为广泛的计算机辅助设计软件之一。

随着数字化测图的迅速发展和广泛使用，大部分测绘单位已经把 AutoCAD 作为数字化测图的一种工具。AutoCAD 强大的绘图功能和二次开发功能赢得了测绘生产单位和工程技术人员的喜爱，因此掌握 AutoCAD 制图技术已成为测绘工程技术人员必备的一项基本技能。

本书是编写组结合多年的教学和工程实践经验编写而成。全书共由 10 章构成，主要内容包括：AutoCAD 2010 基础知识，简单对象的绘制与编辑，复杂对象的绘制与编辑，使用图块和外部参照，文字、表格与尺寸标注，地形图的绘制，道路工程图的绘制，地物的三维建模，图形输入输出和打印，AutoLISP 常用函数及绘图程序设计。为便于读者快速查看命令和绘制图形，增加了附录 I　AutoCAD 2010 常用命令列表和附录 II　AutoCAD 2010 常用快捷功能键。

在编写过程中，按照理论与实践的统一及"教学做一体化"的要求，每一章均设计了上机实训项目，提出本章所涉及的技能训练要求和目标，给出必要的操作提示；并针对主要的知识点编写相应的习题与思考题，进一步加深和强化学生的学习成效。内容组织体现系统性、逻辑性、先进性和职业性，力求为"理实一体化"教学提供优质的教材。

本书由昆明冶金高等专科学校吕翠华确定编写大纲和整体结构。参加编写的人员有辛立国、周宏达、孙艳崇、张伟红、郭昆林、戴婷婷、陈秀萍、刘岩、弓永利、李琛琛、刘仁钊。各章节的编写分工如下：第 1 章由湖北国土资源职业学院戴婷婷编写，第 2 章由沈阳农业大学高职学院辛立国、重庆工程职业技术学院周宏达、昆明冶金高等专科学校吕翠华编写，第 3 章由昆明冶金高等专科学校吕翠华编写，第 4 章由云南省测绘工程院陈秀萍编写，第 5 章由内蒙古建筑职业技术学院弓永利、李琛琛编写，第 6 章由沈阳农业大学高职学院刘岩、昆明冶金高等专科学校吕翠华编写，第 7 章由辽宁交通高等专科学校孙艳崇编写，第 8 章由昆明冶金高等专科学校张伟红编写，第 9 章由湖北国土资源职业学院刘仁钊编写，第 10 章和附录由昆明冶金高等专科学校郭昆林编写。全书由吕翠华统稿。

在编写过程中参阅了大量的书籍和文献资料，在此谨向这些参考书籍和文献资料的作者表示感谢！

本书结构清晰，内容组织由浅入深，具有较强的实用性和通用性，可作为测绘类相关专业的教材使用，也可供工程技术人员参考。

由于编者水平有限，书中可能存在不少疏漏和错误之处，恳请读者批评指正。

编　者

2012 年 10 月

目　　录

第1章　AutoCAD 2010 基础知识

【教学目标】

通过本章的学习，要求熟悉 AutoCAD 2010 绘图环境和界面，了解坐标系统及其图形文件管理，熟练地掌握命令的输入和终止，坐标的输入方法，辅助作图工具和图层的使用。

1.1　AutoCAD 概述

AutoCAD 是由美国 Autodesk 公司开发的通用计算机辅助绘图与设计软件包，具有易于掌握、使用方便、体系结构开放等特点，深受广大工程技术人员的欢迎。AutoCAD 自 1982 年问世以来，已经进行了近 20 次的升级，从而使其功能逐渐强大，且日趋完善。如今，AutoCAD 已广泛应用于机械、建筑、电子、航天、造船、石油化工、土木工程、冶金、农业、气象、纺织、轻工业等领域。在中国，AutoCAD 已成为工程设计领域中应用最为广泛的计算机辅助设计软件之一。

AutoCAD 2010 除在图形处理等方面的功能有所增强外，一个最显著的特征是增加了参数化绘图功能。用户可以对图形对象建立几何约束，以保证图形对象之间有准确的位置关系，如平行、垂直、相切、同心、对称等关系；可以建立标注约束，通过该约束，既可以锁定对象，使其大小保持固定，也可以通过修改尺寸值来改变所约束对象的大小。

AutoCAD 2010 的主要功能包括：

- 二维绘图与编辑；
- 创建表格；
- 文字标注；
- 尺寸标注；
- 参数化绘图；
- 三维绘图与编辑；
- 视图显示控制；
- 各种绘图实用工具；
- 数据库管理；
- Internet 功能；
- 图形的输入、输出；
- 图纸管理；
- 开放的体系结构。

1.1.1 AutoCAD 概述

1. 安装 AutoCAD 2010

AutoCAD 2010 软件以光盘形式提供，光盘中有名为 setup. exe 的安装文件。执行 setup. exe 文件，根据弹出的窗口选择、操作即可。

2. 启动 AutoCAD 2010

安装 AutoCAD 2010 后，系统会自动在 Windows 桌面上生成对应的快捷方式。双击该快捷方式，也可以通过 Windows 资源管理器、Windows 任务栏按钮等，启动 AutoCAD 2010。

3. AutoCAD 2010 经典工作界面

AutoCAD 2010 的经典工作界面由标题栏、菜单栏、各种工具栏、绘图窗口、光标、命令窗口、状态栏、坐标系图标、"模型/布局"选项卡和菜单浏览器等组成，如图 1.1 所示。

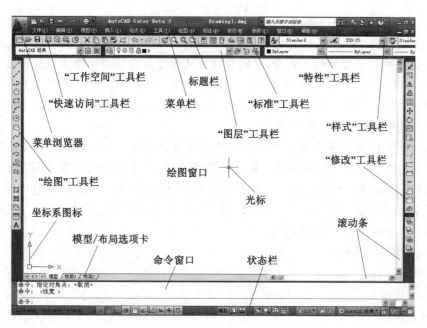

图 1.1　AutoCAD 2010 工作界面

a. 标题栏

标题栏与其他 Windows 应用程序类似，用于显示 AutoCAD 2010 的程序图标以及当前所操作图形文件的名称。

b. 菜单栏

菜单栏是主菜单，可利用其执行 AutoCAD 的大部分命令。单击菜单栏中的某一选项，会弹出相应的下拉菜单。图 1.2 为"视图"下拉菜单。

下拉菜单中，右侧有小三角的菜单项，表示它还有子菜单。图 1.2 显示了"缩放"子菜单；右侧有三个小点的菜单项，表示单击该菜单项后要显示一个对话框；右侧没有内容的菜单项，单击它后会执行对应的 AutoCAD 命令。

c. 工具栏

AutoCAD 2010 提供了 40 多个工具栏，每一个工具栏上均有一些形象化的按钮。单击某一按钮，可以启动 AutoCAD 的对应命令。

用户可以根据需要打开或关闭任一个工具栏。方法是：在已有工具栏上右击，弹出工具栏快捷菜单，通过其可实现工具栏的打开与关闭。

此外，通过选择下拉菜单"工具→工具栏→AutoCAD"对应的子菜单命令，也可以打开 AutoCAD 的各工具栏。

d. 绘图窗口

绘图窗口类似于手工绘图时的图纸，是用户用 AutoCAD 2010 绘图并显示所绘图形的区域。

e. 光标

当光标位于 AutoCAD 的绘图窗口时为"十"字形，所以又称为十字光标。十字线的交点为光标的当前位置。AutoCAD 的光标用于绘图、选择对象等操作。

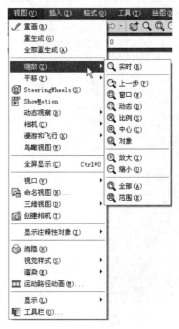

图 1.2 "缩放"子菜单

f. 坐标系图标

坐标系图标通常位于绘图窗口的左下角，表示当前绘图所使用的坐标系的形式以及坐标方向等。AutoCAD 提供有世界坐标系（World Coordinate System，WCS）和用户坐标系（User Coordinate System，UCS）两种坐标系。世界坐标系为默认坐标系。

g. 命令窗口

命令窗口是 AutoCAD 显示用户从键盘键入的命令和显示 AutoCAD 提示信息的地方。默认时，AutoCAD 在命令窗口保留最后三行所执行的命令或提示信息。用户可以通过拖动窗口边框的方式改变命令窗口的大小，使其显示多于 3 行或少于 3 行的信息。

h. 状态栏

状态栏用于显示或设置当前的绘图状态。状态栏上位于左侧的一组数字反映当前光标的坐标，其余按钮从左到右分别表示当前是否启用了捕捉模式、栅格显示、正交模式、极轴追踪、对象捕捉、对象捕捉追踪、动态 UCS、动态输入等功能以及是否显示线宽、当前的绘图空间等信息。

i. "模型/布局"选项卡

"模型/布局"选项卡用于实现模型空间与图纸空间的切换。

j. 滚动条

利用水平和垂直滚动条，可以使图纸沿水平或垂直方向移动，即平移绘图窗口中显示的内容。

图 1.3　菜单浏览器

k. 菜单浏览器

单击菜单浏览器，AutoCAD 会将浏览器展开，如图 1.3 所示。用户可通过菜单浏览器执行相应的操作。

4. 命令的使用

a. AutoCAD 命令及其执行方式
- 通过命令行输入命令；
- 通过菜单执行命令；
- 通过工具栏执行命令。

b. 重复执行命令

具体方法如下：

（1）按键盘上的 Enter 键或按 Space 键。

（2）光标位于绘图窗口，右击，AutoCAD 弹出快捷菜单，并在菜单的第一行显示重复执行上一次所执行的命令，选择此命令即可重复执行对应的命令。

（3）光标位于命令窗口，右击，AutoCAD 弹出快捷菜单，并在菜单的第一行显示"近期使用的命令"，此命令下有近期使用的 6 个命令，选择一个需要重复的命令即可重复执行对应的命令。

c. 命令的终止

在命令的执行过程中，用户可以通过按 Esc 键或右击，从弹出的快捷菜单中选择"取消"命令的方式终止 AutoCAD 命令的执行。

d. 透明命令

透明命令是指当执行 AutoCAD 的命令过程中可以执行的某些命令。

当在绘图过程中需要透明执行某一命令时，可直接选择对应的菜单命令或单击工具栏上的对应按钮，然后根据提示执行相应的操作。透明命令执行完毕后，AutoCAD 会返回到执行透明命令之前的提示，继续执行之前的命令。

通过键盘执行透明命令的方法为：在当前提示信息后输入单引号，再输入对应的透明命令后按 Enter 键或 Space 键，就可以根据提示执行该命令的对应操作，执行后 AutoCAD 会返回到透明命令之前的操作。

1.1.2　设置 CAD 的绘图环境

在绘图之前，可根据实际的需要设置好图纸的大小、长度和角度的类型、精度及角度的起始方向。

1. 设置图形界限

设置图形界限类似于手工绘图时选择绘图图纸的大小。有以下执行方式：
- 在命令行输入 LIMITS 命令；

4

- 选择菜单"格式→图形界限"命令。

输入命令后，AutoCAD命令行提示：

指定左下角点或[开(ON)/关(OFF)]<0.0000，0.0000>：　　//指定图形界限的左下角位置，直接按回车键或Space键则采用默认值

指定右上角点：　　//指定图形界限的右上角位置

2. 设置绘图单位格式

设置绘图的长度单位、角度单位的格式以及它们的精度。有以下执行方式：

- 在命令行输入UNITS(或UN)命令，回车；
- 选择菜单"格式→单位"命令。

AutoCAD弹出"图形单位"对话框，如图1.4所示。对话框中，"长度"选项组确定长度单位与精度；"角度"选项组确定角度单位与精度；还可以确定角度正方向、零度方向以及插入单位等。

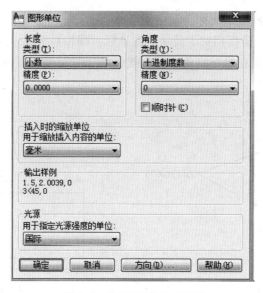

图1.4 "图形单位"对话框

1.1.3 AutoCAD坐标系

在AutoCAD中，坐标系统有世界坐标系统(WCS)和用户坐标系统(UCS)，世界坐标系统左下角有一个方框，其坐标原点和坐标轴方向都不能改变，但可从不同的角度来观察它。用户坐标系默认情况下和世界坐标系重合，可根据自己的需要改变原点和坐标轴方向，在三维绘图中应用较多。

绘制图形时，如何精确地输入点的坐标是绘图的关键。当输入点的坐标时，点的坐标类型有以下4种：

- 直角坐标(笛卡儿坐标)；

- 极坐标；
- 球面坐标；
- 柱面坐标。

在绘图过程中常用到直角坐标和极坐标的输入，本书主要介绍以下两种输入方法：

1. 直角坐标

（1）绝对直角坐标，即通常所说的笛卡儿坐标系，其坐标原点在图纸左下角，在 WCS 系统下，其用(X, Y, Z)表示。在 XOY 平面上，因 Z=0，所以通常可直接写为(X, Y)。

实例1.1：绘制如图 1.5 所示的图形。

操作步骤：

命令：LINE

LINE 指定第一点：50, 20

指定下一点或[放弃(U)]：136, 67

指定下一点或[放弃(U)]：45, 98

指定下一点或[闭合(C)/放弃(U)]：C

（2）相对直角坐标，是指相对于前一点的坐标，即相对于前一点在 X 轴方向及 Y 轴方向的位移，其表示方式是在绝对直角坐标的前面加"@"符号，写为(@X, Y)。

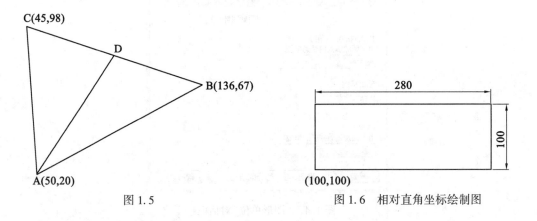

图 1.5

图 1.6　相对直角坐标绘制图

实例1.2：绘制如图 1.6 所示的图形。

操作步骤：

命令：REC(或输入 RECTANG)

指定第一个角点或[倒角(C)/标高(E)/圆角(F)/厚度(T)/宽度(W)]：100, 100

指定另一个角点或[面积(A)/尺寸(D)/旋转(R)]：@280, 100

2. 极坐标

（1）绝对极坐标，在 WCS 下，为确定某一点的位置，用该点相对于原点(极点)的距离 L 和该点与原点的连线与 X 轴正方向的夹角 Φ 来表示，写为(L<Φ)。

实例1.3：绘制如图 1.7 所示图形。

操作步骤：

命令：REC

指定第一个角点或[倒角(C)/标高(E)/圆角(F)/厚度(T)/宽度(W)]：3<45

指定另一个角点或[面积(A)/尺寸(D)/旋转(R)]：12<30

(2)相对极坐标，是指相对于前一点的坐标，即相对于前一点的距离 L 和两点的连线与 X 轴的夹角 Φ 确定，其表示方式是在绝对极坐标的前面加"@"符号，写为(@L<Φ)。

实例1.4：绘制如图 1.8 所示图形。

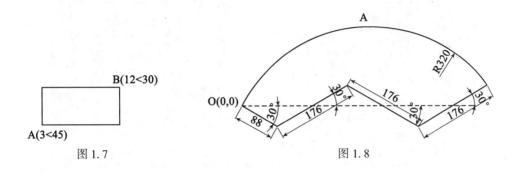

图 1.7   图 1.8

操作步骤：

命令：L(或输入 LINE)

LINE 指定第一点：0，0

指定下一点或[放弃(U)]：88<330

指定下一点或[放弃(U)]：@176<30

指定下一点或[闭合(C)/放弃(U)]：@176<330

指定下一点或[闭合(C)/放弃(U)]：@176<30

指定下一点或[闭合(C)/放弃(U)]：

命令：a ARC 指定圆弧的起点或[圆心(C)]：

指定圆弧的第二个点或[圆心(C)/端点(E)]：E

指定圆弧的端点：

指定圆弧的圆心或[角度(A)/方向(D)/半径(R)]：R(指定圆弧的半径)：320

1.1.4 AutoCAD 的图形文件管理

1. 创建新图形

执行方式：

- 在命令行输入 NEW 命令；
- 选择菜单"文件→新建"命令；
- 单击"标准"工具栏上的 ▭ (新建)按钮。

AutoCAD 弹出"选择样板"对话框，如图 1.9 所示。

通过此对话框选择对应的样板后(初学者一般选择样板文件 acadiso. dwt 即可)，单击"打开"按钮，就会以对应的样板为模板建立一个新图形。

图 1.9 "选择样板"对话框

2. 打开图形

执行方式：

- 在命令行里输入 OPEN 命令；
- 选择菜单"文件→打开"命令；
- 单击"标准"工具栏上的 （打开）按钮。

AutoCAD 弹出"选择文件"对话框，可通过此对话框确定要打开的文件并打开它。

3. 保存图形

执行方式：

- 在命令行输入 QSAVE 命令；
- 选择菜单"文件→保存"命令；
- 单击"标准"工具栏上的 （保存）按钮。

如果当前图形没有命名保存过，AutoCAD 会弹出"图形另存为"对话框。通过该对话框指定文件的保存位置及名称后，单击"保存"按钮，即可实现保存。

如果执行 QSAVE 命令前已对当前绘制的图形命名保存过，那么执行 QSAVE 后，AutoCAD 直接以原文件名保存在原来的位置上。如果想存到另一个位置上，则执行 SAVEAS 命令，AutoCAD 弹出"图形另存为"对话框，要求用户确定文件的保存位置及文件名，用户响应即可。

1.2 使用辅助工具

在 AutoCAD 中，辅助作图工具是精确绘制图形的根本保障，主要包括栅格捕捉、对

8

象捕捉、对象追踪、极轴追踪、正交。用户可打开如图 1.10 所示的"草图设置"对话框来设置部分辅助功能。

图 1.10 "草图设置"对话框

执行方式：
- 在命令行输入 DSETTINGS(DS)命令；
- 选择菜单"工具→草图设置"命令；
- 在状态栏上，光标放在状态栏上的 ▦▦ℯ□ 图标上，点右键选择"设置"命令。

1.2.1 使用捕捉与栅格

利用栅格捕捉，可以使光标在绘图窗口按指定的步距移动，就像在绘图屏幕上隐含分布着按指定行间距和列间距排列的栅格点，这些栅格点对光标有吸附作用，即能够捕捉光标，使光标只能落在由这些点确定的位置上，从而使光标只能按指定的步距移动。栅格是指在屏幕上显式分布一些按指定行间距和列间距排列的栅格点，就像在屏幕上铺了一张坐标纸。用户可根据需要设置是否启用栅格捕捉和栅格显示功能，还可以设置对应的间距。

输入 DSETTINGS(DS)命令，AutoCAD 弹出"草图设置"对话框，对话框中的"捕捉和栅格"选项卡(图 1.10)用于栅格捕捉、栅格显示方面的设置。

对话框中，"启用捕捉"、"启用栅格"复选框分别用于启用捕捉和栅格功能。"捕捉间距"、"栅格间距"选项组分别用于设置捕捉间距和栅格间距。

1.2.2 使用正交与极轴

1. 正交

利用正交功能，用户可以方便地绘制与当前坐标系统的 X 轴或 Y 轴平行的线段(对于二维绘图而言，就是水平线或垂直线)。单击状态栏上的"正交"█按钮或者按 F8 功能键可快速实现正交功能启用与否的切换。

实例 1.5：绘制长 100 的水平直线。

操作步骤：先打开正交功能。

命令：L

LINE 指定第一点：　　//鼠标任意指定一点

指定下一点或[放弃(U)]：100(方向拉到水平位置，在方向确定的情况下，可直接输入距离定点)

2. 极轴追踪

所谓极轴追踪，是指当 AutoCAD 提示用户指定点的位置时(如指定直线的另一端点)，拖动光标，使光标接近预先设定的方向(增量角或者增量角倍数的角即极轴追踪方向)，AutoCAD 会自动将橡皮筋线吸附到该方向，同时沿该方向显示出极轴追踪矢量，并浮出一小标签，说明当前光标位置相对于前一点的极坐标。如果知道极轴追踪方向的长度，只需输入距离就可以确定点的位置，如图 1.11 所示。

实例 1.6：绘制如图 1.11 所示的图形。

操作步骤：在状态栏上的 █ 图标上右击，选择"设置"命令，打开"草图设置"对话框，修改增量角为 45°，并启动极轴追踪或者直接按 F10 功能键，如图 1.12 所示。然后输入直线命令 L(或 LINE)，具体步骤如下：

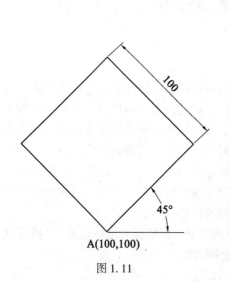

图 1.11

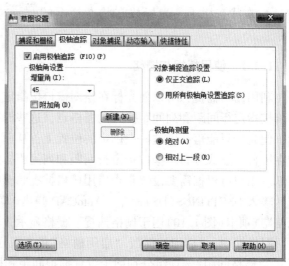

图 1.12　"草图设置"对话框

命令：L

LINE 指定第一点：100，100

指定下一点或[放弃(U)]：100

指定下一点或[放弃(U)]：100

指定下一点或[闭合(C)/放弃(U)]：100

指定下一点或[闭合(C)/放弃(U)]：C

1.2.3 对象捕捉与对象追踪

1. 对象捕捉

利用对象捕捉功能，在绘图过程中可以快速、准确地确定一些特殊点，如圆心、端点、中点、切点、交点、垂足等。对象捕捉包括临时对象捕捉和自动对象捕捉方式。

(1)临时对象捕捉，可以通过"对象捕捉"工具栏(图1.14)和对象捕捉菜单(图1.13)进行操作。按下 Shift 键后右击鼠标键可弹出此快捷菜单。启动对象捕捉功能。此捕捉每使用一次就要重新启动。

图 1.13 对象捕捉菜单

捕捉将鼠标限制在现有对象的确切位置上，例如中点或交点。使用对象捕捉可以迅速定位对象上的精确位置，而不必知道坐标。

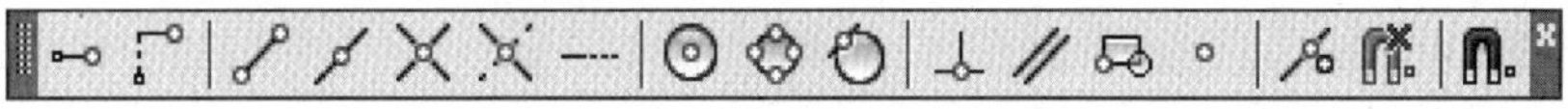

图 1.14 "对象捕捉"工具栏

例如，使用对象捕捉可以绘制到圆心或多段线中点的直线。只要 AutoCAD 提示"输入点："，就可以指定对象捕捉。

如果打开"对象捕捉"，只要将靶框移到捕捉点上，AutoCAD 就会显示标记和提示。该特性提供了可视提示词语，指示哪些对象捕捉正在使用。

(2)自动对象捕捉，则是打开"草图设置"对话框，需要捕捉哪些点就选择哪些点，在使用自动对象捕捉时只需启动一次便可一直捕捉已经选择的点，如图 1.15 所示。

2. 对象追踪

所谓追踪功能，就是 AutoCAD 可以自动追踪记忆同一命令操作中光标所经过的捕捉点，从而以其中某一捕捉点的 X 或 Y 坐标控制用户所需要选择的定位点。

对象捕捉追踪应与对象捕捉配合使用。从对象的捕捉点开始追踪之前，必须先设置对象捕捉。

实例 1.7：在矩形(300×250)中绘制一直径为 160 的圆，圆的圆心在矩形的中心。如图 1.16 所示。

操作步骤：先启动对象捕捉追踪，将对象捕捉里的"中点"选上。

图 1.15　自动对象捕捉设置

命令: REC　　//或输入 RECTANG, 绘制矩形

指定第一个角点或[倒角(C)/标高(E)/圆角(F)/厚度(T)/宽度(W)]:　　//鼠标任意点击一点

指定另一个角点: @300, 250

命令: C　　//或输入 CIRCLE, 绘制圆

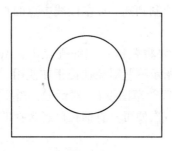

图 1.16

在需要确定圆心位置时, 将光标在矩形边的中点位置晃动一下, 当出现水平和竖直的橡皮线的时候点下去, 此点的位置就是圆心的位置, 最后输入半径。如图 1.17 所示。

1.2.4　线宽设置

在工程图中, 不同的线型有不同的线宽要求。用 AutoCAD 绘制工程图时, 有 2 种确

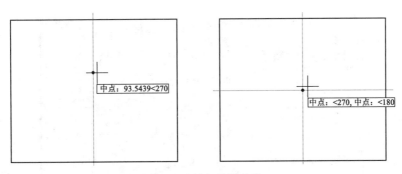

图 1.17 对象捕捉追踪

定线宽的方式：一种方法是通过图层特性管理器将构成图形对象的线条用不同的宽度表示；另一种方法是将有不同线宽要求的图形对象用不同颜色表示，但其绘图线宽仍采用 AutoCAD 的默认宽度，不设置具体的宽度，当通过打印机或绘图仪输出图形时，利用打印样式将不同颜色的对象设成不同的线宽，即在 AutoCAD 环境中显示的图形没有线宽，而通过绘图仪或打印机将图形输出到图纸后会反映出线宽。下面介绍第一种方法。

（1）输入图层特性管理器命令 LAYER（LA），然后点击"线宽"按钮就可以修改每个图层的线宽。如图 1.18 所示。

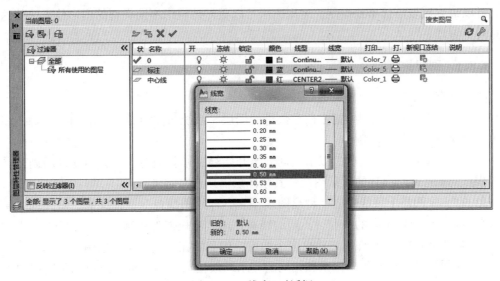

图 1.18 "线宽"对话框

（2）直接输入 LWEIGHT（LW）命令打开"线宽设置"对话框，也可以设置线宽属性。如图 1.19 所示。

13

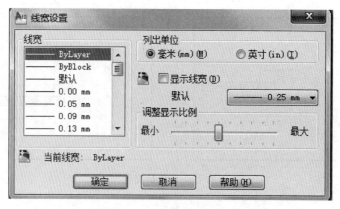

图 1.19 "线宽设置"对话框

1.3 图 层 管 理

在 AutoCAD 中，图层是组织和管理图形的强有力工具，用来绘制和管理图形的一个非图形对象。形象地说，图层就像透明的纸，可以在上面绘制不同的实体，最后再将这些图层叠加起来，从而得到复杂的图形。每个图层还具备控制图层可见、锁定等的控制开关，可以很方便地进行单独控制。运用图层可以很好地组织不同类型的图形信息，使这些信息便于管理。

1.3.1 图层的特点

图层具有以下特点：

（1）用户可以在一幅图中指定任意数量的图层。系统对图层数没有限制，对每一图层上的对象数也没有任何限制。

（2）每一图层有一个名称，以示区别。当开始绘一幅新图时，AutoCAD 自动创建名为 0 的图层，这是 AutoCAD 的默认图层，其余图层需用户来定义。

（3）在一个图层上只能建立一种绘图线型、一种绘图颜色、一种线宽。但在同一层上可以有不同的颜色、不同的线型、不同的线宽。用户可根据需要修改。

（4）虽然 AutoCAD 允许用户建立多个图层，但只能在当前图层上绘图。

（5）各图层具有相同的坐标系和相同的显示缩放倍数。用户可以对位于不同图层上的对象同时进行编辑操作。

（6）用户可以对各图层进行打开、关闭、冻结、解冻、锁定与解锁等操作，以决定各图层的可见性与可操作性。

1.3.2 图层的设置与管理

执行方式：

14

- 在命令行输入 LAYER(LA)命令;
- 选择菜单"格式→图层"命令;
- 单击"图层"工具栏上的 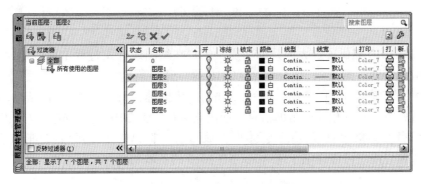(图层特性管理器)按钮。

输入"图层"命令后,AutoCAD 弹出如图 1.20 所示的"图层特性管理器"对话框。

图 1.20 "图层特性管理器"对话框

用户可通过"图层特性管理器"对话框建立新图层并重命名图层,删除图层,为图层设置线型、颜色、线宽等属性,并且可以设置图层的工作状态。

a. 创建新图层

在"图层特性管理器"对话框中,单击 (新建图层)按钮,图层名(如图层 1)将自动添加到图层列表;在高亮显示的图层名上输入新图层名。要更改特性,单击图标;单击"颜色"、"线型"、"线宽"或"打印样式"图标时,将显示相应的对话框;单击"说明"并输入文字(可选)。单击"应用"保存更改,也可以单击"确定"保存并关闭。

b. 删除图层

在"图层特性管理器"对话框中,选择需要删除的图层,点击 ✖ (删除)按钮即可删除。

提示:0 层、当前图层、含有图形对象或者外部参照的图层不能被删除。

c. 设置图层的工作状态

图层的工作状态包括是否关闭、冻结、锁定和在新视窗中冻结,这些工作状态也限制了图层的操作。具体介绍如下:

开/关(/),已关闭图层上的对象不可见。但是,使用 HIDE 命令时它们仍会隐藏对象。打开和关闭图层时,不会重新生成图形。

解冻/冻结(/),已冻结图层上的对象不可见,并且不会遮盖其他对象。在大型图形中,冻结不需要的图层将加快显示和重生成的操作速度。解冻一个或多个图层可能会导致重新生成图形。冻结和解冻图层比打开和关闭图层需要更多的时间。

解锁/锁定(/),锁定某个图层时,在解锁该图层之前,无法修改该图层上的所有对象。锁定图层可以降低意外修改对象的可能性。用户仍然可以将对象捕捉应用于锁定图层上的对象，且可以执行不会修改这些对象的其他操作。

d. 改变对象所在的图层

在绘图中，如果绘制完成后发现图形对象没有绘制到预先的图层上，可选择该图形对象，并在工具栏"图层"的下拉列表框中选择预先设置的图层即可。

1.4 使用帮助系统

AutoCAD 2010 提供了强大的帮助功能，用户在绘图或开发过程中可以随时通过该功能得到相应的帮助。图 1.21 为 AutoCAD 2010 的"帮助"菜单。

选择"帮助"菜单中的"帮助"命令，或按 F1 快捷键，AutoCAD 弹出"帮助"窗口，用户可以通过此窗口得到相关的帮助信息，或浏览 AutoCAD 2010 的全部命令与系统变量等。

选择"帮助"菜单中的"新功能专题研习"命令，AutoCAD 会打开"新功能专题研习"窗口。通过该窗口用户可以详细了解 AutoCAD 2010 的新增功能。

图 1.21 AutoCAD 2010"帮助"菜单

1.5 上机实训

实训 1：如图 1.22 所示，点 A 是点 B 在水平线上的投影，要求用各种不同的绘制方法(正交、极轴追踪、坐标输入等方式)绘制图形。

实训目的：熟悉各种坐标输入方法，以及正交、极轴追踪等辅助绘图工具的使用方法。能灵活运用各种坐标输入方法及辅助绘图工具绘制图形。

操作提示：

(1)在绘图之前先进行图形界限和单位的设置。

(2)执行绘直线命令 L(或 LINE)，在命令行提示"LINE 指定第一点："下输入绝对坐标(100，100)，之后使用相对坐标完成图形外轮廓的绘制。

(3)利用正交和极轴追踪捕捉 A 点，画斜线，完成图形绘制。

16

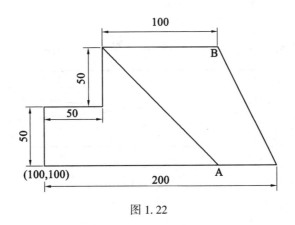

图 1.22

实训 2：完成图 1.23 的绘制，使图中的矩形、椭圆和圆位于不同的图层。

实训目的：进一步理解图层的概念及作用，掌握图层的设置方法，培养运用图层来管理图形的能力。

操作提示：

(1)新建三个图层，设置各图层的颜色、线型、线宽，并以矩形、椭圆、圆命名图层。

(2)在"图层"工具栏中指定将要绘制的图形所在图层为当前图层，再绘制相应的图形。

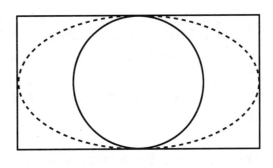

图 1.23

实训 3：运用正交功能，并结合对象捕捉、极轴追踪等绘制如图 1.24 所示图形。

实训目的：掌握辅助绘图工具的使用方法，培养灵活运用各种辅助绘图工具绘制图形的能力。

操作提示：

(1)利用 DSETTINGS 命令设置极轴追踪增量角为 30°。设置自动对象捕捉的模式为中点、端点，启用对象捕捉、极轴追踪。

(2)用 F8 键打开正交功能。

(3)利用辅助工具，根据图中尺寸绘制图形。

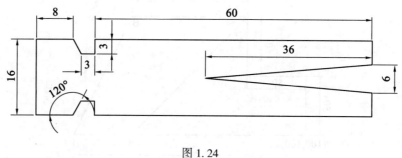

图 1.24

◎ 习题与思考题

1. 选择题

(1)在 AutoCAD 中，使用(　　)命令可以设置绘图界限。

A. LIMITS　　　　　B. UNITS　　　　　C. CIRCLE　　　　　D. POLYGON

(2)在 AutoCAD 中，下列坐标中(　　)是使用绝对极坐标的表示方法(其中 20 表示距离原点长度，50 表示与 X 轴正方向夹角)。

A. 20<50　　　　　B. @20<50　　　　C. @20, 50　　　　D. 20, 50

(3)如果设置图形界限的左下角坐标为(10, 10)，右上角坐标为(194, 270)，那么图限范围是(　　)。

A. (204, 280)　　　B. (184, 260)　　　C. (194, 270)　　　D. (184, 270)

(4)在 AutoCAD 中，使用(　　)功能键可以打开或关闭正交模式。

A. F3　　　　　　B. F8　　　　　　C. F9　　　　　　D. F10

(5)在 AutoCAD 中，使用(　　)功能键可以启用或关闭极轴追踪功能。

A. F3　　　　　　B. F8　　　　　　C. F9　　　　　　D. F10

2. 填空题

(1)在 AutoCAD 中，点的坐标的表示方法有四种，分别是_____、_____、_____、_____和_____。

(2)AutoCAD 中的坐标系分为_____和_____两种。

3. 简答题

(1)AutoCAD 的命令有哪些执行方法？

(2)如何重复已执行过的命令？

(3)什么叫做透明命令？

(4)如何进行图形的删除与恢复？

(5)在 AutoCAD 中，打开或关闭捕捉和栅格功能的方法有哪些？

(6)如何启用对象追踪功能，它的主要作用是什么？

18

(7)图层的性质有哪些?

(8)图层特性中可以设置的项目有哪些?其中,能够指定给对象的颜色有哪些?

(9)如何才能显示线宽?

(10)线型比例因子有哪几种?它们的控制范围分别是什么?

(11)如何撤销正在执行的命令?

第2章 简单对象的绘制与编辑

【教学目标】

在测绘工程项目中，任何复杂地物和地貌的表示，都可以分解为点、线、面三类最基本的几何要素。一般的地形图是二维图形的组合，点、线段、矩形、圆、圆弧、椭圆等是构成二维图形的基本元素。

本章主要介绍 AutoCAD 2010 中的一些基本命令及概念。通过本章的学习，读者应能够运用所介绍的图形绘制和编辑工具绘制简单的二维图形元素，为后续学习复杂图形对象和数字地形图的绘制打下基础。

2.1 绘制简单对象

2.1.1 绘制点

本节将介绍点的绘制及其显示控制。

1. 绘制单点

a. 执行方式

- 命令行：POINT；
- 命令别名：PO；
- 菜单栏：绘图→点→单点。

b. 操作步骤

输入命令，回车。

当前点模式：PDMODE＝0 PDSIZE＝0.0000

指定点： //输入点的坐标，或者用鼠标在绘图区指定点的位置

2. 绘制多点

a. 执行方式

- 菜单栏：绘图→点→多点；
- 工具栏：绘图→ ；
- 功能区：绘图面板→ →  。

b. 操作步骤

输入命令，回车。

当前点模式：PDMODE＝0 PDSIZE＝0.0000

指定点：　　　//输入坐标或鼠标在绘图区连续指定多个点的位置，最后可用 Esc 键结束多点绘制

3. 改变点的显示模式

可以在"点样式"对话框中选择需要的点样式。

如果在命令行中键入 PDMODE 系统变量来修改点样式的方式，则 AutoCAD 提示：

输入 PDMODE 的新值<0>：　　　//输入所需点样式的变量值并回车

4. 改变点的尺寸

除了点样式之外，用户还可以通过 PDSIZE 系统变量控制点的大小。

a. 执行方式

命令行：DDPTYPE；

菜单栏：格式→点样式。

b. 操作步骤

输入命令，回车。

弹出如图 2.1 所示的"点样式"对话框，用户可以在"点大小"编辑框中设置点的尺寸。对话框下面的两个单选按钮用于设定点的尺寸模式，选择不同选项，"点大小"编辑框后面的符号也会相应发生变化。

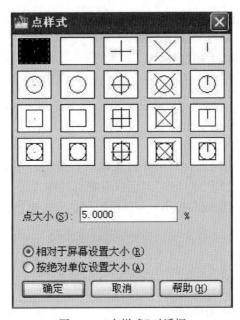

图 2.1 "点样式"对话框

如果通过系统变量 PDSIZE 设置点的尺寸，则 AutoCAD 提示：

输入 PDSIZE 的新值<0.0000>：

用户在提示下输入新的尺寸值，回车即可。

5. 绘制定数等分点

a. 执行方式

- 命令行：DIVIDE；
- 命令别名：DIV；
- 菜单栏：绘图→点→定数等分。

b. 操作步骤

输入命令，回车。

选择要定数等分的对象：　　　//选择对象

输入线段数目或块[(B)]：

在此提示下输入等分数，AutoCAD 将会在指定的对象上绘出等分点。如果输入 B 选项，表示将在等分点处插入块，之后 AutoCAD 依次提示：

输入要插入的块名：

是否对齐块和对象？[是(Y)/否(N)]<Y>：

输入线段数目：

用户依次响应后，AutoCAD 将块等分插入。

6. 绘制定距等分点

a. 执行方式

- 命令行：MEASURE；
- 命令别名：ME；
- 菜单栏：绘图→点→定距等分。

b. 操作步骤

输入命令，回车。

选择要定距等分的对象：

指定线段的长度或[块(B)]：

在上述提示下，如果用户选择对象并直接输入长度值，AutoCAD 会按该长度在各个位置绘点。同样用户可以使用"点样式"对话框设置点的样式。

如果在"指定线段的长度或[块(B)]："提示下输入 B 选项，则表示要在分点处插入块，AutoCAD 依次提示：

输入要插入的块名：

是否对齐块和对象？[是(Y)/否(N)]：

指定线段的长度：

用户依次响应后，AutoCAD 将按指定的长度在对象上插入块。

2.1.2　绘制直线

a. 执行方式

- 命令行：LINE；
- 命令别名：L；
- 菜单栏：绘图→直线；

- 工具栏：绘图→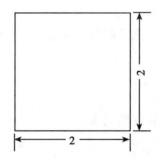；
- 功能区：绘图面板→。

b. 操作步骤

输入命令，回车。

LINE 指定第一点：

指定下一点或[放弃(U)]：

指定下一点或[放弃(U)]：

……

用户在提示下通过输入点坐标或用鼠标在绘图区指定直线的每一个端点，直至最后按 Esc 键或者回车(Enter)键，结束 LINE 命令。若键入 U 并回车，则回退到上一指定点。

实例 2.1：绘制不埋石图根点符号，如图 2.2 所示。

图 2.2　不埋石图根点符号示意图

实例分析：本例可先绘制不埋石图根点符号正中间的点，再绘制不埋石图根点符号中正方形，绘制过程中使用点和直线绘制命令。

操作步骤：

(1)在命令行输入单点绘制命令，回车。其命令执行过程如下所示。

命令：POINT

当前点模式：PDMODE=0 PDSIZE=0.2000

指定点：0, 0

(2)在命令行输入直线绘制命令，回车。如果未关闭动态输入方式，按 F12 键。其命令执行过程如下。

命令：LINE

LINE 指定第一点：-1, -1

指定下一点或[放弃(U)]：1, -1

指定下一点或[放弃(U)]：1, 1

指定下一点或[闭合(C)/放弃(U)]：-1, 1

指定下一点或[闭合(C)/放弃(U)]：C

此时，绘图完成。

2.1.3 绘制射线

a. 执行方式

- 命令行：RAY；
- 菜单栏：绘图→射线；

功能区：绘图面板→ → 。

b. 操作步骤

命令：RAY

指定起点：

在该提示下用户需要指定射线的起点位置，然后 AutoCAD 继续提示：

指定通过点：

指定通过点：

……

用户可以通过指定多个通过点来绘制多条射线。最后可以通过按 Esc 键或回车键退出射线的绘制。

2.1.4 绘制构造线

构造线实际上是向两端无限延伸的直线。

a. 执行方式

- 命令行：XLINE；
- 命令别名：XL；
- 菜单栏：绘图→构造线；
- 工具栏：绘图→ ；
- 功能区：绘图面板→ → 。

b. 操作步骤

输入命令，回车。

指定点或[水平(H)/垂直(V)/角度(A)/二等分(B)/偏移(O)]：

(1)指定点，该选项是通过指定两点来绘制构造线。可指定多个通过点来绘制多条交于第一个通过点的构造线。最后通过 Esc 键或回车键退出构造线的绘制。

(2)水平，该选项用于绘制一条或多条水平的构造线。用户可通过指定多个通过点来绘制多条水平构造线。最后通过 Esc 键或回车键退出构造线的绘制。

(3)垂直，该选项用于绘制一条或多条垂直的构造线。用户可通过指定多个通过点来绘制多条垂直构造线。最后通过 Esc 键或回车键退出构造线的绘制。

(4)角度，该选项用于绘制一条或多条按固定角度倾斜于 X 轴或参照直线的构造线。在该提示下，用户需要指定相对于 X 轴或指定参照直线的倾斜角度。默认情况下，倾斜角度均为 0。

用户可绘制一条或多条按指定角度倾斜于 X 轴的构造线。最后通过 Esc 键或回车键退出构造线的绘制。

(5)二等分,该选项用来绘制作为指定角的等分线的构造线。用户需要分别指定角的顶点和两条角边的通过点。其中,角的顶点和起点被指定后就固定了,如果绘制多条作为角分线的构造线,用户只能通过连续指定角的其他端点来实现。最后通过 Esc 键或回车键退出构造线的绘制。

(6)偏移,该选项是通过指定参照直线和相对于它的偏移距离与方向来绘制平行于参照直线的构造线。输入该选项,命令行提示:

指定偏移距离或[通过(T)]<通过>:

可指定相对于参照直线的偏移距离,或指定通过点绘制构造线。"通过"选项相对于直接指定偏移距离来说更加自由,因为在"指定通过点:"提示下用户可以自由地指定相对于参照直线的偏移距离和方向,而不受固定偏移距离的约束。最后可以通过 Esc 键或回车键退出构造线的绘制。

2.1.5　绘制圆和圆弧

1. 绘制圆

a. 执行方式

- 命令行:CIRCLE;
- 命令别名:C;
- 菜单栏:绘图→圆;
- 工具栏:绘图→ ⊙ ;
- 功能区:绘图面板→ ⊙ ▾ 。

b. 操作步骤

输入命令,回车。

指定圆的圆心或[三点(3P)/两点(2P)/相切、相切、半径(T)]:

(1)指定圆的圆心,这是默认项,即根据圆心位置和圆的半径(或直径)来绘制圆。选择该默认项,即在该提示行下指定圆的圆心位置,AutoCAD 提示:

指定圆的半径或[直径(D)]:

若在此提示下直接输入值,AutoCAD 则以输入值为半径、以指定的点为圆心绘制一个圆。如果用户这时候输入"D"并回车,则 AutoCAD 提示:

指定圆的直径:

在该提示下输入值,AutoCAD 以该输入值为直径、以指定的点为圆心,绘制一个圆。

以上这两种绘制圆的方式,也可以通过下拉菜单中的"绘图→圆心、半径"、"绘图→圆→圆心、直径"选项或绘图工具栏实现。

(2)三点,该选项通过指定的位于圆周上的 3 个点来绘制圆。也可以通过下拉菜单项"绘图→圆→三点"的方式或绘图工具栏实现。

(3)两点,该选项通过指定的两个点,并且以这两个点之间的距离作为直径来绘制圆。也可通过下拉菜单中的"绘图→圆→两点"选项或绘图工具栏实现。

(4)相切、相切、半径，该选项以指定的值为半径，绘制一个与两个对象相切的圆。也可通过下拉菜单中的"绘图→圆→相切、相切、半径"选项或绘图工具栏实现。

除了可以用上述4个选项的5种方法绘制圆外，还可以通过下拉菜单"绘图→圆→相切、相切、相切"选项或绘图工具栏中  相切，相切，相切 分别指定与三个对象相切的切点绘制圆。

2. 绘制圆弧

a. 执行方式：

● 命令行：ARC；

● 命令别名：A；

● 菜单栏：绘图→圆弧；

● 工具栏：绘图面板→ ⌒ ▾。

在 AutoCAD 2010 中共有11种绘制圆弧的方法，下面分别介绍。

b. 操作步骤

(1)三点绘制圆弧。

输入命令，回车。AutoCAD 提示：

指定圆弧的起点或[圆心(C)]：　　　　　　　　//指定圆弧的起始点

指定圆弧的第二个点或[圆心(C)/端点(E)]：　　//指定圆弧上第二点

指定圆弧的端点：　　　　　　　　　　　　　　//指定圆弧的端点

执行的结果如图2.3所示。

第二个点

起点　　　　　　　　　　　　　　　　　　　端点

图2.3　三点法绘制的圆弧

(2)起点、圆心、端点绘制圆弧。

输入命令，回车。AutoCAD 提示：

指定圆弧的起点或[圆心(C)]：　　　　　　　　//指定圆弧的起始点

指定圆弧的第二个点或[圆心(C)/端点(E)]：C

指定圆弧的圆心：　　　　　　　　　　　　　　//指定圆弧的圆心

指定圆弧的端点或[角度(A)/弦长(L)]：　　　　//指定圆弧的端点

执行的结果如图2.4所示。

(3)起点、圆心、角度绘制圆弧。

输入命令，回车。AutoCAD 提示：

指定圆弧的起点或[圆心(C)]：　　　　　　　　//指定圆弧的起点

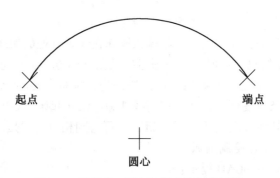

起点　　　　　　　　　　　　　　　　端点

圆心

图2.4　用起点、圆心、端点绘制的圆弧

指定圆弧的第二个点或[圆心(C)/端点(E)]：C

指定圆弧的圆心：　　　　　　　　　//指定圆弧的圆心

指定圆弧的端点或[角度(A)/弦长(L)]：A

指定包含角：　　　　　　　　　　//指定圆弧的包含角，即圆弧对应的圆心角

(4)起点、圆心、长度绘制圆弧。

输入命令，回车。AutoCAD 提示：

指定圆弧的起点或[圆心(C)]：　　　//指定圆弧的起点

指定圆弧的第二个点或[圆心(C)/端点(E)]：C

指定圆弧的圆心：　　　　　　　　　//指定圆弧的圆心

指定圆弧的端点或[角度(A)/弦长(L)]：L

指定弦长：　　　　　　　　　　　//输入圆弧的弦长

用户所指定的弦长不得超过起点到圆心距离的 2 倍。另外，在"指定弦长："的提示下，如果所输入的值为负值，则该值的绝对值作为对应整圆的空缺部分圆弧的弦长。

(5)起点、端点、角度绘制圆弧。

输入命令，回车。AutoCAD 提示：

指定圆弧的起点或[圆心(C)]：　　　//指定圆弧的起点

指定圆弧的第二个点或[圆心(C)/端点(E)]：E

指定圆弧的端点：　　　　　　　　//指定圆弧的终止点

指定圆弧的圆心或[角度(A)/方向(D)/半径(R)]：A

指定包含角：　　　　　　　　　　//输入圆弧的包含角，即圆弧对应圆心角

在提示"指定包含角："下，所输入角度值的正负将影响到圆弧的绘制方向。如果当前环境设置逆时针为角度方向，如输入为正的角度值，则所绘制的圆弧是从起始点绕圆心沿逆时针方向绘出；如果输入为负的角度值，则沿顺时针方向绘制圆弧。

(6)起点、端点、方向绘制圆弧。

输入命令，回车。AutoCAD 提示：

指定圆弧的起点或[圆心(C)]：　　　//指定圆弧的起点

指定圆弧的第二个点或[圆心(C)/端点(E)]：E

指定圆弧的端点：　　　　　　　　//指定圆弧的终止点

指定圆弧的圆心或[角度(A)/方向(D)/半径(R)]：D

指定圆弧的起点切向：　　　　　　//输入圆弧在起始点处的切线与水平方向的夹角

当提示"指定圆弧的起点："时，可以通过拖动鼠标的方式，动态地确定圆弧在起始点处的切线方向与水平方向之间的夹角。该方法是拖动鼠标，AutoCAD 会在当前光标与圆弧起始点之间形成一条橡皮筋线，此橡皮筋线即为圆弧在起始点处的切线。通过拖动鼠标确定圆弧在起点处的切线方向后按"拾取"键，即可得到相应的圆弧。

（7）起点、端点、半径绘制圆弧。

输入命令，回车。AutoCAD 提示：

指定圆弧的起点或[圆心(C)]：　　　　　　//指定圆弧的起始点

指定圆弧的第二个点或[圆心(C)/端点(E)]：E

指定圆弧的端点：　　　　　　　　//指定圆弧的终止点

指定圆弧的圆心或[角度(A)/方向(D)/半径(R)]：R

指定圆弧半径：　　　　　　　　//输入弧的半径

（8）圆心、起点、端点绘制圆弧。

输入命令，回车。AutoCAD 提示：

指定圆弧的起点或[圆心(C)]：C

指定圆弧的圆心：　　　　　　　//指定圆弧的圆心

指定圆弧的起点：　　　　　　　//指定圆弧的起始点

指定圆弧的端点或[角度(A)/弦长(L)]：　　　　//指定圆弧的终止点

（9）圆心、起点、角度绘制圆弧。

输入命令，回车。AutoCAD 提示：

指定圆弧的起点或[圆心(C)]：C

指定圆弧的圆心：　　　　　　　//指定圆弧的圆心

指定圆弧的起点：　　　　　　　//指定圆弧的起始点

指定圆弧的端点或[角度(A)/弦长(L)]：A

指定包含角：　　//输入圆弧的包含角，即圆弧对应的圆心角

（10）圆心、起点、长度绘制圆弧。

输入命令，回车。AutoCAD 提示：

指定圆弧的起点或[圆心(C)]：C

指定圆弧的圆心：　　　　　　　//指定圆弧的圆心

指定圆弧的起点：　　　　　　　//指定圆弧的起始点

指定圆弧的端点或[角度(A)/弦长(L)]：L

指定弦长：　　　　　　　　//输入圆弧的弦长

（11）连续绘制圆弧。

当执行圆弧命令，并在"指定圆弧的起点或[圆心(C)]："提示下直接回车，AutoCAD 将以最后一次所绘线段方向或者所绘制圆弧过程中确定的最后一点作为新圆弧的起点。以最后所绘制线段方向为新圆弧在起始点处的切线方向，同时指定圆弧的端点，则可绘出另

一个圆弧对象。

2.1.6 绘制椭圆与椭圆弧

1. 绘制椭圆

在 AutoCAD 2010 中有以下两种绘制椭圆的方法。

a. 执行方式

- 命令行：ELLIPSE；
- 命令别名：EL；
- 菜单栏：绘图→椭圆；
- 工具栏：绘图→⬬；
- 功能区：绘图面板→⬬。

b. 操作步骤

输入命令，回车。AutoCAD 提示：

指定椭圆的轴端点或[圆弧(A)/中心点(C)]：

该提示中各选项的含义如下：

(1)指定椭圆的轴端点，该选项通过给定椭圆其中一个轴的两个端点和另一条半轴的长度来绘制椭圆。指定椭圆的一个轴端点，命令行提示如下：

指定轴的另一个端点：　　　　//给定同一个轴的另一端点

指定另一条半轴长度或[旋转(R)]：

在此提示下，如果直接输入另一轴的距离，即执行默认项，AutoCAD 绘制出指定条件的椭圆。如果输入 R，命令行提示：

指定绕长轴旋转的角度：

在此提示下输入转角值，AutoCAD 绘制出一个椭圆，该椭圆为通过这两点并且以这两点之间的距离为直径的围绕这两点的连线旋转指定角度后得到的椭圆。

(2)中心点，该选项通过指定椭圆的中心位置来绘制椭圆。输入该选项"C"，则命令行提示：

指定椭圆的中心点：　　　　//给定椭圆的中心

指定轴的端点：　　　　//给定椭圆其中一个轴的任一端点位置

指定另一条轴长度或[旋转(R)]：

这时，输入另一条半轴的长度或者通过"旋转(R)"选项输入角度来确定椭圆。

2. 绘制椭圆弧

a. 执行方式

- 命令行：ELLIPSE；
- 命令别名：EL；
- 菜单栏：绘图→椭圆→圆弧；
- 工具栏：绘图→⬲。

b. 操作步骤

输入命令，回车。AutoCAD 提示：

指定椭圆的轴端点或[圆弧(A)/中心点(C)]：A

指定椭圆弧的轴端点或[中心点(C)]：

从第二行提示起，后面的操作就是确定椭圆形状的过程，这与前面介绍的绘制椭圆的过程完全相同。直到确定了椭圆的形状后，命令行提示：

指定起始角度或[参数(P)]：

上面两个选项的含义如下：

(1)指定起始角度，该选项通过给定椭圆弧的起始角来确定椭圆弧。输入椭圆弧的起始角后，命令行提示：

指定终止角度或[参数(P)/包含角度(I)]：

在三个选项中，"指定终止角度"选项要求给定椭圆弧的终止角，用以确定椭圆弧另一端点的位置；"包含角度(I)"选项是根据椭圆弧的包含角来确定椭圆弧；"参数(P)"选项将通过参数确定椭圆弧另一个端点的位置。

(2)参数，此选项通过指定的参数来确定椭圆弧的起始角。

注意：

(1)系统变量 PELLIPSE 决定了椭圆的类型。当该变量为 0(即为默认值)时，所绘制的椭圆是由 NURBS 曲线表示的真椭圆；当该变量设置为 1 时，所绘制椭圆是由多段线近似表示的椭圆。

(2)当系统变量 PELLIPSE 为 1 时，调用 ELLIPSE 命令后没有"圆弧"选项。

(3)如果打开"等轴测"功能，调用 PELLIPSE 命令后，允许用户绘制等轴测面上的椭圆。

实例 2.2：绘制屋式窑符号，如图 2.5 所示。

实例分析：本例可先绘制屋式窑符号外侧的矩形，再绘制符号内部的图形。绘制过程中要使用点、直线和椭圆弧绘制命令。

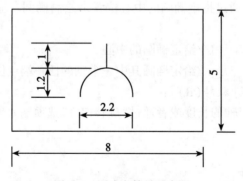

图 2.5　屋式窑符号示意图

操作步骤：

(1)在命令行输入直线绘制命令：L，回车。如果未关闭动态输入方式，按下 F12 键。

其命令执行过程如下所示。

命令：LINE

LINE 指定第一点：0，0

指定下一点或[放弃(U)]：8，0

指定下一点或[放弃(U)]：8，5

指定下一点或[闭合(C)/放弃(U)]：0，5

指定下一点或[闭合(C)/放弃(U)]：C

此时，屋式窑符号外侧的矩形图形绘图完成。

(2)在命令行直接回车，重复执行直线绘制命令。其命令执行过程如下所示。

LINE 指定第一点：4，3.6

指定下一点或[放弃(U)]：4，2.6

再回车，结束 Line 命令。此时屋式窑符号内侧图形中上部的直线段已经绘制完成了，如图 2.6 所示。

(3)在命令行输入 ELLIPSE 命令，回车。AutoCAD 提示：

指定椭圆的轴端点或[圆弧(A)/中心点(C)]：A

指定椭圆弧的轴端点或[中心点(C)]：5.1，1.4

指定轴的另一个端点：2.9，1.4

指定另一条半轴长度或[旋转(R)]：1.2

指定起点角度或[参数(P)]：-90

指定端点角度或[参数(P)/包含角度(I)]：90

屋式窑符号就绘制完成了，如图 2.7 所示。

图 2.6　屋式窑符号内侧图形中上部的直线段

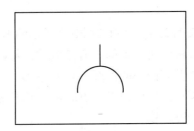

图 2.7　屋式窑符号

2.1.7　绘制圆环

填充圆环可看成由一组带宽度的弧段组成的多段线，其主要参数有圆心、内直径和外直径。如内直径为 0，则为填充圆；如内直径等于外直径，则为普通圆。填充圆环有很多有用的功能。

1. 执行方式

● 命令行：DONUT；

● 命令别名：DO；

- 菜单栏：绘图→圆环；
- 功能区：绘图面板→▼→◎。

2. 操作步骤

输入命令，回车。

指定圆环的内径<0.5000>：　　　//指定圆环内径

指定圆环的外径<1.0000>：　　　//指定圆环内径

指定圆环的中心点或<退出>：　　//指定圆环的中心点

指定圆环的中心点或<退出>：　　//继续指定圆环的中心点，则继续绘制相同内外径的圆环。按回车键、空格键或鼠标右键，则结束命令

注意：

(1)若指定内径为零，则画出实心填充圆。

(2)用命令 FILL 可以控制圆环是否填充，具体方法是：

命令：FILL

输入模式[开(ON)/关(OFF)]<开>：

选择 ON 表示填充，选择 OFF 表示不填充，如图 2.8 所示。

(a) 填充　　　　　　　　(b) 不填充

图 2.8　绘制圆环

实例 2.3：绘制如图 2.9 所示的卡通造型。

实例分析：本例大圆与小圆、大圆与矩形分别有相切关系，所以先画小圆和矩形，再画大圆及其内部的椭圆和正六边形，最后画其他部分。绘制过程中要使用直线、圆、矩形、圆环、椭圆、正多边形和矩形等命令。

操作步骤：

(1)选择"绘图→圆→圆心、半径"命令，以点(230，210)为圆心，绘制一个半径为30 的圆。

(2)选择"绘图→圆环"命令，绘制圆环，其命令执行过程如下所示。

命令：DONUT

指定圆环的内径<0.5000>：5

指定圆环的外径<1.0000>：15

指定圆环的中心点或<退出>：230，210

指定圆环的中心点或<退出>：

绘制结果如图 2.10 所示。

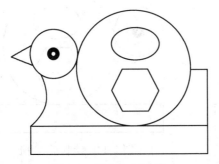
图 2.9 绘制卡通造型

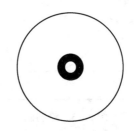
图 2.10 绘制圆环

(3)选择"绘图→矩形"命令，或在"面板"选项板的"二维绘图"选项组中单击"矩形"按钮▢，绘制以(200，122)和(420，88)为角点的矩形，绘制结果如图 2.11 所示。

(4)选择"绘图→圆→相切、相切、半径"命令，绘制与圆和矩形相切，且半径为 70 的圆，如图 2.12 所示。

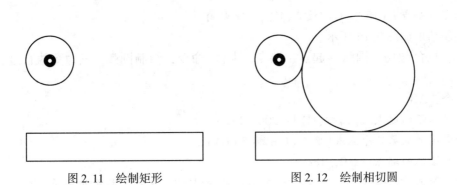

图 2.11 绘制矩形

图 2.12 绘制相切圆

(5)选择"绘图→椭圆→中心点"命令，或在"面板"选项板的"二维绘图"选项组中单击"椭圆"按钮⬭，发出 ELLIPSE 命令，绘制椭圆，其命令执行过程如下所示。

命令：ELLIPSE

指定椭圆的轴端点或[圆弧(A)/中心点(C)]：C

指定椭圆的中心点：330，222

指定轴的端点：360，222

指定另一条半轴长度或[旋转(R)]：20

绘制结果如图 2.13 所示。

(6)选择"绘图→正多边形"命令，或在"面板"选项板的"二维绘图"选项组中单击"正多边形"按钮⬠，绘制以(330，165)为中心的正六边形，且内接半径为 30 的圆，如图 2.14 所示。

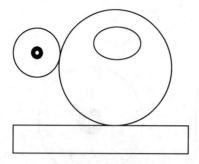
图 2.13　绘制椭圆

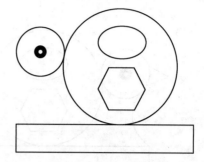
图 2.14　绘制正六边形

(7)选择"绘图→直线"命令，或在"面板"选项板的"二维绘图"选项组中单击"直线"按钮，发出 LINE 命令，绘制经过点(202，221)、(@30<-150)和(@30<-20)的直线，其命令执行过程为：

命令：LINE 指定第一点：202，221

指定下一点或[放弃(U)]：@30<-150

指定下一点或[放弃(U)]：@30<-20

指定下一点或[闭合(C)/放弃(U)]：∗取消∗

绘制结果如图 2.15 所示。

(8)选择"绘图→圆弧→起点、端点、半径"命令，绘制圆弧，其命令执行过程如下所示。

命令：ARC

指定圆弧的起点或[圆心(C)]：200，122

指定圆弧的第二个点或[圆心(C)/端点(E)]E

指定圆弧的端点：210，188

指定圆弧的圆心或[角度(A)/方向(D)/半径(R)]：R 指定圆弧的半径：R

需要数值距离或第二点。

指定圆弧的半径：45

绘制结果如图 2.16 所示。

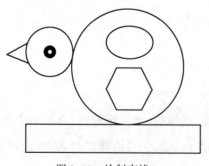
图 2.15　绘制直线

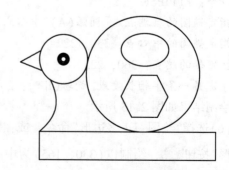
图 2.16　绘制圆弧

34

(9)选择"绘图→直线"命令,或在"面板"选项板的"二维绘图"选项组中单击"直线"按钮 ✎,发出 LINE 命令,绘制经过点(420,122)、(@68<90)和(@23<180)的直线,如图2.9所示。

2.1.8 绘制矩形

a. 执行方式
- 命令行:RECTANGLE(或 RECTANG);
- 命令别名:REC;
- 菜单栏:绘图→矩形;
- 工具栏:绘图→ ▢ ;
- 功能区:绘图面板→ ▢ 。

b. 操作步骤
输入命令,回车。
指定第一个角点或[倒角(C)/标高(E)/圆角(F)/厚度(T)/宽度(W)]:
(1)指定第一个角点。
选择该选项,命令行将继续提示:
指定另一个角点或[面积(A)/标注(D)/旋转(R)]:
直接指定另一个角点完成矩形绘制。其他选项功能说明如下:
- 面积(A),使用面积与长度或宽度创建矩形。如果"倒角"或"圆角"选项被激活,则区域将包括倒角或圆角在矩形角点上产生的效果。
- 标注(D),使用长和宽创建矩形。
- 旋转(R),按指定的旋转角度创建矩形。
(2)倒角。
该选项用于设置矩形是否带倒角以及倒角的距离,如图2.17(a)所示。
(3)标高。
标高是指从地面或建筑物的一点到选定基准水平面的垂直距离。这里的标高是指所绘制矩形到 XY 平面的垂直距离,也就是该矩形的 Z 轴距离。该选项用于设定矩形的标高,它一般用于三维绘图。
(4)圆角。
该选项用于设置矩形的圆角,如图2.17(b)所示。
(5)厚度。
该选项用于设置矩形的厚度,它一般用于三维绘图。
(6)宽度。
为要绘制的矩形指定多段线的宽度。

2.1.9 绘制正多边形

绘制边数等于或大于3的正多边形。

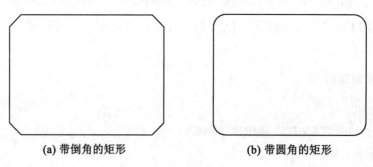

(a) 带倒角的矩形   (b) 带圆角的矩形

图 2.17

a. 执行方式
- 命令行：POLYGON；
- 命令别名：POL；
- 菜单栏：绘图→正多边形；
- 工具栏：绘图→⬠；
- 功能区：绘图面板→▼→⬠。

b. 操作步骤

输入命令，回车。

输入边的数目：　　//输入多边形的边数

指定多边形的中心点或[边(E)]：

(1)指定多边形的中心点。

该选项使用多边形的假想外接圆或者内切圆来绘制多边形。指定多边形的中心点后，命令行提示：

输入选项[内接于圆(I)/外切于圆(C)]<I>：　　//输入 C 或默认 I 直接回车

指定圆的半径：

输入圆的半径后，绘制的多边形与该圆内接或外切。

(2)边。

该选项以指定的两个点作为多边形一条边的两个端点来绘制多边形。

2.2　对象选择与显示控制

2.2.1　对象选择

在对图形进行编辑操作之前，首先需要选择要编辑的对象。AutoCAD 用虚线高亮显示所选的对象，这些对象就构成选择集。选择集可以包含单个对象，也可以包含复杂的对象编组。

1. 设置对象选择模式

要设置对象选择模式，可以选择"工具→选项"命令，打开"选项"对话框。选择"选择集"选项卡，设置选择模式、拾取框的大小及夹点功能，如图 2.18 所示。

在"选择集模式"选项组中，各选项的功能介绍如下。

(1)"先选择后执行"复选框。

该选项用于在执行大多数修改命令时调换传统的次序。该选项设置为"打开"时，可以在命令行的"命令:"提示下，先选择对象，再执行修改命令。例如，如果要使用 COPY 命令复制一个对象，当"先选择后执行"复选框选中时，可以先选择该对象，然后再调用 COPY 命令，此时 AutoCAD 将跳过"选择对象"提示，直接复制先前选择的对象。

(2)"用 Shift 键添加到选择集"复选框。

当选中该复选框时，它激活一个附加选择方式，即需要按住 Shift 键才能添加新对象。例如，如果先选择一个对象，该对象高亮显示，此时若再选择一个对象，则新对象高亮显示，而前一个对象不呈高亮显示状态。若要两者均被选择，唯一的方法是选择第一个对象后按住 Shift 键选择第二个对象。与之类似，取消选择的对象也需用同样的方法。

当清除该复选框时，若选择新对象，只需直接选择对象或使用其他选项选择，AutoCAD 将直接向选择集中添加新的对象。

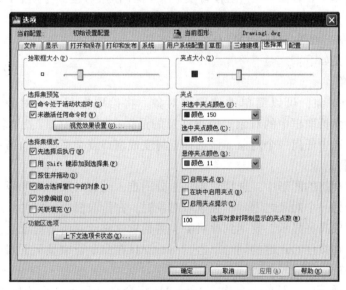

图 2.18 "选项"对话框的"选择集"选项卡

(3)"按住并拖动"复选框。

当选中该复选框时，可以按住定点设备的拾取按钮，拖动光标确定选择窗口。当清除该复选框时，需要用定点设备(例如单击)指定两个点，来确定选择窗口。换句话说，需用定点设备选择两个点作为选择窗口的对角点，来定义选择窗口。

(4)"隐含窗口"复选框。

当选中该复选框时，用户在图形窗口用鼠标拖动或者用定义对角点的方式定义出一个矩形即可进行对象的选择。当清除该复选框时，建立选择窗口需要调用"窗口"或"窗交"选项。

（5）"对象编组"复选框。

当选中该复选框时，如果选择组中的任意一个对象，则该对象所在的组都会被选择。

（6）"关联填充"复选框。

当选中该复选框时，如果选择关联填充的对象，则填充的边界对象也被选中。

2. 选择对象的方法

在 AutoCAD 中，选择对象的方法很多，不同的对象有不同的选取方法。无论使用哪种方法，都将提示用户选择对象，并且光标的形状由"十"字光标变为拾取框。此时，可以选择对象。下面结合 SELECT 命令说明选择对象的方法。

SELECT 命令可以单独使用，即在命令行输入 SELECT 后回车，也可以在执行其他编辑命令时被自动调用。此时，屏幕出现提示：

选择对象：

等待用户以某种方式选择对象。AutoCAD 2010 提供多种选择方式，可以键入"?"查看这些选择方式。此时出现如下提示：

需要点或窗口（W）/上一个（L）/窗交（C）/框（BOX）/全部（ALL）/栏选（F）/圈围（WP）/圈交（CP）/编组（G）/添加（A）/删除（R）/多个（M）/前一个（P）/放弃（U）/自动（AU）/单个（SI）/子对象（SU）/对象（O）

各选项的含义如下：

（1）点取对象。

要选择一个对象，可以简单地选取该对象。将拾取框移动到对象上，然后单击，AutoCAD 立即检索拾取框中的对象。值得注意的是，在"隐含窗口"处于打开状态时，如果拾取框中没有选中任何一个对象，该选择点将变成窗口或交叉窗口的第一个对角点。

（2）循环选择对象。

在一个非常拥挤的图形中，选择对象将十分困难，因为对象之间的距离太近，或者其他对象正好位于另一个对象之上。单独选取对象时，在拾取框中可以循环选择对象，直到将所要选择的对象高亮显示。要达到此目的，将拾取框移动到所需对象上，并尽可能地靠近该对象，然后在按住 Ctrl 键的同时单击，AutoCAD 在命令行中显示下列信息：

命令：<循环开>

在激活对象循环后，每单击一次，AutoCAD 将会高亮显示一个不同的对象。在所需对象高亮显示时，按空格键将该对象添加到选择集中，随后 AutoCAD 关闭对象循环功能。

（3）使用"窗口"模式选择对象（W）。

首先选中"隐含窗口"复选框，清除"按住并拖动"复选框。在图形窗口中选择第一个对角点，然后向右侧移动鼠标，显示为一个实线矩形，如图 2.19 所示。

选择第二个对角点，选取的对象为完全包含在实线矩形中的对象，而仅仅部分进入实线矩形中的对象不会被选取，如图 2.20 所示。

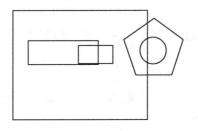
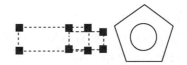

图 2.19 "窗口"模式中选取对象的矩形　　　　图 2.20 窗口模式选取的对象

在"窗口"模式下，选取非常拥挤图形中的某一个对象十分方便，无须担心进入到实线矩形的其他对象，因为只有全部位于实线矩形中的对象才会被选取，任何位于矩形以外或者与矩形边框相交叉的对象都不会被选取。

(4)上一个(L)。

在"选择对象:"提示下输入 L 后回车，系统自动选取最后绘出的一个对象。

(5)使用"窗交"模式选取对象(C)。

该方式与上述"窗口"方式相似，区别在于，它不但选中矩形窗口内部的对象，也选中与矩形窗口边界相交的对象。

首先选中"隐含窗口"复选框，清除"按住并拖动"复选框。在图形窗口中选择第一个对角点，然后向左侧移动鼠标，显示为一个虚线矩形，如图 2.21 所示。选择第二个对角点，选取的对象为与虚线矩形相交和包含在虚线矩形内的全部对象，如图 2.22 所示。

在"窗交"模式下，选取一个复杂对象十分方便，无须将需要选择的对象全部包含在虚线矩形中即可选取该对象。"窗交"模式被简称为交叉选择。

进入交叉选择也不是只能从右至左拖动矩形来选择，在命令行输入 SELECT 命令，按回车键，并且在命令行的"选择对象:"提示下输入"?"，显示如下提示信息：

需要点或窗口(W)/上一个(L)/窗交(C)/框(BOX)/全部(ALL)/栏选(F)/圈围(WP)/圈交(CP)/编组(G)/添加(A)/删除(R)/多个(M)/前一个(P)/放弃(U)/自动(AU)/单个(SI)/子对象(SU)/对象(O)

其中：根据提示可以看到，按下 C 即可进入"窗交"模式。此时就不受只能从右至左拖动矩形的限制。

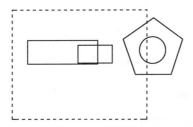

图 2.21 "窗交"模式中选取对象的矩形　　　　图 2.22 窗交模式选取的对象

(6)使用"框"模式选择对象框(BOX)。

该方式没有命令缩写字。使用时，系统根据用户在屏幕上给出的两个对角点的位置而自动引用"窗口"或"窗交"选择方式。若从左向右指定对角点，为"窗口"方式；反之，则为"窗交"方式。

（7）全部(ALL)。

选取绘图窗口中的所有对象。在"选择对象："提示下输入 ALL 后回车。此时，绘图区内的所有对象均被选中。

（8）使用"栏选择"模式选择对象(F)。

根据上面的介绍，输入 SELECT 命令，再输入"?"，打开选择模式后，如果按下 F 键即可进入"栏选"模式，使用选择栏可以很容易地选择复杂图形中的对象。选择栏看起来像多段线，仅选择它经过的对象，并非通过封闭对象来选择它们。图 2.23 显示在地形图上使用栏选择模式选择多个部件的结果。

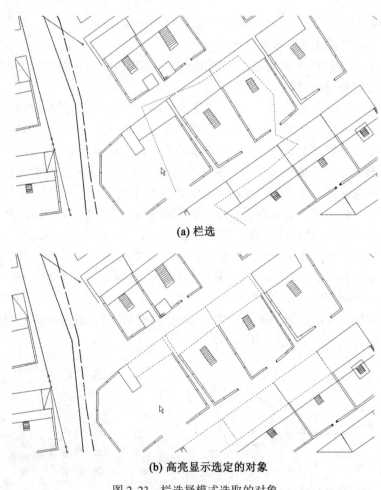

(a) 栏选

(b) 高亮显示选定的对象

图 2.23　栏选择模式选取的对象

（9）使用"圈围"模式选择对象(WP)。

40

使用一个不规则的多边形来选择对象。在"选择对象："提示下输入 WP 后回车，系统提示：

第一圈围点： //输入不规则多边形的第一个顶点坐标

指定直线的端点或[放弃(U)]： //输入第二个顶点坐标

指定直线的端点或[放弃(U)]： //输入下一个顶点坐标

……

指定直线的端点或[放弃(U)]： //回车结束操作

根据提示，用户依次输入构成多边形所有顶点的坐标，直到最后用回车结束操作，系统将自动连接第一个顶点与最后一个顶点形成封闭的多边形。多边形的边不能接触或穿过本身。若输入 U，取消才定义的坐标点并且重新指定。凡是被多边形围住的对象均被选中，与多边形边界相交的对象不被选中。

(10)使用"圈交"模式选择对象(CP)。

类似"圈围"方式，在提示后输入 CP，后续操作与 WP 方式相同。区别在于，与多边形边界相交的对象也被选中。

(11)编组(G)。

使用预先定义的对象组作为选择集。事先将若干个对象组成组，用组名引用。

(12)添加(A)。

添加下一个对象到选择集，也可以用于从移除模式(Remove)到选择模式的切换。添加模式也是 AutoCAD 2010 的默认方式。在提示符后输入 A，回车即可。

(13)删除(R)。

在"选择对象："提示符后输入 R，回车。命令行提示为：

删除对象：

按住 Shift 键选择对象，可以从当前选择集中移除该对象。对象由高亮显示状态变为正常状态。

(14)多个(M)。

指定多个点，不高亮显示对象。这种方法可以加快在复杂图形上的对象选择过程。若两个对象交叉，指定交叉点两次则可以选择这两个对象。

(15)前一个(P)。

把上次编辑命令最后一次构造的选择集或最后一次使用 SELECT(DDSELECT)命令预置的选择集作为当前选择集。这种方法适用于对同一选择集进行多种编辑操作。

(16)放弃(U)。

用于取消加入到选择集的对象。它可以将用户在选择集中所做的操作一步步地回退，每退一步都把最近加入的对象移除。

(17)自动(AU)。

这是 AutoCAD 的默认选择方式。其选择结果视用户在屏幕上的选择操作而定。如果选中单个对象，则该对象即为自动选择的结果；如果选择点落在对象内部或外部的空白处，则系统会提示：

指定对角点：

此时，系统会采取一种窗口的选择方式，即把用户点取在空白处作为一矩形框的一个对角点，移动拾取框到另一个位置选点，系统将把该点作为矩形框的另一个对角点，此时便确定出一个矩形框，被该矩形框框住的对象会被选中。对象被选中后，变为虚线形式，并高亮显示。

(18)单个(SI)。

选择指定的第一个对象或对象集，而不继续提示进行进一步的选择。

(19)子对象(SU)。

可以逐个选择原始形状，这些形状是复合实体的一部分或三维实体上的顶点、边和面。

可以选择这些子对象的其中之一，也可以创建多个子对象的选择集。按住 Ctrl 键选择和在命令提示行中用"子对象"选择的效果一样。

3. 过滤选择

选择对象时，通过对所创建的选择集使用一个过滤器，可以限制哪些对象将被选择。一个选择集过滤器可以根据一些特性，如颜色、线型、对象类型或者这些特性的组合，去选择对象。例如，可以创建一个选择集过滤器，以便在指定的图层上仅选择蓝色的圆或者选择蓝色的圆之外的对象。实际上，"快速选择"就是一个很好的选择集过滤器，用户可以通过"快速选择"十分方便地设定选择的特性。

AutoCAD 2010 还提供了另一种选择集过滤器。在命令行中输入 FILTER 后，按回车键即可打开"对象选择过滤器"对话框，如图 2.24 所示。

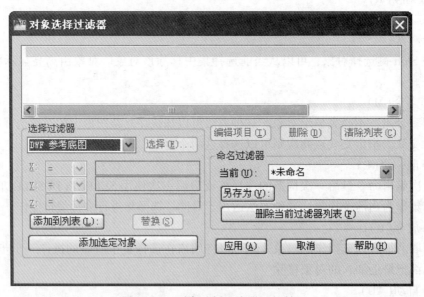

图 2.24 "对象选择过滤器"对话框

"对象选择过滤器"对话框上部的列表中，显示了当前用于限定选择集的过滤器。要将一个过滤器添加到列表中，可在"选择过滤器"选项组的下拉列表中，选择所要添加的

42

过滤器，然后单击"添加到列表"按钮。根据所选过滤器的类型，还可以指定其他参数，例如一条直线的起点或者填充图案的名称。

过滤器列表一直保留在对话框中，直到清除列表或关闭 AutoCAD。如果需要，还可以为当前的选择集过滤器标记一个名称，并保存该过滤器，以便以后重新使用该过滤器。AutoCAD 将命名的过滤器保存在 Filter. nfl 文件中。

既可以在执行一个命令前应用选择集过滤器，也可以在一个命令正在激活状态时应用选择集过滤器。如果在没有命令处于激活状态时应用选择集过滤器，通过指定前一个选择集可以编辑对象。

4. 快速选择

有时用户需要选择具有某些共同属性的对象来构造选择集，例如选择具有相同颜色、线型或线宽的对象，用户当然可以使用前面介绍的方法选择这些对象，但如果要选择的对象数量较多且分布在较复杂的图形中，则工作量会很大。AutoCAD 2010 提供了 QSELECT 命令来解决这个问题，当需要选择具有某些共同特性的对象时，可利用"快速选择"对话框，根据对象的图层、线型、颜色、图案填充等特性和类型，创建选择集。

（1）执行方式。

- 命令行：QSELECT；
- 菜单栏：工具→快速选择；
- 右键快捷菜单：快速选择。

工具栏：特性工具 ![]→快速选择，如图 2.25 所示。

（2）AutoCAD 打开"快速选择"对话框，如图 2.26 所示，在此对话框中，可以设置用户自定义的选择条件，然后快速选择需要的一个或一组对象。

图 2.25　"特性"选项板

图 2.26　"快速选择"对话框

实例 2.4：选择图 2.27 中所有居民地。

实例分析：本例使用"快速选择"对话框来选择所需要的一组对象。

操作步骤：

（1）启动 AutoCAD 2010，打开如图 2.27 所示的地形图。

（2）选择"工具→快速选择"命令，打开"快速选择"对话框。在"应用到"下拉列表框中，选择"整个图形"选项；在"对象类型"下拉列表框中，选择"所有图元"选项。

（3）在"特性"列表框中选择"图层"选项，在"运算符"下拉列表框中选择"＝等于"选项，然后在"值"文本框中选择 JMD，表示选择图形中所有居民地。

（4）在"如何应用"选项组中，选择"包括在新选择集中"单选按钮，按设定条件创建新的选择集。

（5）单击"确定"按钮，即选中图形中所有符合要求的图形对象，如图 2.27 所示。

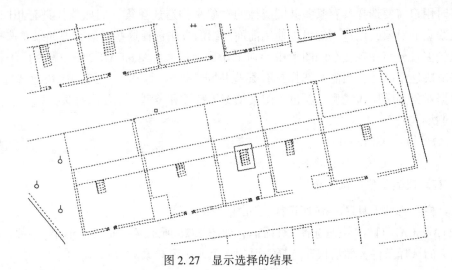

图 2.27　显示选择的结果

5. 使用编组

在 AutoCAD 2010 中，可以将图形对象进行编组以创建一种选择集，使编辑对象变得更为灵活。

编组是保存的对象集，可以根据需要一起选择和编辑，也可以分别进行。编组提供了以组为单位操作图形元素的简单方法。

在命令行提示下输入 GROUP，并按回车键，使用打开的"对象编组"对话框就可以创建编组。

实例 2.5：将图 2.28 中所有的居民地创建一个编组 JMD。

实例分析：本例使用"对象编组"对话框来创建编组 JMD。

操作步骤：

（1）启动 AutoCAD 2010，打开如图 2.28 所示的图形文件。

（2）在命令提示下输入 GROUP 命令，按回车键，打开"对象编组"对话框。

（3）在"编组标识"选项组的"编组名"文本框中输入编组名 JMD，如图 2.29 所示。

（4）单击"新建"按钮，切换到绘图窗口，选择图 2.28 中的所有居民地。

（5）按回车键结束对象选择，返回到"对象编组"对话框，单击"确定"按钮，完成对

44

象编组。此时，如果单击编组中的任一对象，所有其他对象也同时被选中。

图 2.28　创建对象编组

图 2.29　"对象编组"对话框

2.2.2　显示控制

在 AutoCAD 2010 中，可以使用多种方法来观察绘图窗口中绘制的图形，可以放大图形中的细节以便仔细查看，或者将视图移动到图形的其他部分。如果按名称保存视图，可在以后恢复它们。

1. 重画图形

系统将计算过的图形数据库传到实际显示区域并重画视区，删除编辑命令留下的点标记痕迹。执行方式为：

- 命令行：REDRAW；
- 命令别名：R；
- 菜单栏：视图→重画。

2. 重生成图形

系统将对照显示屏来重新计算当前图形在屏幕上的坐标值和尺寸，重新生成整个图形，同时还将重新建立图形数据库索引，优化显示和对象选择的性能。执行方式为：

- 命令行：REGEN(REGENALL)；
- 命令别名：RE(REA)；
- 菜单栏：视图→重生成(全部重生成)。

例如：在绘制连续光滑的线型时，有时会显示为有棱角的折线，使用重生成命令，线型就光滑了。

3. 缩放视图

实际绘图时，经常需要改变图形的显示比例，例如放大视图或缩小视图，可用鼠标中键直接进行缩放。ZOOM命令用于放大或缩小视窗中的图形，以便于观察和绘图，但不改变实际图形的尺寸大小。执行方式为：

- 命令行：ZOOM；
- 命令别名：Z；
- 菜单栏：视图→缩放。

输入命令，回车。命令行提示：

指定窗口的角点，输入比例因子(nX 或 nXP)，或者[全部(A)/中心(C)/动态(D)/范围(E)/上一个(P)/比例(S)/窗口(W)/对象(O)]<实时>：

各选项的功能说明如下：

(1)全部(A)，在当前视口中缩放显示整个图形。在平面视图中，所有图形将被缩放到栅格界限和当前范围两者中较大的区域中。在三维视图中，"全部缩放"选项与"范围缩放"选项等效，即使图形超出了栅格界限也能显示所有对象。

(2)中心(C)，缩放以显示由中心点和比例值/高度所定义的视图。高度值较小时增加放大比例；高度值较大时减小放大比例。

(3)动态(D)，使用矩形视图框进行平移或缩放。视图框表示视图，可以改变它的大小，或在图形中移动。移动视图框或调整它的大小，将其中的视图平移或缩放，以充满整个视口。

(4)范围(E)，将所有的图形全部显示在屏幕上，并最大限度地充满全屏。

(5)上一个(P)，返回上一个视图。

(6)比例(S)，按比例缩放视图。

(7)窗口(W)，缩放显示由两个角点定义的矩形窗口框定的区域。

（8）对象（O），缩放以便尽可能大地显示一个或多个选定的对象并使其位于视图的中心。可以在启动 ZOOM 命令前后选择对象。

（9）实时：交互缩放以更改视图的比例。

4．平移视图

在当前视口中移动视图。执行方式为：

- 命令行：PAN；
- 命令别名：P；
- 菜单栏：视图→平移；
- 快捷菜单：不选定任何对象，在绘图区域单击鼠标右键然后选择"平移"。

5．使用鸟瞰视图

"鸟瞰视图"是一种浏览工具。它在一个独立的窗口中显示整个图形的视图，以便快速定位并移动到某个特定区域。"鸟瞰视图"窗口打开时，不需要选择菜单项或输入命令，就可以进行缩放和平移。执行方式为：

- 命令行：DSVIEWER；
- 菜单栏：视图→鸟瞰视图。

输入"鸟瞰视图"命令后，会出现一个独立的小窗口，如图 2.30 所示。

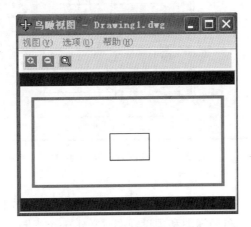

图 2.30　"鸟瞰视图"窗口

执行实时缩放和实时移动操作的步骤如下：

（1）在"鸟瞰视图"窗口中单击鼠标左键，则在该窗口中显示出一个平移框（即矩形框）。表明当前是平移模式。拖动该平移框，就可以把图形实时移动。

（2）当窗口中出现平移框后。单击鼠标左键，平移框左边出现一个小箭头，此时为缩放模式。此时拖动鼠标，就可以实现图形的实时缩放，同时会改变框的大小。

（3）在窗口中再单击鼠标左键，则又切换回平移模式。

利用上述方法，可以实现实时平移与实时缩放的切换。

6．使用命名视图

所谓命名视图是指用户可以将某一显示画面的状态以某种名称保存起来，然后在需要时将其恢复成当前显示，从而达到加快操作的目的。

我们可在一张地形图纸上建多个视图，并通过该功能对多个视图管理和存储，需要查看或修改图纸上的某一部分，可直接用 VIEW 命令将该视图恢复，而不必用 ZOOM、PAN 等命令进行操作。

（1）执行方式

- 命令行：VIEW；
- 命令别名：V；
- 菜单栏：视图→命名视图。

（2）操作步骤

输入 VIEW 命令，回车。弹出"视图管理器"对话框，如图 2.31 所示。

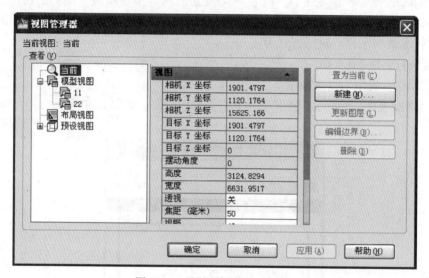

图 2.31 "视图管理器"对话框

利用"视图管理器"对话框，可以创建、设置、重命名、修改和删除命名视图（包括模型命名视图）、相机视图、布局视图和预设视图。单击一个视图，以显示该视图的特性。

2.3 夹点编辑

在 AutoCAD 2010 中，用户可以使用夹点编辑完成某些编辑命令的功能。夹点编辑与通常所使用的修改方法是完全不同的。夹点是一种集成的编辑模式，提供了一种方便快捷的编辑操作途径。例如，使用夹点可以对图形对象进行拉伸、移动、旋转、缩放及镜像等操作。

2.3.1 使用夹点

当选中对象时，所选择的对象一般呈虚线显示，并在所选对象上出现若干个小方框，这些小方框所确定的点即为对象的特征点，在 AutoCAD 中称为夹点。在选择对象实现某些编辑操作时，都可以通过对夹点的控制来完成。

在所选对象上激活夹点后，拾取要修改的夹点，使其变为红色状态，然后单击右键，弹出"快捷菜单"，如图 2.32 所示。

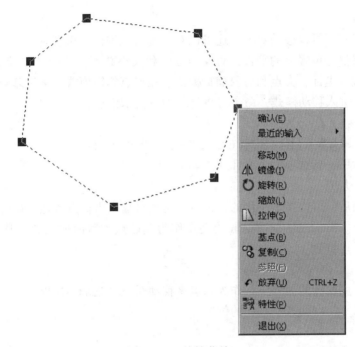

图 2.32 "快捷菜单"

下面介绍夹点"快捷菜单"的各种编辑功能。

1. 拉伸对象

在不执行任何命令的情况下选择对象，显示其夹点，然后单击其中一个夹点，进入编辑状态。此时，AutoCAD 自动将其作为拉伸的基点，进入"拉伸"编辑模式，命令行将显示如下提示信息：

＊＊拉伸 ＊＊

指定拉伸点或[基点(B)/复制(C)/放弃(U)/退出(X)]：

在上述提示中，各选项的含义和功能如下：

(1)指定拉伸点。

该选项可以将指定基点拉伸到新位置。系统提示需输入新点的位置，AutoCAD 将所选对象上指定的基点拉伸到新点的位置。

(2)基点。

选择该选项后，系统允许以输入的另外一点作为基点。然后 AutoCAD 提示：

指定基点： //输入新基点的位置

＊＊拉伸 ＊＊

指定拉伸点或[基点(B)/复制(C)/放弃(U)/退出(X)]：　　　//键入端点的坐标

拉伸结果是所选对象以新点为基点发生了移动。

(3)复制。

选择该选项后，AutoCAD允许用户对所选对象进行多次移动操作，并保留所有移动后的对象。

2. 移动对象

利用该功能不但可以移动对象，还可以对所选对象进行多次复制。

移动对象仅仅是位置上的平移，对象的方向和大小并不会改变。要精确地移动对象，可使用捕捉模式、坐标、夹点和对象捕捉模式。在夹点编辑模式下确定基点后，在命令行提示下输入MO进入移动模式，命令行将显示如下提示信息：

** 移动 **

指定移动点或[基点(B)/复制(C)/放弃(U)/退出(X)]：

在上述提示中，各选项的含义和功能如下：

(1)指定移动点。

选择该选项后，可以指定平移的目标点。可通过输入坐标点或通过鼠标在绘图窗口直接拾取点来确定。AutoCAD把所拾取的夹点作为起始点、后面输入的点作为目标点，将对象平移到目标点位置。

(2)基点。

该选项允许用输入的另外一点作为基点来移动对象。AutoCAD提示：

指定基点：　　//输入新基点的位置

** 移动 **

指定移动点或[基点(B)/复制(C)/放弃(U)/退出(X)]：　　　//指定移动的终点

编辑结果是将选取的对象以指定的基点为起点，平移到终点位置。

(3)复制。

选择该选项后，系统可以对所选对象按指定位置进行多次复制操作。

3. 旋转对象

该命令用来将所选对象相对于基点进行旋转，同时还可将所选对象进行多次复制。

用鼠标拾取对象的某夹点作为基点，然后再右击鼠标，在弹出的快捷菜单中选择"旋转"命令，AutoCAD提示：

** 旋转 **

指定旋转角度或[基点(B)/复制(C)/放弃(U)/参照(R)/退出(X)]：

在上述提示中，各选项的含义和功能如下：

(1)指定旋转角度。

这是默认项，在提示后直接输入角度值后，AutoCAD把选中的对象绕特征基点旋转指定的角度。

(2)参照。

选择该选项后，可以使用参照方式旋转对象。AutoCAD提示：

指定参照角<O>：　　//输入参考方向的角度值

** 旋转 **

指定新角度或[基点(B)/复制(C)/放弃(U)/参照(R)/退出(X)]:　　//输入相对于参考方向的角度值

其余选项的操作与"移动(M)"命令中相应选项的含义相同。

4. 缩放对象

该命令用于将所选对象相对于所选的基点进行缩放，同时还可对所选对象进行多次复制。

用鼠标拾取所选对象的某夹点作为基点，然后再单击鼠标右键弹出的"快捷菜单"中选择"比例(L)"命令，AutoCAD 提示:

** 比例缩放 **

指定比例因子或[基点(B)/复制(C)/放弃(U)/参照(R)/退出(X)]:

在上述提示中，各选项的含义和功能如下:

(1)指定比例因子。

这是默认项，在系统提示下直接输入比例因子值，AutoCAD 以指定的特征基点作为缩放基点，然后对所选对象按指定的比例因子进行缩放。

(2)参照。

选择该选项后，可以用参照方式对所选对象进行比例缩放。然后 AutoCAD 提示:

指定参考长度<1.0000>:（输入参考长度）

** 比例缩放 **

指定新长度或[基点(B)/复制(C)/放弃(U)/参照(R)/退出(X)]://输入新的长度

AutoCAD 自动计算所选对象的缩放比例，比例值为"新长度/参考长度"，并按该比例对所选对象进行缩放。

其余选项的操作与"移动(M)"命令中的相应选项的操作相同。

5. 镜像对象

与"镜像"命令的功能类似，镜像操作后将删除原对象。在夹点编辑模式下确定基点后，在命令行提示下输入 MI 进入"镜像"模式，命令行将显示如下提示信息。

** 镜像 **

指定第二点或[基点(B)/复制(C)/放弃(U)/退出(X)]:

图 2.33 所示的是夹点编辑示例。图中对夹点 1 进行了拉伸操作，对夹点 4 进行了旋转操作，还对夹点 7 进行了镜像操作。

2.3.2　设置夹点

对象上的夹点对于编辑对象非常有效和方便。对象上的夹点还可以进行设置，以改变夹点的大小和颜色，为此，AutoCAD 提供了夹点编辑功能。使用 GRIPS 命令可打开一个对话框，在该对话框中可设置对象的夹点。

(1)执行方式。

● 命令行:GRIPS;

● 菜单栏:工具→选项。

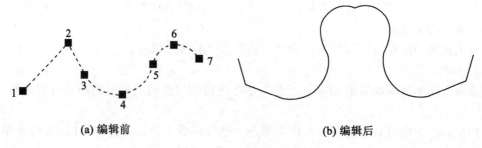

(a) 编辑前　　　　　　　　　　　　**(b) 编辑后**

图 2.33　夹点编辑示例

（2）AutoCAD 打开"选项"对话框，选择"选项"选项卡，如图 2.18 所示。在"选择"选项卡中，可设置夹点的颜色、大小及开关状态等内容。

在"选择"选项卡中，各选项的功能说明如下：

①选择集模式。在该选项组中，可以设置对象的选择模式。

②夹点。在该选项组中，可以确定屏幕上夹点的显示形式。其中"启用夹点"复选框用来确定是否打开夹点功能。"在块中启用夹点"复选框用来确定是否显示块内对象的夹点。"未选中夹点颜色"下拉列表框用来确定未选中夹点边框的颜色。"选中夹点颜色"下拉列表框用来确定已选中夹点的颜色。

③夹点大小。利用该标尺可以确定显示夹点方框的尺寸。

④拾取框大小。利用该标尺可以确定拾取框的尺寸。

2.4　对象复制

在 AutoCAD 2010 中，使用"复制"、"阵列"、"偏移"、"镜像"命令，可以复制对象，创建与原对象相同或相似的图形。

2.4.1　复制

该命令可以复制已有图形对象，并放置到指定的位置。

1. 执行方式

- 命令行：COPY；

- 命令别名：CO 或 CP；

- 菜单栏：修改→复制；

- 工具栏：修改→ ；

- 功能区：修改面板→ 。

2. 操作步骤

输入命令，回车。命令行提示：

选择对象：

52

选择一个或多个对象后，AutoCAD 接着提示：

指定基点或[位移(D)/模式(O)]<位移>：

该提示中各选项的含义如下：

(1)指定基点或位移。

这是默认项。在上面的提示下指定一点，AutoCAD 接着提示：

指定位移的第二点或<用第一点作位移>：

在此提示下再指定一点，AutoCAD 将所选择的对象按这两点确定的位移矢量进行复制。如果在"指定位移的第二点或<用第一点作位移>："提示下直接回车，AutoCAD 将使用第一点的各坐标分量作为复制的位移量来复制对象。

(2)模式。

选择该选项，AutoCAD 接着提示：

输入复制模式选项[单个(S)/多个(M)]<多个>：

输入 S，对选中对象进行一次复制；输入 M，对选中对象进行多次复制。如图 2.34 所示。

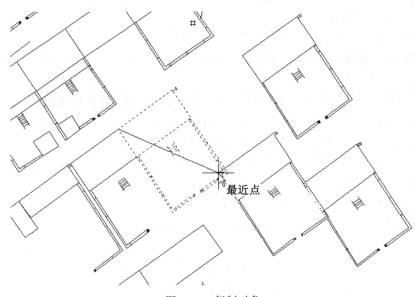

图 2.34　复制对象

2.4.2　偏移

这是创建其形状与选定对象形状平行的新对象。偏移圆或圆弧可以创建更大的或更小的圆或圆弧，这取决于向哪一侧偏移。可以偏移的对象包括直线、圆弧、圆、椭圆和椭圆弧(形成椭圆形样条曲线)、二维多段线、构造线(参照线)、射线和样条曲线。

1. 执行方式

● 命令行：OFFSET；

- 命令别名：O；
- 菜单栏：修改→偏移；
- 工具栏：修改→ ；
- 功能区：修改面板→ 。

2. 操作步骤

输入命令，回车。命令行提示：

指定偏移距离或[通过(T)/删除(E)/图层(L)]<通过>：

各个选项的含义如下：

(1)指定偏移距离。

根据用户指定的距离来复制对象。在该提示下输入距离值后，AutoCAD 接着依次提示：

选择要偏移的对象或[退出(E)/放弃(U)]<退出>：

指定要偏移的那一侧上的点或[退出(E)/多个(M)/放弃(U)]<退出>：

选择要偏移复制的对象以及偏移的方向。在指定了对象和偏移方向后，即可复制出对象，同时 AutoCAD 接着提示：

选择要偏移的对象或[退出(E)/放弃(U)]<退出>：

用户可以继续选择其他对象，以相同的距离来偏移对象。

(2)通过。

根据用户指定的通过点来复制对象。选择该选项，AutoCAD 依次提示：

选择要偏移的对象或[退出(E)/放弃(U)]<退出>：

指定通过点，或[退出(E)/多个(M)/放弃(U)]<退出>：

要求用户选择要偏移复制的对象以及复制出来的对象的通过点。在指定了对象和通过点以后，即可复制出对象，同时 AutoCAD 接着提示：

选择要偏移的对象或[退出(E)/放弃(U)]<退出>：

用户可以继续选择其他对象，以相同的方法来偏移对象。

(3)删除。

是否在偏移后删除或保留源对象。选择该选项，AutoCAD 依次提示：

要在偏移后删除源对象吗？[是(Y)/否(N)]<否>：

默认是保留源对象。

(4)图层。

选择该选项后，AutoCAD 依次提示：

输入偏移对象的图层选项[当前(C)/源(S)]<源>：

选择偏移后的对象保留在哪个图层，是和源对象同层还是当前层。

注意：

(1)偏移命令是一个单对象编辑命令，在使用过程中，只能以直接拾取的方式选择对象。

(2)以给定偏移距离的方式来复制对象时，距离值必须大于零。

(3)对不同的对象执行 OFFSET 命令后有不同的结果,如图 2.35 所示。

- 对圆弧作偏移后,新圆弧与旧圆弧同心且具有同样的包含角,但新圆弧的长度要发生改变。
- 对圆或椭圆作偏移后,新圆、新椭圆与旧圆、旧椭圆有同样的圆心,但新圆的半径或新椭圆的轴长要发生变化。
- 对直线段、构造线、射线作偏移,是平行复制。

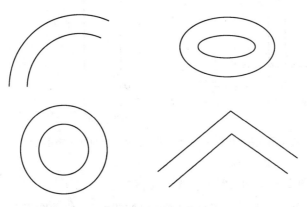

图 2.35　偏移示例

实例 2.6:绘制如图 2.36 所示的井盖起吊孔平面图。

实例分析:本例可以先绘制一个圆和圆角矩形,然后使用偏移命令生成其他的圆和圆角矩形,再修剪图形。

操作步骤:

(1)输入 REC(或 RECTANG)命令,或单击工具栏"矩形"按钮 ,绘制一个长为 8、宽为 40、圆角半径为 4 的矩形,如图 2.37 所示。

(2)输入 C(或 CIRCLR)命令,或者单击工具栏"圆"按钮 ,通过追踪功能绘制直径为 15 的圆,如图 2.38 所示。

(3)使用偏移命令 OFFSET 绘制圆和圆角矩形。

命令:OFFSET

当前设置:删除源=否　图层=源　OFFSETGAPTYPE=0

指定偏移距离或[通过(T)/删除(E)/图层(L)]<通过>:4

选择要偏移的对象或[退出(E)/放弃(U)]<退出>:　　　//选择圆

指定要偏移的那一侧上的点或[退出(E)/多个(M)/放弃(U)]<退出>:　　　//在圆的外侧单击

选择要偏移的对象或[退出(E)/放弃(U)]<退出>:　　　//选择圆角矩形

指定要偏移的那一侧上的点或[退出(E)/多个(M)/放弃(U)]<退出>:　　　//在圆角矩形的外侧单击

选择要偏移的对象或[退出(E)/放弃(U)]<退出>:

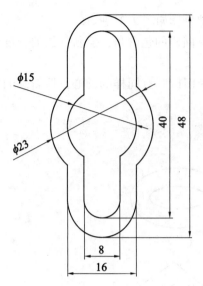

$\phi15$

$\phi23$

40

48

8

16

图 2.36　绘制井盖起吊孔平面图

图 2.37　绘制圆角矩形

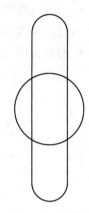

图 2.38　绘制圆

绘制的结果如图 2.39 所示。

(4)输入 TRIM 命令或者单击工具栏"修剪"按钮 ⟋，修剪图形。

命令：TRIM

当前设置：投影=UCS，边=延伸

选择剪切边…

选择对象或<全部选择>：　　//选择圆和圆角矩形共 4 个对象

选择要修剪的对象，或按住 Shift 键选择要延伸的对象，或

[栏选(F)/窗交(C)/投影(P)/边(E)/删除(R)/放弃(U)]：　　//选择图形中要修

剪的部分

结果如图 2.40 所示。

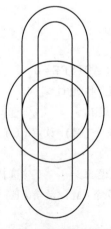

图 2.39　使用偏移命令绘制图形

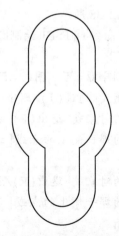

图 2.40　修剪图形

56

2.4.3 镜像

镜像可以生成与所选对象相对称的图形。这对创建对称的对象非常有用，因为这样可以快速地绘制半个图形对象，然后镜像出对象的另一半，而不必绘制整个图形。

1. 执行方式
- 命令行：MIRROR；
- 命令别名：MI；
- 菜单栏：修改→镜像；
- 工具栏：修改→ ◢◣ ；
- 功能区：修改面板→ ◢◣ ；
- 使用夹点编辑功能镜像对象，参见2.1.10。

2. 操作步骤

输入命令，回车。命令行提示：

选择对象：

需要用户选择要镜像复制的对象，然后AutoCAD接着依次提示：

指定镜像线的第一点：

指定镜像线的第二点：

需要用户指定镜像线上的两个端点，然后AutoCAD接着提示：

要删除源对象吗？〔是(Y)/否(N)〕<N>：

如果直接按回车键，则镜像复制对象，并保留原来的对象；如果输入Y，则在镜像复制对象的同时删除源对象。

创建文字、属性和属性定义的镜像时，仍然按照轴对称规则进行，生成被反转或倒置的图像。为避免出现这样的结果，应将系统变量MIRRTEXT设置为0(关)。这样文字的对齐和对正方式在镜像前后相同，如图2.41所示。

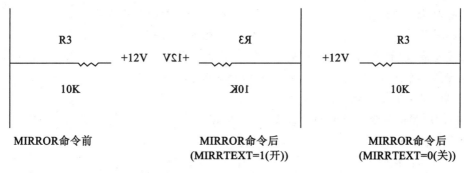

图2.41　修正文字的镜像

默认情况下，MIRRTEXT为关。此系统变量影响由TEXT、ATTDEF或MTEXT命令、属性定义和变量属性所创建的文字。然而，插入块内的文字和固定属性也被镜像，因此整个块都得到镜像。不管MIRRTEXT的设置如何，这些对象都可以被倒置。

实例 2.7：绘制如图 2.42 所示的图形。

实例分析：本例在绘制菱形时，可以先过矩形边 a 和 b 的中点绘制一条直线，过矩形边 b 和 c 的中点绘制另一条直线，然后将绘制的两条直线向右移动 20 个单位，然后再镜像直线，最后修剪图形完成绘制。

操作步骤：

(1)输入 POL(或 POLYGON)命令，或者单击工具栏"正多边形"按钮 ⬠，绘制边长为 120 的正方形，如图 2.43 所示。

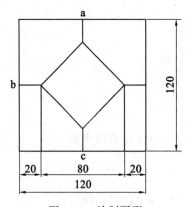

图 2.42　绘制图形

图 2.43　绘制正方形

(2)输入 LINE 命令，或单击工具栏"直线"按钮 ✎，绘制经过边 a 和 b、b 和 c 中点的直线，如图 2.44 所示。

(3)使用移动命令，将两条直线向右侧移动 20 个单位。

命令：MOVE

选择对象：找到 1 个

选择对象：找到 1 个，总计 2 个　　　　//选择绘制的两条直线

选择对象：　　　　　　　　　　　　//输入 Enter 键

指定基点或[位移(D)]<位移>：　　　　//指定基点

指定第二个点或<使用第一个点作为位移>：@20，0

绘制的结果如图 2.45 所示。

(4)使用镜像命令，镜像两条直线。

命令：MIRROR

选择对象：找到 1 个

选择对象：找到 1 个，总计 2 个　　　　//选择两条直线

选择对象：　　　　　　　　　　　　//输入 Enter 键

指定镜像线的第一点：　　　　　　　//单击边 a 的中点

指定镜像线的第二点：　　　　　　　//单击边 c 的中点

要删除源对象吗？[是(Y)/否(N)]<N>：N

58

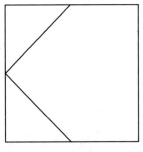
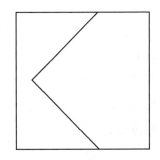

图 2.44　绘制两条直线　　　　图 2.45　移动直线

绘制的结果如图 2.46 所示。

（5）输入 TRIM 命令，或单击"修剪"按钮，修剪图形。

命令：TRIM

当前设置：投影＝UCS，边＝延伸

选择剪切边…

选择对象或＜全部选择＞：　　　　　//选择 4 条交叉的直线对象

选择要修剪的对象，或按住 Shift 键选择要延伸的对象，或［栏选（F）/窗交（C）/投影（P）/边（E）/删除（R）/放弃（U）］：　　//选择被修剪的直线部分

效果如图 2.47 所示。

（6）输入 LINE 命令，或单击工具栏"直线"按钮，运用对象捕捉功能绘制 4 条短直线，如图 2.42 所示。

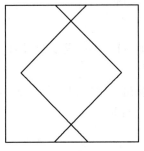
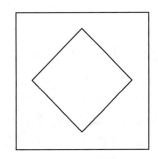

图 2.46　镜像对象　　　　图 2.47　修剪图形

2.4.4　阵列

可以一次将选择的对象复制多个，并按一定规律进行排列。阵列复制出的全部对象并不是一个整体，可对其中的每个对象进行单独编辑。阵列操作分为矩形阵列和环形阵列两种形式。对于矩形阵列，可以控制行和列的数目以及它们之间的距离。对于环形阵列，可以控制对象副本的数目并决定是否旋转副本。对于创建多个指定间距的对象，阵列比复制要快。

1. 执行方式
- 命令行：ARRAY；
- 命令别名：AR；
- 菜单栏：修改→阵列；
- 工具栏：修改→；
- 功能区：修改面板→。

2. 操作步骤

输入命令，回车。AutoCAD 弹出如图 2.48 所示的"阵列"对话框。

图 2.48 "阵列"对话框

可以在该对话框中设置以矩形阵列或者环形阵列方式多重复制对象。

a. 矩形阵列复制

在"阵列"对话框中，选择"矩形阵列"单选按钮，可以以矩形阵列方式复制对象，此时的"阵列"对话框如图 2.48 所示。各选项的含义如下：

（1）"行"文本框，设置矩形阵列的行数。

（2）"列"文本框，设置矩形阵列的列数。

（3）"偏移距离和方向"选项组：在"行偏移"、"列偏移"、"阵列角度"文本框中可以输入矩形阵列的行距、列距和阵列角度，也可以单击文本框右边的按钮，在绘图窗口中通过指定点来确定距离和方向。

（4）"选择对象"按钮，单击该按钮将切换到"绘图"窗口，选择需要阵列复制的对象。

（5）预览窗口，显示当前的阵列模式、行距和列距以及阵列角度。

（6）"预览"按钮，单击该按钮将切换到"绘图"窗口，可预览阵列复制效果。

行距、列距和阵列角度的值的正负性将影响将来的阵列方向，行距和列距为正值将使阵列沿 X 轴或 Y 轴正方向阵列复制对象；阵列角度为正值，则沿逆时针方向阵列复制对

60

象，负值则相反。如果是通过单击按钮在"绘图"窗口中设置偏移距离和方向，则给定点的前后顺序将确定偏移的方向。

b. 环形阵列复制

在"阵列"对话框中，选择"环形阵列"单选按钮，将以环形阵列方式复制图形，此时的"阵列"对话框如图 2.49 所示。其中各选项的含义如下：

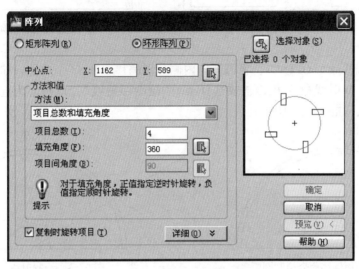

图 2.49　环形阵列

(1)"中心点"选项组：在 X 和 Y 文本框中，输入环形阵列的中心点坐标，也可以单击右边的按钮切换到"绘图"窗口，直接指定一点作为阵列的中心点。

(2)"方法和值"选项组：设置环形阵列复制的方法和值。其中，在"方法"下拉列表框中选择环形的方法，包括"项目总数和填充角度"、"项目总数和项目间的角度"和"填充角度和项目间的角度"三种，选择的方法不同，设置的值也不同。可以直接在对应的文本框中输入值，也可以通过单击相应按钮，在"绘图"窗口中指定。

(3)"复制时旋转项目"复选框：设置在阵列时是否将复制出的对象旋转。

(4)"详细"按钮：单击该按钮，对话框中将显示对象的基点信息，可以利用这些信息设置对象的基点。

实例 2.8：绘制如图 2.50 所示的扇形窗。

实例分析：本例可以先绘制扇形窗外侧的圆弧和扇形，再以圆心为阵列中心，填充角度为 150°，阵列扇形。

操作步骤：

(1)输入 LINE 命令，绘制一条经过点(100，100)和(316，100)的直线。

(2)选择"绘图→圆弧→起点、端点、半径"命令，绘制经过直线两个端点且半径为 108 的圆弧，如图 2.51 所示。

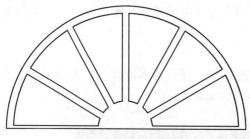

图 2.50　绘制扇形窗

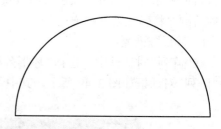

图 2.51　绘制圆弧

（3）输入偏移命令 OFFSET，将圆弧向内侧分别偏移 6 和 83 个单位，如图 2.52 所示。

（4）输入绘制射线命令 RAY，或选择菜单"绘图→射线"，以圆心为起点，绘制角度为 150°的射线，如图 2.53 所示。

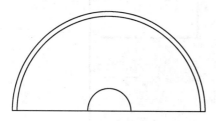

图 2.52　使用偏移命令绘制圆弧

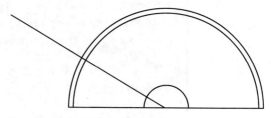

图 2.53　绘制射线

（5）输入 TRIM 命令，或单击工具栏"修剪"按钮，修剪图形。

命令：TRIM

当前设置：投影＝UCS，边＝延伸

选择剪切边…

选择对象或<全部选择>：　　　　　　　　//选择 2 个内圆对象

选择要修剪的对象，或按住 Shift 键选择要延伸的对象，或［栏选（F）/窗交（C）/投影（P）/边（E）/删除（R）/放弃（U）］：　　　　　　//选择被修剪的直线部分

结果如图 2.54 所示。

（6）输入 OFFSET 命令，或单击"偏移"按钮，将水平直线向上方偏移 3 个单位，将倾斜的直线向下方偏移 3 个单位，如图 2.55 所示。

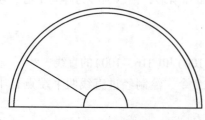

图 2.54　修剪直线

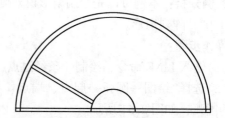

图 2.55　使用偏移命令绘制直线

(7)输入 TRIM 命令，或单击"修剪"按钮 ，修剪图形，结果如图 2.56 所示。

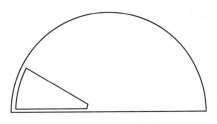

图 2.56　修剪直线

(8)输入 ARRAY 命令，或单击"阵列"按钮 ，打开"阵列"对话框。选择"环形阵列"单选按钮，单击"中心点"按钮后面的"拾取中心点"按钮 ，然后在"绘图"窗口中拾取圆心为中心点；在"方法和值"设置区中选择创建方法为"项目总数和填充角度"，并设置"项目总数"为6，"填充角度"为150，如图 2.57 所示。

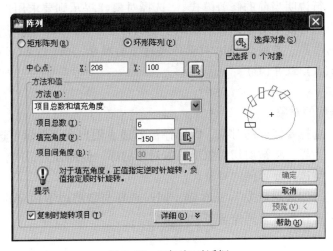

图 2.57　"阵列"对话框

(9)单击"选择对象"左侧按钮 ，在绘图窗口中选择图中的扇形，并单击回车键，返回"阵列"对话框。

(10)单击"确定"按钮，复制结果如图 2.50 所示。

2.5　对象修剪

在 AutoCAD 2010 中，可以使用"修剪"和"延伸"命令缩短或拉长对象，以便与其他对象的边相接。也可以使用"缩放"、"拉伸"和"拉长"命令，在一个方向上调整对象的大小或按比例增大或缩小对象。

2.5.1 修剪

该命令可用剪切边修剪对象。

1. 执行方式
- 命令行：TRIM；
- 命令别名：TR；
- 菜单栏：修改→修剪；
- 工具栏：修改→ ；
- 功能区：修改面板→ → 修剪。

2. 操作步骤

输入命令，回车。命令行提示：

当前设置：投影=UCS，边=无；

选择剪切边…；

选择对象或<全部选择>：

提示中的第一行说明当前的修剪模式。"选择对象："提示则要求用户选择作为剪切边的对象。用户可以选择多个对象，直到按回车键或者空格键，AutoCAD接着提示：

选择要修剪的对象，或按住Shift键选择要延伸的对象，或[栏选(F)/窗交(C)/投影(P)/边(E)/删除(R)/放弃(U)]：

各选项含义如下：

(1)选择要修剪的对象。

这是默认项，选择要修剪的对象，即选择被剪边。用户在该提示下选择被剪对象后，AutoCAD以剪切边为界，将被剪切对象上拾取对象的那一侧部分剪切掉。

(2)按住Shift键选择要延伸的对象。

提供延伸功能。如果用户按下Shift键，同时选择与修剪边不相交的对象，修剪边将变为延伸边界，将选择的对象延伸至与边界相交。

(3)栏选。

选择该选项，将通过栏选方式修剪被剪对象。AutoCAD提示：

指定第一个栏选点：

指定下一个栏选点或[放弃(U)]：

(4)窗交。

用窗交选择方式选择剪切边和被剪切边。AutoCAD提示：

指定第一个角点：

指定对角点：

(5)投影。

设置修剪的空间。选择该选项，AutoCAD接着提示：

输入投影选项[无(N)/UCS(U)/视图(V)]<UCS>：

无：按实际三维空间的相互关系修剪，而不是在平面上按投影关系修剪。

64

UCS：在当前 UCS(用户坐标系)的 XOY 平面上修剪。选择该选项后，可在当前 XOY 平面上按投影关系修剪在三维空间中没有相交的对象。

视图：在当前视图平面上修剪。

(6)边。

设置修剪边的隐含延伸模式。选择该选项，AutoCAD 提示：

输入隐含边延伸模式[延伸(E)/不延伸(N)]<不延伸>：

延伸：按延伸方式实现修剪。如果修剪边太短而没有与被剪边相交，那么 AutoCAD 会假想地将修剪边延长，然后再进行修剪。

不延伸：只按边的实际相交情况修剪，如果修剪边太短，没有与被剪边相交，则不进行延伸修剪。

这两种模式的区别如图 2.58 所示。

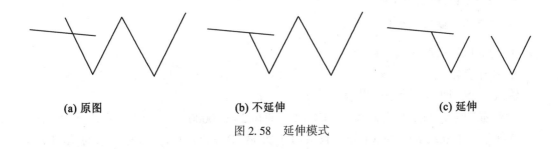

(a) 原图   (b) 不延伸   (c) 延伸

图 2.58　延伸模式

(7)放弃。

取消上一次的操作。

注意：

(1)AutoCAD 允许用直线、圆弧、圆、椭圆或椭圆弧、多段线、样条由线、构造线、射线以及文字等对象作为剪切边。

(2)剪切边也可以同时作为被剪切边。

2.5.2　延伸

延伸是指把对象精确地延伸至由其他对象定义的边界边。延伸对象的操作方法与修剪对象的方法非常相似，修剪对象需要选择剪切边和要修剪的边，延伸对象需要选择边界边和要延伸的边。该命令用于将指定的对象延长至另一对象。执行方式如下：

- 命令行：EXTEND；
- 命令别名：EX；
- 菜单栏：修改→延伸；
- 工具栏：修改→ ![icon] ；
- 功能区：修改面板→ ![icon] → ![icon] 延伸 。

实际上，在 AutoCAD 2010 中，修剪命令和延伸命令已经在实质上融为一体了，因为从上面对修剪命令的介绍可以看出，修剪命令能够完成延伸操作；同样，延伸命令也能完成修剪操作，而且两者的操作过程基本相似，因此，这里不再详述。

但要注意的是，修剪命令和延伸命令还是有所区别的。使用延伸命令时，如果按下Shift键的同时选择对象，则执行修剪命令；使用修剪命令时，如果按下Shift键的同时选择对象，则执行延伸命令。

2.5.3 倒角

该命令用于给对象绘制倒角。修倒角就是在两条非平行线之间创建直线的方法，它通常用于表示角点上的倒角边，可以为直线、多段线、参照线和射线加倒角。

1. 执行方式
- 命令行：CHAMFER；
- 命令别名：CHA；
- 菜单栏：修改→倒角；
- 工具栏：修改→ ；
- 功能区：修改面板→ → 倒角。

2. 操作步骤

输入命令，回车。命令行提示：

（"修剪"模式）当前倒角距离 1 = 0.0000，距离 2 = 0.0000

选择第一条直线或[放弃(U)/多段线(P)/距离(D)/角度(A)/修剪(T)/方式(E)/多个(M)]：

上面提示中的第一行说明当前的倒角模式。第二行提示的各个选项含义如下：

(1)选择第一条直线。

要求选择进行倒角的第一条直线。直接选择一直线，AutoCAD接着提示：

选择第二条直线，或按住Shift键选择要应用角点的直线：

在该提示下选择相邻的另外一条直线，或选择要应用角点的直线，AutoCAD按当前的倒角设置对这两条线进行倒角操作。

(2)放弃。

取消上一次的操作。

(3)多段线。

对整条多段线的交角进行倒角。选择该选项，AutoCAD接着提示：

选择二维多段线：

在该提示下选择多段线后，AutoCAD对该多段线的各顶点(交角)以当前倒角模式倒角。

(4)距离。

设置倒角距离尺寸。选择该选项，AutoCAD接着依次提示：

指定第一个倒角距离：

指定第二个倒角距离：

在上面的提示下依次确定距离值后，AutoCAD返回到"选择第一条直线或[放弃(U)/

66

多段线(P)/距离(D)/角度(A)/修剪(T)/方式(E)/多个(M)]:"提示状态,用户可以继续进行倒角操作。

(5)角度。

根据第一个角距离和角度来设置倒角尺寸。选择该选项,AutoCAD 依次提示:

指定第一条直线的倒角长度:

指定第一条直线的倒角角度:

倒角长度与倒角角度的含义如图 2.59 所示。

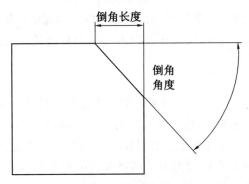

图 2.59　倒角长度与倒角角度的示意图

依次输入倒角长度与倒角角度后,AutoCAD 返回到"选择第一条直线或[放弃(U)/多段线(P)/距离(D)/角度(A)/修剪(T)/方式(E)/多个(M)]:"提示状态,用户可以继续进行倒角操作。

(6)修剪。

该选项表示设置倒角后是否将相应的倒角进行修剪。选择该选项,AutoCAD 接着提示:

输入修剪模式选项[修剪(T)/不修剪(N)]<修剪>:

"修剪(T)"选项表示倒角后对倒角边进行修剪;"不修剪(N)"选项表示不进行修剪。修剪与否的效果如图 2.60 所示。

图 2.60　倒角修剪模式

(7)方式。

设置倒角的方法。选择该选项,AutoCAD 接着提示:

输入修剪方法[距离(D)/角度(A)]:

距离:选择该选项,将以两条边的倒角距离来倒角。

角度:选择该选项,将以一条边的距离以及相应的角度来倒角。

(8)多个。

选择该选项,AutoCAD 会给出相应的提示连续对直线进行倒角。

在进行倒角操作时,需要注意以下几点:

(1)倒角时,若设置的倒角距离太大或倒角角度无效,AutoCAD 会给出相应的提示。

(2)如果两条直线平行或发散,不能进行倒角,AutoCAD 会给出相应提示。

(3)以修剪模式对相交的两条边倒角,AutoCAD 总是保留所拾取的那部分对象。

(4)当两个倒角距离均为零时,CHAMFER 命令延伸两条直线使之相交,不产生倒角。

2.5.4 圆角

圆角就是通过一个指定半径的圆弧来光滑地连接两个对象,内部角点称为内圆角,外部角点称为外圆角。可以修圆角的对象有圆弧、圆、椭圆和椭圆弧、直线、多段线、射线、样条曲线和构造线。圆角半径是连接被圆角对象的圆弧半径,修改圆角半径将影响后续的圆角操作。如果将圆角半径设为 O,则被圆角的对象将被修剪或延伸,直到它们相交,并不创建圆弧。该命令可在对象上绘制圆弧倒角。

1. 执行方式

• 命令行:FIllET;

• 命令别名:F;

• 菜单栏:修改→圆角;

• 工具栏:修改→ ◻ ;

• 功能区:修改面板→ ◻ ▾ → ◻ 圆角。

2. 操作步骤

输入命令,回车。命令行提示:

当前设置:模式=不修剪,半径=0.0000

选择第一个对象或[放弃(U)/多段线(P)/半径(R)/修剪(T)/多个(M)]:

提示中的第一行说明当前的圆角模式,第二行提示中的各个选项含义如下:

(1)选择第一个对象。

这是默认项。用户直接选择倒圆角的第一个对象后,AutoCAD 接着提示:

选择第二个对象,或按住 Shift 键选择要应用角点的对象:

在此提示下选择另一个对象,或按住 Shift 键选择要应用角点的对象,AutoCAD 按当前的倒圆角设置对它们绘制圆角。

(2)放弃。

取消上一次的操作。

(3)多段线。

对二维多段线的各个交角进行倒圆角。选择该选项,AutoCAD 接着提示:

选择二维多段线：

在该提示下选择多段线后，AutoCAD 按当前的倒圆角设置对该多段线的各顶点处倒圆角。

（4）半径。

设置倒圆角的圆弧半径，选择该选项，AutoCAD 接着提示：

指定圆角半径：

要求用户输入倒圆角的圆角半径值。之后 AutoCAD 返回到"选择第一个对象或[放弃(U)/多段线(P)/半径(R)/修剪(T)/多个(M)]："提示状态，用户可以继续进行倒圆角操作。

（5）修剪。

设置倒圆角操作的修剪模式。选择该选项，AutoCAD 接着提示：

输入修剪模式选项[修剪(T)/不修剪(N)]：

"修剪(T)"选项表示在倒圆角的同时将相应的两个对象作修剪；"不修剪(N)"选项则表示不进行修剪，如图 2.61 所示。

原图   修剪   不修剪

图 2.61　圆角修剪模式

（6）多个。

选择该选项，AutoCAD 会给出相应的提示连续对直线进行倒圆角。

在进行倒圆角操作时，需要注意以下几点：

（1）圆角对象不同，倒圆角后的效果也不同。

（2）若圆角半径设置太大，倒不出圆角，AutoCAD 会给出相应的提示。

（3）在修建模式下对相交对象倒圆角时，总是保留所拾取对象的那部分。

（4）AutoCAD 允许对两条平行线倒圆角，倒角的结果是 AutoCAD 自动将圆角的半径设为两条平行线距离的一半。

2.5.5　打断

打断就是在对象上的两个指定点之间创建间隔，从而将对象打断为两个对象。可以打断的对象包括圆弧、圆、椭圆和椭圆弧、直线、多段线、射线、样条曲线和构造线。该命令可部分删除对象或把对象分解为两部分。

在 AutoCAD 2010 中，使用"打断"命令可部分删除对象或把对象分解成两部分，还可以使用"打断于点"命令将对象在一点处断开成两个对象。

1. 执行方式

- 命令行：BREAK；
- 命令别名：BR；
- 菜单栏：修改→打断；
- 工具栏：修改→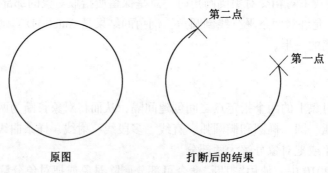；
- 功能区：修改面板→▼→⬚。

2. 操作步骤

输入命令，回车。命令行提示：

选择对象：

选择要打断的对象。选择对象后，AutoCAD 接着提示：

指定第二个打断点或[第一点(F)]：

各个选项含义如下：

a. 指定第二个打断点

AutoCAD 默认把选择对象时的拾取点作为第一断点，这时需要指定第二个断点。如果直接点取对象上的另一点或者在对象的一端之外拾取一点，AutoCAD 将对象上位于两个拾取点之间的那部分对象删除。

b. 第一点

重新确定第一断点。选择该选项，AutoCAD 接着依次提示：

指定第一个打断点：

指定第二个打断点：

AutoCAD 将对象上位于两个断点之间的那部分对象删除。如果第一断点和第二断点重合，对象将被一分为二。

(1)用户也可以在"指定第二个打断点："和"指定第二个打断点或[第一点(F)]："提示下输入"@"，使得第一断点和第二断点重合，这实际上就是点打断的操作。

(2)对圆进行打断功能后，AutoCAD 沿逆时针方向将圆上从第一断点到第二断点之间的那段圆弧删除掉。

图 2.62 显示的是圆的一部分被打断的结果。

图 2.62　打断示例

70

2.6 对象旋转、缩放与移动

2.6.1 旋转

该命令用来将所选对象相对于基点进行旋转，同时还可将所选对象进行多次复制。

1. 执行方式

- 命令行：ROTATE；
- 命令别名：RO；
- 菜单栏：修改→打断；
- 工具栏：修改→ ⟳ ；
- 功能区：修改面板→ ⟳ ；
- 快捷菜单：选择要旋转的对象，在绘图区域中单击鼠标右键，在弹出的"快捷菜单"中单击"旋转"；
- 使用夹点编辑功能旋转对象，参见 2.1.10。

2. 操作步骤

输入命令，回车。命令行提示：

UCS 当前的正角方向：ANGDIR＝逆时针　ANGBASE＝0

选择对象：

选择要旋转的对象，回车。按命令行提示"指定基点："指定旋转对象的基点，提示如下：

指定旋转角度，或［复制(C)/参照(R)］<0>：

输入旋转角度，各选项的功能如下：

(1)指定旋转角度。

这是默认选项，指定对象绕基点旋转的角度。在提示后直接输入角度值后，AutoCAD 把选中的对象绕基点旋转指定的角度。

(2)复制。

选择该选项后，系统允许用户对所选对象进行旋转操作，并保留旋转后的对象。

(3)参照。

选择该选项后，将对象从指定的角度旋转到新的绝对角度。AutoCAD 提示：

指定参照角<0>：　　　　　　　//输入参考方向的角度值

指定新角度或［点(P)］<0>：//输入相对于参考方向的角度值

2.6.2 缩放

该命令可将对象按照指定的缩放比例进行尺寸缩放。可以通过指定基点和长度(被用作基于当前图形单位的比例因子)或输入比例因子来缩放对象，也可以为对象指定当前长度和新长度。

1. 执行方式
- 命令行：SCALE；
- 命令别名：SC；
- 菜单栏：修改→缩放；
- 工具栏：修改→🔲；
- 功能区：修改面板→🔲；
- 快捷菜单：选择要缩放的对象，在绘图区域中单击鼠标右键，在弹出的"快捷菜单"中单击"缩放"；
- 使用夹点编辑功能缩放对象，参见2.1.10。

2. 操作步骤

输入命令，回车。命令行提示：

选择对象：

选择对象，回车。AutoCAD接着依次提示：

指定基点：

指定比例因子或[复制(C)/参照(R)]<1.0000>：

需要用户指定缩放的基点和缩放比例，各选项的含义如下：

(1)指定比例因子。

这是默认项，用于直接指定缩放的比例因子。AutoCAD根据该比例因子将对象相对于基点缩放，当比例因子大于0而小于1时，缩小对象；当比例因子大于1时，放大对象。另外，还可以拖动光标使对象变大或变小。

(2)参照。

选择该选项，将按参照长度和指定的新长度缩放所选对象。AutoCAD命令行提示：

指定参考长度<l>：

指定新长度：

需要用户依次输入参考长度的值和新的长度值。AutoCAD根据参考长度与新长度的值自动计算比例因子(比例因子等于新长度值除以参考长度值)，然后进行相应的缩放。

例如，要将图2.63所示的左图图形缩小为原来的一半，可输入"缩放"命令，并指定圆心为基点，在"指定比例因子或[复制(C)/参照(R)]："提示行输入比例因子0.5，按回车键即可将对象按指定的比例因子相对于基点进行尺寸缩放。

2.6.3 拉伸

该命令用于移动或拉伸对象。它与MOVE命令类似，也可以移动部分图形。但用STRETCH命令移动图形时，移动部分图形与其他图形的连接元素，如直线、圆弧(ARC)、多段线等，有可能被拉伸或者压缩。要拉伸对象，首先为拉伸指定一个基点，然后指定位移点。由于拉伸移动位于交叉选择窗口内部的端点，因此必须用"窗交"模式选择对象。要更精确地拉伸，可以在进行对象捕捉、栅格捕捉和相对坐标输入的同时使用夹点编辑。

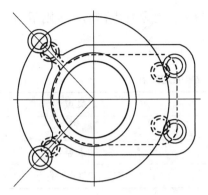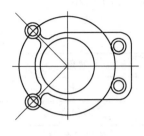

图 2.63　比例缩放对象

1. 执行方式

- 命令行：STRETCH；
- 命令别名：S；
- 菜单栏：修改→拉伸；
- 工具栏：修改→ ；
- 功能区：修改面板→ ；
- 使用夹点编辑功能拉伸对象，参见 2.1.10。

2. 操作步骤

输入命令，回车。命令行提示：

以交叉窗口或交叉多边形选择要拉伸的对象…

选择对象：

提示中的第一行表示用户需要以交叉窗口方式或者交叉多边形方式选择对象。在"选择对象："提示下用这两种中的一种方式选择对象后，AutoCAD 接着依次提示：

指定基点或位移：

指定位移的第二个点或<用第一个点作位移>：

依次指定位移量。然后 AutoCAD 将全部位于选择窗口之内的对象移动，而将与选择窗口边界相交的对象按规则拉伸或压缩。

在"选择对象："提示下选择对象时，对于由直线、圆弧、区域填充和多段线等命令绘制的直线或圆弧，如果其所有部分均在选择窗口内，那么它们将被移动；如果它们只有一部分在选择窗口内，即对象与选择窗口的边界相交，则有以下拉伸规则：

(1)直线，位于窗口外的端点不动，位于窗口内的端点移动。

(2)圆弧，与直线类似，但在圆弧改变的过程中，圆弧的弦高保持不变，同时以此来调整圆心的位置和圆弧起始角、终止角的值。

(3)区域填充，位于窗口外的端点不动，位于窗口内的端点移动。

(4)多段线，与直线或圆弧相似，但多段线两端的宽度、切线方向以及曲线拟合信息均不改变。

（5）其他对象，如果其定义点位于选择窗口内，对象发生移动，否则不动。各种对象的定义点见表 2.1 所示。

表 2.1　　　　　　　　　　　　　**AutoCAD 图形对象的定义点**

对象	定义点
圆	圆心
形和块	插入点
文字和属性定义	字符串基线左端点

2.6.4　拉长

该命令用于修改线段或圆弧的长度。拉长对象可以修改圆弧的包含角和某些对象的长度，可以修改开放直线、圆弧、开放多段线、椭圆弧和开放样条曲线的长度。改变长度的方法一般有以下几种：

（1）指定从端点开始测量的增量长度或角度；

（2）按总长度或角度的百分比指定新长度或角度；

（3）指定对象的总绝对长度或包含角；

（4）动态拖动对象的端点。

1. 执行方式

- 命令行：LENGTHEN；
- 命令别名：LEN；
- 菜单栏：修改→拉长；
- 功能区：修改面板→ ▱。

2. 操作步骤

输入命令，回车。命令行提示：

选择对象或[增量（DE）/百分数（P）/全部（T）/动态（DY）]：

各个选项的含义如下：

a. 选择对象

这是默认项，直接选择直线或者圆弧对象。用户选择对象后，AutoCAD 会显示出它的当前长度和包含角（如果是圆弧的话），之后 AutoCAD 继续提示：

选择对象或[增量（DE）/百分数（P）/全部（T）/动态（DY）]：

b. 增量

以增量方式修改圆弧的长度。选择该选项，AutoCAD 接着提示：

输入长度增量或[角度（A）]：

（1）输入长度增量。

直接输入直线或者圆弧的长度增量。输入了长度增量后，AutoCAD 接着提示：

74

选择要修改的对象或[放弃(U)]：

在该提示下选择直线或者圆弧，该直线或者圆弧会按指定的一端变长或变短。长度增量为正值时变长；长度增量为负值时变短。

(2)角度。

该选项只使用于圆弧，它根据圆弧的包含角增量来修改圆弧的长度。选择该选项，AutoCAD 接着提示：

输入角度增量：

输入圆弧的角度增量后，AutoCAD 接着提示：

选择要修改的对象或[放弃(U)]：

在该提示下选择圆弧，该圆弧会按指定的角度增量在离拾取点近的一端变长或变短。角度增量为正值时圆弧变长；角度增量为负值时圆弧变短。

c. 百分数

以相对原长度的百分比来修改直线或者圆弧的长度。选择该选项，AutoCAD 接着提示：

输入长度百分数：

输入拉长或者缩短的百分比，之后 AutoCAD 接着提示：

选择要修改的对象或[放弃(U)]：

选择要修改的对象，选中的圆弧或者直线在离拾取点近的一端按指定的百分比变长或变短。如果百分比大于 100，则拉长对象；大于 0 但小于 100 则缩短对象。百分比不能是 0 和负数。

d. 全部

以给定直线新的总长度或者圆弧的新包含角来改变长度。选择该选项，AutoCAD 接着提示：

指定总长度或[角度(A)]：

(1)指定总长度

要求输入直线或者圆弧的新的总长度。如果直接输入一个长度值，AutoCAD 接着提示：

选择要修改的对象或[放弃(U)]：

在该提示下选择直线或圆弧，所选的直线或圆弧的长度即变为输入的长度值。

(2)角度

指定圆弧的新包含角度，该选项只适用于圆弧。选择该选项，AutoCAD 接着依次提示：

指定总角度：

选择要修改的对象或[放弃(U)]：

需要用户依次指定圆弧新的包含角和要修改的圆弧对象。

e. 动态

该选项允许用户动态地改变圆弧或者直线的长度。选择该选项，AutoCAD 接着提示：

选择要修改的对象或[放弃(U)]：

选择要修改的对象后，AutoCAD 给出一橡皮筋，动态显示对象的长短变化，同时 AutoCAD 提示：

指定新端点：

在该提示下确定圆弧或直线的新端点位置后，圆弧或直线长度发生相应改变。

2.6.5 移动

利用该命令可以移动对象。

移动对象仅仅是位置上的平移，对象的方向和大小并不会改变。要精确地移动对象，可使用捕捉模式、坐标、夹点和对象捕捉模式。

1. 执行方式
- 命令行：MOVE；
- 命令别名：M；
- 菜单栏：修改→移动；
- 工具栏：修改→![icon]；
- 功能区：修改面板→![icon]；
- 快捷菜单：选择要移动的对象，在绘图区域中单击鼠标右键，在弹出的"快捷菜单"中单击"移动"；
- 使用夹点编辑功能移动对象，参见 2.1.10。

2. 操作步骤

输入命令，回车。命令行提示：

选择对象：

选择要移动的对象，命令行提示：

指定基点或[位移(D)]<位移>：

指定第二个点或<使用第一个点作为位移>：

指定的两个点定义了一个矢量，表明选定对象将被移动的距离和方向。

2.7 对象分解与删除

2.7.1 分解

该命令用于将复合对象分解为其组件对象。在需要单独修改复合对象的部件时，可分解复合对象。分解对象有以下执行方式：
- 命令行：EXPLODE；
- 菜单栏：修改→分解；
- 工具栏：修改→![icon]；
- 功能区：修改面板→![icon]。

使用 EXPLODE 命令分解对象，系统提示选择要分解的对象，用户根据需要选择要分解的对象后按回车键即可。

可对多段线、标注、图案填充或块参照等复合对象进行分解，将其转换为单个的元素。任何分解对象的颜色、线型和线宽都可能会改变，其结果将根据分解的复合对象类型的不同而有所不同。例如：

(1)分解标注和图案填充：分解标注或图案填充后，将失去其所有的关联性，标注或填充对象被替换为单个对象(如直线、文字、点和二维实体)。

(2)分解多段线：分解多段线时，将失去所有关联的宽度信息。所得直线和圆弧将沿原多段线的中心线放置。如果分解包含多段线的块，则需要单独分解多段线；如果分解一个圆环，则它的宽度将变为0。

(3)分解块参照：如果分解属性块，属性值将丢失，只剩下属性定义。分解的块参照中的对象的颜色和线型可以改变。

注意：外部参照(xref)是一个链接(或附着)到其他图形的图形文件。不能分解外部参照和它们依赖的块。

有关多段线、标注、图案填充或块参照等复合对象的描述，参见第3、4、5章。

2.7.2 删除

该命令用于删除所选图形对象。有以下执行方式：

- 命令行：ERASE；
- 命令别名：E；
- 菜单栏：修改→删除；
- 工具栏：修改→✎；
- 功能区：修改面板→✎。

使用ERASE命令删除对象，系统提示选择要删除的对象，用户根据需要选择要删除的对象后按回车键即可。对图形对象的删除可以不使用ERASE命令，可以在选择对象后直接按键盘上的Del键或单击鼠标右键，在弹出的"快捷菜单"中选择"删除"菜单，实现对对象的删除。

2.8 上机实训

实训1：绘制不依比例尺的蒙古包符号，如图2.64所示，不标注尺寸。

实训目的：掌握直线、圆、圆弧等基本绘图命令，掌握对象修剪命令的使用方法，能根据绘图要求灵活设计绘图步骤，并独立完成绘图任务。

操作提示：

(1)使用直线绘制命令，绘制蒙古包下部的直线段；

(2)绘制蒙古包上部的圆弧段，可使用圆弧绘制命令或圆绘制命令。若使用绘制圆命令，绘制一个以直线段中心为圆心，半径为1.6的圆，然后利用对象修剪命令，修剪出蒙古包上部的圆弧段。

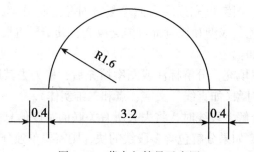

图 2.64　蒙古包符号示意图

实训 2：绘制如图 2.65 所示的平面图形，不标注尺寸。

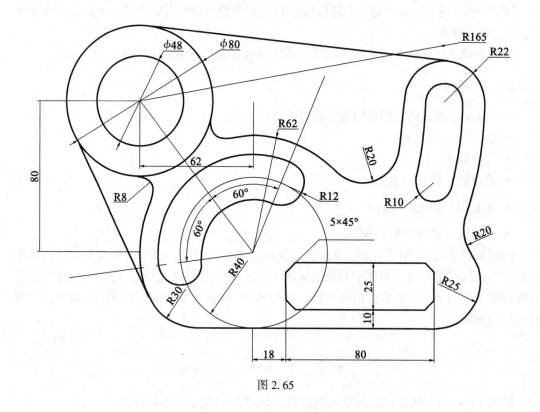

图 2.65

实训目的：熟悉基本绘图和编辑命令，掌握辅助工具的使用方法，掌握平面图形的绘制方法和技巧。

操作提示：

（1）用 LIMITS 命令设置绘图界限（A3 图幅：420，297）；

（2）设置图层（实线层：线宽为 0.3mm，中心线层：颜色为红色，装载 Center 线型并设为中心线线型）；

（3）运用辅助中心线、对象捕捉和对象追踪等辅助工具，以及本章所学的绘制命令

（CIRCLE、LINE）与编辑命令（OFFSET、FILLET、CHAMFER、TRIM）精确绘制平面图形。

实训 3：绘制如图 2.66 所示的平面图形，不标注尺寸。

实训目的：进一步熟悉基本绘图和编辑命令，掌握辅助工具的使用方法，掌握平面图形的绘制方法和技巧。

操作提示：

（1）用 LIMITS 命令设置绘图界限（A3 图幅：420，297）；

（2）设置图层（实线层：线宽为 0.3mm，中心线层：颜色为红色，装载 Center 线型并设为中心线线型）；

（3）运用辅助中心线、对象捕捉和对象追踪等辅助工具，以及本章所学的绘制命令（CIRCLE、LINE、POLYGON）与编辑命令（OFFSET、FILLET、TRIM）精确绘制平面图形。

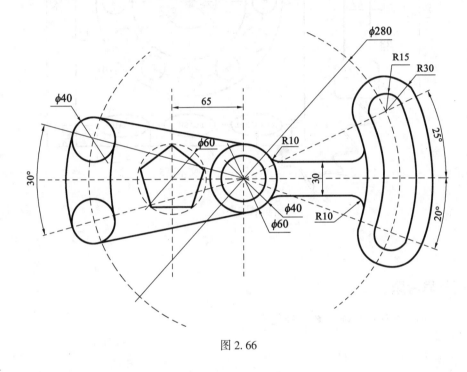

图 2.66

实训 4：绘制如图 2.67 所示的平面图形，不必标注尺寸。

实训目的：进一步熟悉基本绘图和编辑命令，掌握辅助工具的使用方法，掌握平面图形的绘制方法和技巧。

操作提示：

（1）用 LIMITS 命令设置绘图界限（A3 图幅：420，297）；

（2）设置图层（实线层：线宽为 0.3mm，中心线层：颜色为红色，装载 Center 线型并设为中心线线型）；

（3）运用辅助中心线、相对坐标和对象捕捉、对象追踪等辅助工具，以及本章所学的绘制命令（CIRCLE、DONUT、ELLIPSE、LINE、RECTANG）与编辑命令（OFFSET、FILLET、COPY、ARRAY、TRIM）精确绘制平面图形。

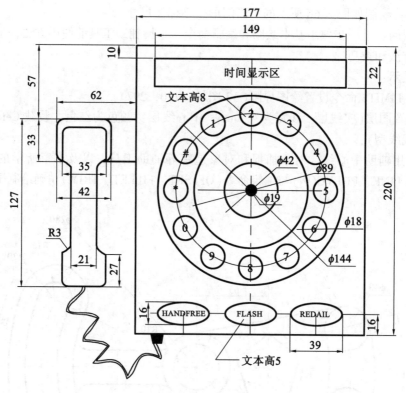

图 2.67

◎ 习题与思考题

1. 将下面的命令与其命令名进行连线。

直线	DONUT
构造线	RAY
射线	LINE
圆	CIRCLE
圆弧	ARC
圆环	RECTANGLE
矩形	XLINE
拉伸	CHAMFER
圆角	LENGTHEN
拉长	FILLET
倒角	STRETCH

2. AutoCAD 2012 支持哪几种等分点的方式？它们之间有何区别和联系？

3. 什么是对象夹点？它有什么用途？

4. ERASE、UNDO、OOPS、REDO 命令在功能上各有什么不同？

5. 如何用鼠标进行缩放与平移操作？

6. 视图缩放命令 ZOOM 与对象比例缩放命令 SCALE 的区别是什么？

7. 常用的只能在命令行执行的命令有哪些？

8. 可用于对象复制的命令有哪些？各有什么特点？

9. 可用于对象修剪的命令有哪些？各有什么特点？

10. 如何使用圆角或倒角命令使两条明显可以相交的直线延长相交并准确地结束于该相交点？

11. 对象拉伸和对象拉长命令有何区别？

12. 使用对象偏移命令分别偏移直线段和圆的结果有何区别？

第3章 复杂对象的绘制与编辑

【教学目标】

通过本章的学习，使学习者掌握多段线、多线和样条曲线的绘制与编辑方法，掌握创建面域和填充图案的方法以及对象特性的编辑方法，能综合运用各种绘图与编辑功能绘制图形。

3.1 绘制与编辑多段线

多段线是一种由直线段和圆弧组合而成的图形对象，多段线可具有不同线宽。

这种线由于其组合形式多样，线宽可变化，弥补了直线或圆弧功能的不足，适合绘制各种复杂的图形轮廓。在 AutoCAD 中，多段线是一种非常有用的线段组合体，它们既可以一起编辑，也可以分别编辑，还可具有不同的宽度。

多段线的用途：

(1)绘制的图线是一个整体，若闭合则可以直接拉伸成三维体。

(2)可以创建直线段、弧线段或两者的组合线段。

(3)绘制带有线宽的直线、圆弧。

(4)绘制的直线起点与终点可以具有不同的宽度，可以绘制箭头。

(5)用于地形、等压和其他科学应用的轮廓线。

在地形图中，建筑、道路、坡坎、地类界、等高线等地物地貌的绘制，以及封闭边界的表示常用多段线，以便于各地物实体或地貌的编辑和管理。

3.1.1 绘制多段线

多段线是作为单个对象创建的相互连接的线段序列，可以创建直线段、圆弧段或两者的组合线段。

1. 执行方式

- 命令行：PLINE；
- 命令别名：PL；
- 菜单栏：绘图→多段线；
- 工具栏：绘图→ ￼ ；
- 功能区：绘图面板→ ￼ 。

2. 操作步骤

输入命令，回车。命令行提示：

指定起点：指定点

当前线宽为<当前值>

指定下一个点或[圆弧(A)/关闭(C)/半宽(H)/长度(L)/放弃(U)/宽度(W)]：

//指定点或输入选项

默认情况下，当指定了多段线的另一个端点坐标后，将从起点到该端点绘制出一段多段线。命令行提示中其他各选项的功能如下：

圆弧(A)：以画圆弧的方式绘制多段线。

关闭(C)：用于自动将多段线闭合。

宽度(W)：用于设置多段线的宽度值。

半宽值(H)：用于指定多段线的半宽值。

长度(L)：定义下一段多段线的长度，方向将和上一段一致，上一段若是圆弧，将绘制出与此圆弧相切的线段。

放弃(U)：用于取消刚刚绘制的上一段多段线。

当输入 A 选项后，切换到圆弧绘制方式，命令行将出现如下提示：

指定圆弧的端点或[角度(A)/圆心(CE)/闭合(CL)/方向(D)/半宽(H)/直线(L)/半径(R)/第二个点(S)/放弃(U)/宽度(W)]：   //指定点或输入选项

选项功能说明如下：

角度(A)：指定圆弧段对应的圆心角绘制圆弧。圆弧的方向与角度正负有关，输入正数，将按逆时针方向创建圆弧段；输入负数，将按顺时针方向创建圆弧段。

圆心(CE)：指定圆弧段的圆心位置绘制圆弧。

注意：对于 PLINE 命令的"圆心"选项，输入 CE；对于"中心"对象捕捉，输入 CEN 或 CENTER。

闭合(CL)：从指定的最后一点到起点绘制圆弧段，从而创建闭合的多段线。必须至少指定两个点才能使用该选项。

方向(D)：指定起始点处的切线方向绘制圆弧。

直线(L)：将多段线的圆弧绘制方式切换到直线绘制方式。

半径(R)：指定圆弧段的半径绘制圆弧。

第二个点(S)：指定三点圆弧的第二点和端点绘制圆弧。

放弃(U)：删除最近一次添加到多段线上的圆弧段。

宽度(W)：指定下一圆弧段的宽度。

注意：起点宽度将成为默认的端点宽度。端点宽度在再次修改宽度之前，将作为所有后续线段的统一宽度。宽线线段的起点和端点位于宽线的中心。

典型情况下，相邻多段线线段的交点将倒角。但在圆弧段互不相切、有非常尖锐的角或者使用点画线线型的情况下，将不倒角。

实例 3.1：绘制箭头图形，其中水平直线长度为 500、宽度为 60，三角箭头水平长度为 80，箭头处左边最宽为 120，效果如图 3.1 所示。

操作如下：

输入命令，回车。命令行提示：

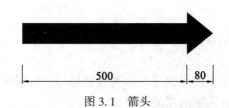

图 3.1　箭头

指定起点：　　　　　　　　　//指定水平直线的起点

指定下一个点或［圆弧(A)/半宽(H)/长度(L)/放弃(U)/宽度(W)］：W

　　　　　　　　　　　　//设置水平直线的宽度

指定起点宽度<0.0000>：60　　//指定水平直线的起点宽度

指定端点宽度<60.0000>：　　//指定水平直线的端点宽度，直接回车，默认为60

指定下一个点或［圆弧(A)/半宽(H)/长度(L)/放弃(U)/宽度(W)］：@500, 0

　　　　　　　　　　　　//指定水平直线的端点

指定下一个点或［圆弧(A)/半宽(H)/长度(L)/放弃(U)/宽度(W)］：W

　　　　　　　　　　　　//设置箭头的宽度

指定起点宽度<0.0000>：120　//指定箭头的起点宽度

指定端点宽度<120.0000>：0　//指定箭头的端点宽度

指定下一个点或［圆弧(A)/半宽(H)/长度(L)/放弃(U)/宽度(W)］：@80, 0

　　　　　　　　　　　　//指定箭头的端点

3.1.2　编辑多段线

在 AutoCAD 2010 中，可以一次编辑一条或多条多段线。

1. 执行方式

* 命令行：PEDIT；

* 命令别名：PE；

* 菜单栏：修改→对象→多段线；

* 功能区：修改面板→ ▼ → ✎ ；

* 快捷菜单：选择要编辑的多段线，点击鼠标右键，从打开的"快捷菜单"上选择"编辑多段线"命令。

2. 操作步骤

输入命令，回车。命令行提示：

PEDIT 选择多段线或［多条(M)］：

如果只选择一个多段线，直接回车，命令行显示如下提示信息：

输入选项［闭合(C)/合并(J)/宽度(W)/编辑顶点(E)/拟合(F)/样条曲线(S)/非曲线化(D)/线型生成(L)/反转(R)/放弃(U)］：

如果选择多个多段线，输入 M 后回车，命令行则显示如下提示信息：

输入选项[闭合(C)/打开(O)/合并(J)/宽度(W)/拟合(F)/样条曲线(S)/非曲线化(D)/线型生成(L)/反转(R)/放弃(U)]:

各选项的功能说明如下:

(1)闭合(C):封闭所编辑的多段线,自动以最后一段的绘图模式(直线或圆弧)连接原多段线的起点和终点。

(2)打开(O):删除多段线的闭合线段。

(3)合并(J):将直线段、圆弧或者多段线连接到指定的非闭合线段上。对于要合并多段线的对象,除非在"PEDIT 选择多段线或[多条(M)]:"提示下输入 M 选项,否则,它们的端点必须重合。

如果输入 M 选项,选择了多个对象,程序将显示以下提示:

输入模糊距离或[合并类型(J)]<0.0000>:   //输入距离或 J

此时,如果输入的模糊距离足以包括端点,则可以将不相接的多段线合并。输入 J 将设置合并选定多段线,出现以下提示:

输入合并类型[延伸(E)/添加(A)/两者(B)]<延伸>:

延伸(E):通过将线段延伸或剪切至最接近的端点来合并选定的多段线。

添加(A):通过在最接近的端点之间添加直线段来合并选定的多段线。

两者(B):如有可能,通过延伸或剪切来合并选定的多段线。否则,通过在最接近的端点之间添加直线段来合并选定的多段线。

(4)宽度(W):为整个多段线指定新的统一宽度。

(5)编辑顶点(E):在多段线的顶点及其后的线段中执行各种编辑任务,只能对单个多段线操作。输入"编辑顶点"选项 E 后,命令行将显示以下提示:

[下一个(N)/上一个(P)/打断(B)/插入(I)/移动(M)/重生成(R)/拉直(S)/切向(T)/宽度(W)/退出(X)]<当前>:   //按回车键将接受当前默认选项:"下一个"或"上一个"

下一个(N):将标记"✕"移动到下一个顶点。即使多段线闭合,标记也不会从端点绕回到起点。

上一个(P):将标记"✕"移动到上一个顶点。即使多段线闭合,标记也不会从起点绕回到端点。

打断(B):删除多段线上指定两顶点间的线段。

插入(I):在多段线的标记顶点之后添加新的顶点(需指定新顶点的位置)。

移动(M):移动标记的顶点。

重生成(R):重生成多段线,常与"宽度"选项连用。

拉直(S):拉直多段线中位于两个顶点之间的线段。

切向(T):将切线方向附着到标记的顶点,以便用于以后的曲线拟合。

宽度(W):修改标记顶点之后线段的起点宽度和端点宽度。

退出(X):退出"编辑顶点"模式。

(6)拟合(F):采用双圆弧曲线(圆弧拟合多段线)拟合多段线的拐角,曲线经过多段线的所有顶点并使用任何指定的切线方向。

(7)样条曲线(S)：采用样条曲线拟合多段线，且拟合时以多段线的各顶点作为样条曲线的控制点。该曲线(称为样条曲线拟合多段线)将通过第一个和最后一个控制点，除非原多段线是闭合的。曲线将会被拉向其他控制点，但并不一定通过它们。

(8)非曲线化(D)：删除由拟合曲线或样条曲线插入的多余顶点，拉直多段线的所有线段，同时保留多段线顶点的切向信息，用于随后的曲线拟合。使用命令(如 BREAK 或 TRIM)编辑样条曲线拟合多段线时，不能使用"非曲线化"选项。

(9)线型生成(L)：设置非连续型多段线在各顶点处的绘线方式。选择该选项时，命令行将提示："输入多段线线型生成选项[开(ON)/关(OFF)]<当前>:"，当选择 ON 时，多段线以全长绘制线型；当选择 OFF 时，以多段线的各个线段独立绘制线型，当长度不足以表达线型时，以连续线代替。"线型生成"选项不能用于带变宽线段的多段线。

(10)反转(R)：反转多段线顶点的顺序。使用此选项可反转使用包含文字线型的对象方向。例如，根据多段线的创建方向，线型中的文字可能会倒置显示。

(11)放弃(U)：还原操作，可一直返回到 PEDIT 任务开始时的状态。

注意：

(1)执行 PEDIT 命令后，如果选择的对象不是多段线，系统将显示"是否将其转换为多段线? <Y>"提示信息。此时，如果输入 Y，则可以将选中对象转换为多段线，然后在命令行中显示与前面相同的提示。

(2)在 AutoCAD 2010 中，系统变量 SPLINETYPE 用于控制拟合得到的样条曲线的类型，当其值为 5 时，生成二次 B 样条曲线。当其值为 6 时，生成三次 B 样条曲线，默认值为 6。系统变量 SPLINESEGS 用于控制拟合得到的样条曲线的精度，其值越大，精度也就越高；如果其值为负，则先按其绝对值产生线段，然后再用拟合类曲线拟合这些线段，默认值为 8。系统变量 SPLFRAME 用于控制所产生样条曲线的线框显示与否，当其值为 1 时，可同时显示拟合曲线和曲线的控制线框；当其值为 0 时，只显示拟合曲线，默认值为 0。

实例 3.2：利用 LINE、PLINE 及 PEDIT 等命令绘制如图 3.2 所示的图形。

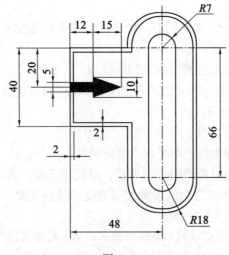

图 3.2

86

操作步骤如下：

(1)创建两个图层(如表 3.1 所示)。

表 3.1

名称	颜色	线型	线宽
轮廓线层	白色	Continuous	0.5
中心线层	蓝色	Center	默认

(2)设定线型总体比例因子为 0.2。设定绘图区域大小为 100×100，单击"标准"工具栏 ⊕ 按钮使绘图区域充满整个图形窗口显示出来。

(3)打开极轴追踪、对象捕捉及自动追踪功能。指定极轴追踪角度增量为 90°；设定对象捕捉方式为"端点"、"交点"。

(4)利用 LINE、CIRCLE 及 TRIM 命令绘制定位中心线及闭合线框 A，如图 3.3 所示。再用 PEDIT 命令将线框 A 编辑成一条多段线。单击菜单"修改→对象→多段线"或输入命令 PEDIT，启动多段线编辑命令。

命令：PEDIT

选择多段线或[多条(M)]：   //选择线框 A 中的一条线段

是否将其转换为多段线？<Y>   //按回车键

输入选项[闭合(C)/合并(J)/宽度(W)/编辑顶点(E)/拟合(F)/样条曲线(S)/非曲线化(D)/线型生成(L)/放弃(U)]：J   //使用选项"合并(J)"

选择对象：总计 6 个   //选择线框 A 中的其余线条

选择对象：   //按回车键

输入选项[打开(O)/合并(J)/宽度(W)/编辑顶点(E)/拟合(F)/样条曲线(S)/非曲线化(D)/线型生成(L)/放弃(U)]：   //按回车键结束

(5)利用 OFFSET 命令向内偏移线框 A，偏移距离为 2，结果如图 3.4 所示。

(6)利用 PLINE 命令绘制长槽及箭头，如图 3.5 所示。单击"绘图"工具栏上的 ⤵ 按钮或输入命令 PLINE，启动绘制多段线命令。

命令：PLINE

指定起点：7   //从 B 点向右追踪并输入追踪距离

指定下一个点或[圆弧(A)/半宽(H)/长度(L)/放弃(U)/宽度(W)]：

                      //从 C 点向上追踪并捕捉交点 D

指定下一点或[圆弧(A)/闭合(C)/半宽(H)/长度(L)/放弃(U)/宽度(W)]：A

                      //使用"圆弧(A)"选项

指定圆弧的端点或[角度(A)/圆心(CE)/闭合(CL)/方向(D)/半宽(H)/直线(L)/半径(R)/第二个点(S)/放弃(U)/宽度(W)]：14

                      //从 D 点向左追踪并输入追踪距离

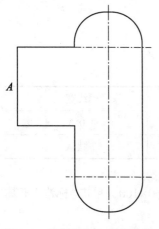

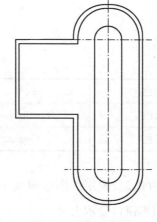

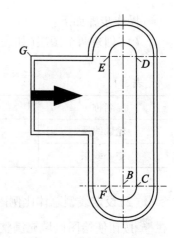

图 3.3　绘制线框 A 及定位线　　　　图 3.4　偏移多段线　　　　图 3.5　绘制长槽及箭头

指定圆弧的端点或[角度(A)/圆心(CE)/闭合(CL)/方向(D)/半宽(H)/直线(L)/半径(R)/第二个点(S)/放弃(U)/宽度(W)]:l

　　　　　　　　　　　　　　//使用"直线(L)"选项

指定下一点或[圆弧(A)/闭合(C)/半宽(H)/长度(L)/放弃(U)/宽度(W)]:

　　　　　　　　　　　　　　//从 E 点向下追踪并捕捉交点 F

指定下一点或[圆弧(A)/闭合(C)/半宽(H)/长度(L)/放弃(U)/宽度(W)]:A

　　　　　　　　　　　　　　//使用"圆弧(A)"选项

指定圆弧的端点或[角度(A)/圆心(CE)/闭合(CL)/方向(D)/半宽(H)/直线(L)/半径(R)/第二个点(S)/放弃(U)/宽度(W)]:

　　　　　　　　　　　　　　//从 F 点向右追踪并捕捉端点 C

指定圆弧的端点或[角度(A)/圆心(CE)/闭合(CL)/方向(D)/半宽(H)/直线(L)/半径(R)/第二个点(S)/放弃(U)/宽度(W)]:

　　　　　　　　　　　　　　//按回车键结束

命令:PLINE　　　　　　　　//重复命令

指定起点:20　　　　　　　　//从 G 点向下追踪并输入追踪距离

指定下一个点或[圆弧(A)/半宽(H)/长度(L)/放弃(U)/宽度(W)]:W

　　　　　　　　　　　　　　//使用"宽度(W)"选项

指定起点宽度<0.0000>:5　　　//输入多段线起点宽度值

指定端点宽度<5.0000>:　　　 //按回车键

指定下一个点或[圆弧(A)/半宽(H)/长度(L)/放弃(U)/宽度(W)]:12

　　　　　　　　　　　　　　//向右追踪并输入追踪距离

指定下一点或[圆弧(A)/闭合(C)/半宽(H)/长度(L)/放弃(U)/宽度(W)]:W

　　　　　　　　　　　　　　//使用"宽度(W)"选项

指定起点宽度<5.0000>:10　　 //输入多段线起点宽度值

指定端点宽度<10.0000>:0　　 //输入多段线终点宽度值

88

指定下一点或[圆弧(A)/闭合(C)/半宽(H)/长度(L)/放弃(U)/宽度(W)]：15
//向右追踪并输入追踪距离
指定下一点或[圆弧(A)/闭合(C)/半宽(H)/长度(L)/放弃(U)/宽度(W)]：
//按回车键结束

3.2 绘制与编辑多线

多线由 1 至 16 条平行线组成,这些平行线称为元素。一个元素距多线中心线的距离叫做偏移量,构成多线的元素似乎都是各自独立的线,但多线是作为单个对象进行选择和操作的。其突出的优点是能够提高绘图效率,保证图线之间的统一性。

多线一般多用于绘制建筑图上的墙体、电子线路图、城市交通等平行线。

3.2.1 绘制多线

1. 执行方式
- 命令行：MLINE；
- 命令别名：ML；
- 菜单栏：绘图→多线。

2. 操作步骤

输入命令,回车。命令行提示：

当前设置：对正=上,比例=20.00,样式=STANDARD
//显示对正/比例/样式的当前值

指定起点或[对正(J)/比例(S)/样式(ST)]：
//指定多线的起点并从开始绘制默认当前设置的
多线,或重设对正/比例/样式的值

指定下一点：　　　　　　　//指定第一段多线的端点

指定下一点或[放弃(U)]：　//指定第二段多线的端点或选择 U 放弃上一
操作

指定下一点或[闭合(C)/放弃(U)]：//指定下一段多线的端点,或选择 C 绘制闭合
的多线,或选择 U 放弃上一操作

命令行提示中各选项的功能如下：

(1)对正(J)：确定如何在指定的点之间绘制多线。

当在命令行输入 J 并回车时,提示如下：

输入对正类型[上(T)/无(Z)/下(B)]<当前>：

输入选项以选择一种对正方式或按回车键确认当前选项。

上(T)：在光标下方绘制多线,因此在指定点处将会出现具有最大正偏移值的直线,如图 3.6(a)所示。

无(Z)：将光标位置作为原点绘制多线,如图 3.6(b)所示。

下(B)：在光标上方绘制多线,因此在指定点处将出现具有最大负偏移值的直线,如

图 3.6(c)所示。

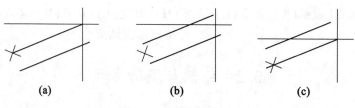

图 3.6　多线对正方式

(2)比例(S)：控制多线的全局宽度。这个比例基于在多线样式定义中建立的宽度。比例因子为 2 绘制多线时，其宽度是样式定义的宽度的两倍。比例因子为 0 将使多线变为单一的直线。该比例不影响线型比例。

当在命令行输入 S 并回车，提示如下：

输入多线比例<当前>：　　　//输入比例或按回车键确认当前比例

(3)样式(ST)：指定多线的样式。

当在命令行输入 ST 并回车时，提示如下：

输入多线样式名或[?]：

样式名是指已加载的样式名或创建的多线库(MLN)文件中已定义的样式名。? 是列出已加载的多线样式。

注意：

(1)多线样式控制元素的数目和每个元素的特性。

(2)输入的多线样式名必须存在于多线样式库的库文件中，AutoCAD 默认的多线样式库文件名为 acad.mln。

(3)多线样式的设置可使用 MLSTYLE 命令。

3.2.2　设置多线样式

多线样式用于控制多线中直线元素的数目、颜色、线型、线宽以及每个元素的偏移量，还可以控制背景色和每条多线的端点封口。使用 MLSTYLE 命令创建、修改、保存和加载多线样式。

1. 执行方式

● 命令行：MLSTYLE；

● 菜单栏：格式→多线样式。

2. 操作步骤

输入命令，回车，弹出"多线样式"对话框，如图 3.7 所示。

当前多线样式：显示当前多线样式的名称，该样式将在后续创建的多线中用到。

样式：显示已加载到图形中的多线样式列表。多线样式列表中可以包含外部参照的多线样式，即存在于外部参照图形中的多线样式。关于外部参照的描述参见第 4 章 4.3 节。

说明：显示选定多线样式的说明。

90

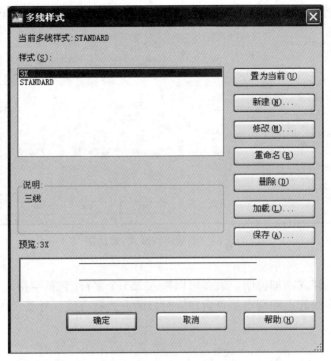

图 3.7 "多线样式"对话框

预览：显示选定多线样式的名称和图像。

置为当前：设置用于后续创建的多线的当前样式。从"样式"列表中选择一个名称，然后选择"置为当前"。

注意：不能将外部参照中的多线样式设置为当前样式。

新建：显示"创建新的多线样式"对话框，从中可以创建新的多线样式。

修改：显示"修改多线样式"对话框，从中可以修改选定的多线样式。

注意：不能编辑图形中正在使用的任何多线样式的元素和多线特性。要编辑现有多线样式，必须在使用该样式绘制多线之前进行。

重命名：重命名当前选定的多线样式。不能重命名 STANDARD 多线样式。

删除：从"样式"列表中删除当前选定的多线样式。此操作并不会删除 MLN 文件中的样式。

注意：不能删除 STANDARD 多线样式、当前多线样式或正在使用的多线样式。

加载：显示"加载多线样式"对话框，从中可以从指定的 MLN 文件加载多线样式。

保存：将多线样式保存或复制到多线库(. mln)文件。如果指定了一个已存在的 . mln 文件，新样式定义将添加到此文件中，并且不会删除其中已有的定义。默认文件名是 acad. mln。

在多线样式对话框中点击"新建"，弹出"创建新的多线样式"对话框，再点击"继续"则弹出"新建多线样式"对话框，如图 3.8 所示，其中各项内容的含义如下：

91

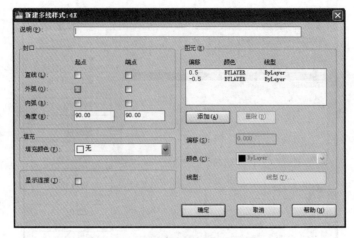

图 3.8 "新建多线样式"对话框

说明：为多线样式添加说明。最多可以输入 255 个字符(包括空格)。

封口：控制多线起点和端点是否封口。封口的方式有直线、外弧、内弧、角度等，如图 3.9 所示。

无封口　　　　　　有直线封口　　　　有"外弧"封口　　　有"内弧"封口

图 3.9　封口方式

填充颜色：设置多线的背景填充色。

显示连接：控制每条多线线段顶点处连接的显示。接头也称为斜接，如图 3.10 所示。

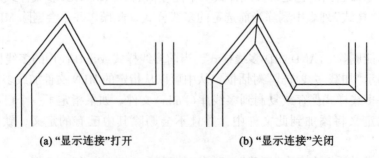

(a) "显示连接"打开　　　　　　(b) "显示连接"关闭

图 3.10　显示连接

92

图元：设置新的和现有的多线元素的元素特性，例如偏移、颜色和线型。

"偏移"、"颜色"和"线型"显示当前多线样式中的所有元素。样式中的每个元素由其相对于多线的中心、颜色及其线型定义。元素始终按它们的偏移值降序显示。

添加：将新元素添加到多线样式。只有为除 STANDARD 以外的多线样式选择了颜色或线型后，此选项才可用。

删除：从多线样式中删除元素。

偏移：为多线样式中的每个元素指定偏移值，如图 3.11 所示。

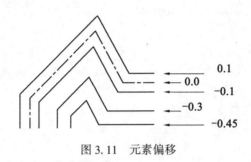

图 3.11　元素偏移

颜色：显示并设置多线样式中元素的颜色。

线型：显示并设置多线样式中元素的线型。如果选择"线型"，将显示"选择线型特性"对话框，该对话框列出了已加载的线型。要加载新线型，应单击"加载"。

多线样式具有以下限制：

（1）不能编辑 STANDARD 多线样式或图形中已使用的多线样式元素和多线特性。

（2）要编辑现有的多线样式，必须在用此样式绘制多线之前进行。

（3）如果使用 MLSTYLE 创建多线样式但没有保存，然后选择另一种样式或创建新样式，则第一个 MLSTYLE 特性将丢失。要保持特性，应在创建新样式之前将每个多线样式保存到 MLN 文件中。

3.2.3　编辑多线

可以使用多线编辑命令和通用编辑命令编辑多线及其元素。

1. 使用多线编辑命令编辑多线

多线编辑命令具有以下四个功能：

（1）添加或删除顶点：在多线中添加或删除任何顶点。

（2）控制角点结合的可见性。

（3）控制与其他多线的相交样式：多线可以相交成"十"字形或"T"字形，并且"十"字形或"T"字形可以被闭合、打开或合并。

（4）打开或闭合多线对象中的间隔。

多线编辑命令的执行方式有以下两种：

- 命令行：MLEDIT；
- 菜单栏：修改→对象→多线。

输入命令，回车。弹出"多线编辑工具"对话框，如图 3.12 所示。点击"多线编辑工具中"的某个图标进行多线编辑。

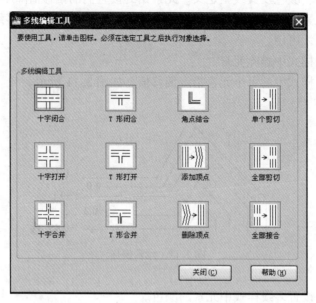

图 3.12 "多线编辑工具"对话框

2. 使用通用编辑命令编辑多线

可以在多线上使用大多数通用编辑命令，除了 BREAK、CHAMFER、FILLET、LENGTHEN、OFFSET 命令。要执行这些命令操作，应先使用 EXPLODE 将多线分解为独立的直线对象。

注意：

如果修剪或延伸多线对象，只有遇到的第一个边界对象能确定多线端点的造型。多线端点的边界不能是复杂边界。

实例 3.3：绘制如图 3.13 所示的墙体结构图。

操作步骤如下：

(1)创建两个图层(如表 3.2 所示)。

表 3.2

名称	颜色	线型	线宽
墙体线层	白色	Continuous	0.3
中心线层	蓝色	Center	默认

(2)设定绘图区域大小为 500×400，单击"标准"工具栏 🔍 按钮使绘图区域充满整个图形窗口。

94

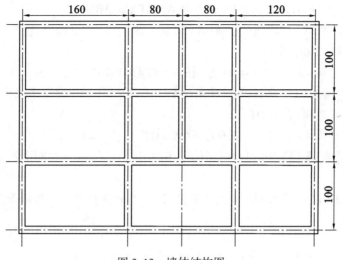

图 3.13　墙体结构图

（3）打开极轴追踪、对象捕捉及自动追踪功能。指定极轴追踪角度增量为 90°；设定对象捕捉方式为"端点"、"交点"。

（4）利用 LINE、OFFSET 命令绘制定位中心线，如图 3.14 所示。

（5）利用 MLSTYLE 命令或单击菜单"格式→多线样式"，新建名称为 QT 的多线样式，根据 240mm 的墙体宽度，修改图元偏移距离为 1.2 和−1.2。

（6）利用 MLINE 命令绘制墙体线，在"指定起点或［对正(J)/比例(S)/样式(ST)］："提示下输入 J，设置对正方式为无；输入 S，设置比例为 4；输入 ST，设置多线样式为QT。如图 3.15 所示。

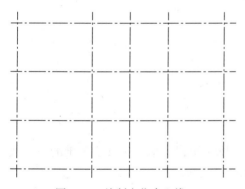

图 3.14　绘制定位中心线

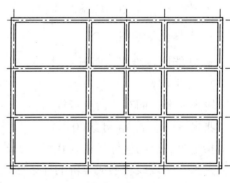

图 3.15　绘制墙体线

命令：ML

当前设置：对正＝上，比例＝20.00，样式＝STANDARD

指定起点或［对正(J)/比例(S)/样式(ST)］：J　　　　　//设置对正方式

输入对正类型[上(T)/无(Z)/下(B)]：Z

　　当前设置：对正=无，比例=20.00，样式=STANDARD

　　指定起点或[对正(J)/比例(S)/样式(ST)]：S 　　　　　　//设置比例

　　输入多线比例<20>：4

　　当前设置：对正=无，比例=4.00，样式=STANDARD

　　指定起点或[对正(J)/比例(S)/样式(ST)]：ST 　　　　　//设置多线样式

　　输入多线样式名或[？]：QT

　　当前设置：对正=无，比例=4.00，样式=QT

　　指定起点或[对正(J)/比例(S)/样式(ST)]： 　　　　　　　//使用交点捕捉功能绘制
墙线

　　(7)利用 MLEDIT 多线编辑工具中"T 打开"、"十字打开"工具修剪墙线，结果如图
3.13 所示。

3.3　绘制与编辑样条曲线

　　样条曲线是一种通过或接近指定点的拟合曲线。在 AutoCAD 中，样条曲线的类型是
非均匀关系基本样条曲线(Non-Uniform Rational Basis Splines，NURBS)。这种类型的曲线
适宜于表达具有不规则变化曲率半径的曲线，在地形图中可用来绘制等高线。

　　样条曲线是经过或接近一系列给定点的光滑曲线，可以控制曲线与点的拟合程度。

3.3.1　绘制样条曲线

　　1. 执行方式

　　● 命令：SPLINE；

　　● 命令别名：SPL；

　　● 菜单栏：绘图→样条曲线；

　　● 工具栏：绘图→ ⟋ ；

　　● 功能区：绘图 面板→ ▼ → ⟋ 。

　　2. 操作步骤

　　输入命令，回车。命令行提示：

　　指定第一个点或[对象(O)]：

　　指定第一点的坐标或输入 O 回车。若输入 O，则系统提示指定二维或三维的二次或三
次样条拟合多段线转换成等价的样条曲线，并删除多段线。

　　指定第一个点后，命令行出现以下提示：

　　指定下一个点：

　　输入点一直到完成样条曲线的定义为止。输入两点后，将显示以下提示：

　　指定下一个点或[闭合(C)/拟合公差(F)]<起点切向>：

　　选项功能介绍如下：

指定下一个点：继续输入点，将增加样条曲线线段，直至按回车键为止。输入 U 可删除上一个指定的点。按回车键后，将提示用户指定样条曲线的起点切向。

闭合(C)：将最后一点定义为与第一点一致，并使它在连接处相切，这样可以闭合样条曲线。

SPLINE 命令创建称为非一致有理 B 样条(NURBS)曲线的特殊样条曲线类型。NURBS 曲线在控制点之间产生一条光滑的曲线。可以通过指定点来创建样条曲线。也可以封闭样条曲线，使起点和端点重合。

拟合公差(F)：设置样条曲线的拟合公差。拟合公差是指实际样条曲线与所输入的控制点之间所允许偏移距离的最大值。公差越小，样条曲线与控制点越接近。公差为 0，样条曲线将通过该点。在绘制样条曲线时，可以改变样条曲线拟合公差以查看效果，如图 3.16 所示。

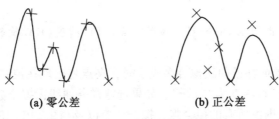

(a) 零公差　　　　**(b) 正公差**

图 3.16　拟合公差

输入 F 选项并回车，命令行提示"指定拟合公差<当前>："，输入值或按回车键，将返回到前一个提示"指定下一个点或[闭合(C)/拟合公差(F)]<起点切向>："。

起点切向：指定样条曲线第一点和最后一点的切线方向。在完成控制点的输入后按回车键，则命令行提示"指定起点切向："，此时移动鼠标，样条曲线在起点处的切线方向随光标移动而发生变化，同时，样条曲线的形状也发生相应的变化。可以在该提示下直接输入表示切线方向的角度值，也可以通过移动鼠标来确定样条曲线起点处的切线方向。当指定了样条曲线的起点切向后，命令行提示："指定端点切向："，操作方法与指定起点切向相同，如图 3.17 所示。

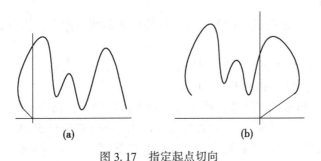

(a)　　　　　　　**(b)**

图 3.17　指定起点切向

如果在样条曲线的两端都指定切向，可以输入一个点或者使用"切点"和"垂足"对象捕捉模式，使样条曲线与已有的对象相切或垂直。

3.3.2　编辑样条曲线

样条曲线编辑命令是一个单对象编辑命令，一次只能编辑一条样条曲线。

1. 执行方式

- 命令行：SPLINEDIT；
- 命令别名：SPE；
- 菜单栏：修改→对象→样条曲线；
- 功能区：修改　面板→ ▼ → ✍。

2. 操作步骤

输入命令，回车。命令行出现以下提示：

选择样条曲线：

输入选项[拟合数据(F)/闭合(C)/移动顶点(M)/精度(R)/反转(E)/转换为多段线(P)/放弃(U)]：

选择样条曲线对象或样条曲线拟合多段线时，夹点将出现在控制点上。如果选定样条曲线为闭合，则"闭合"选项变为"打开"。如果选定样条曲线无拟合数据，则不能使用"拟合数据"选项。拟合数据由所有的拟合点、拟合公差以及与由 SPLINEDIT 命令创建的样条曲线相关联的切线组成。

命令行提示中各选项的功能介绍如下：

(1)闭合(C)：闭合开放的样条曲线，使其在端点处切向连续（平滑）。如果样条曲线的起点和端点相同，则此选项将使样条曲线在两点处都切向连续。

(2)移动顶点(M)：重新定位样条曲线的控制顶点并清理拟合点。选择该选项后，命令行提示：

指定新位置或[下一个(N)/上一个(P)/选择点(SP)/退出(X)]<下一个>：

可指定点、输入选项或按回车键。各选项的功能说明如下：

- 指定新位置：将选定的点移动到指定的新位置。
- 下一个(N)：将选定点移动到下一点。即使样条曲线为闭合，点标记也不会从端点跳转到起点。
- 上一个(P)：将选定点移回前一点。即使样条曲线为闭合，点标记也不会从起点跳转到端点。
- 选择点(SP)：从控制点集中选择点。
- 退出(X)：返回到 SPLINEDIT 主提示。

(3)精度(R)：精密调整样条曲线定义。输入该选项后，命令行提示：

输入优化选项[添加控制点(A)/提高阶数(E)/权值(W)/退出(X)]<退出>：

可输入选项或按回车键。各选项的功能说明如下：

- 添加控制点(A)：增加控制部分样条的控制点数。
- 提高阶数(E)：增加样条曲线上控制点的数目。若输入大于当前阶数的值，将增加整个样条曲线的控制点数，使控制更为严格。阶数的最大值为26。

- 权值(W)：修改不同样条曲线控制点的权值。较大的权值将样条曲线拉近其控制点。
- 退出(X)：返回到SPLINEDIT主提示。

(4)反转(E)：反转样条曲线的方向。

(5)转换为多段线(P)：将样条曲线转换为多段线。

(6)放弃(U)：取消上一编辑操作。

(7)拟合数据(F)：编辑样条曲线所通过的某些控制点。选择该选项后，将出现如下提示：

输入拟合数据选项

[添加(A)/闭合(C)/删除(D)/移动(M)/清理(P)/相切(T)/公差(L)/退出(X)]<退出>：

其中拟合数据选项的各功能如下：

- 添加(A)：在样条曲线中增加拟合点。
- 闭合(C)：闭合开放的样条曲线，并使其在端点处切向连续(平滑)。若选定的样条曲线为闭合，则"闭合"选项将由"打开"选项替换，打开闭合的样条曲线。
- 删除(D)：从样条曲线中删除拟合点，并用其余点重新拟合样条曲线。
- 移动(M)：重新定位样条曲线的控制顶点，并清理拟合点。
- 清理(P)：从图形数据库中删除样条曲线的拟合数据。清理样条曲线的拟合数据后，将显示不包括"拟合数据"选项的SPLINEDIT主提示。
- 相切(T)：编辑样条曲线的起点和端点切向。
- 公差(L)：使用新的公差值将样条曲线重新拟合至现有点。
- 退出(X)：返回到SPLINEDIT主提示。

3.4 创建面域和图案填充

3.4.1 创建面域

面域是封闭区所形成的二维实体对象，可以看成一个平面实体区域。虽然从外观来说，面域和一般的封闭线框没有区别，但实际上，面域就像是一张没有厚度的纸，除了包括边界外，还包括边界内的平面。

面域是平面实体区域，具有物理性质(如面积、质心、惯性矩等)，可以利用这些信息计算工程属性。在AutoCAD 2010中，可以将由某些对象围成的封闭区域转换为面域，这些封闭区域可以是圆、椭圆、封闭的二维多段线和封闭的样条曲线等对象，也可以是由圆弧、直线、二维多段线、椭圆弧、样条曲线等对象构成的封闭区域。

面域可用于：应用填充和着色、使用MASSPROP分析特性(例如面积)、提取设计信息等。

1. 将图形转化成面域

将图形转化成面域有以下几种方式：

- 命令行：REGION；
- 命令别名：REG；
- 菜单栏：绘图→面域；
- 工具栏：绘图→ ；
- 功能区：绘图面板→ ▼ → 。

输入命令，回车。在命令行提示：

选择对象：

选择用于定义面域的对象，可以选择多个对象，直到按下回车键。

注意：

（1）创建面域时，如果系统变量 DELOBJ 的值为 1，AutoCAD 在定义了面域后将删除原始对象；如果系统变量 DELOBJ 的值为 0，则不删除原始对象。

（2）REGION 命令只能创建面域，并且要求构成面域边界的线条必须首尾相连，不能相交。圆、多边形等封闭图形属于线框造型，而面域属于实体模型，因此它们在选中时表现的形式也不相同。

2. 创建面域

创建面域有以下几种方式：

- 命令行：BOUNDARY；
- 菜单栏：绘图→边界；
- 工具栏：绘图面板→ ▼ → 。

输入命令，回车。弹出如图 3.18 所示的"边界创建"对话框。各选项的含义如下：

- 拾取点：根据围绕指定点构成封闭区域的现有对象来确定边界。
- 孤岛检测：控制是否检测内部闭合边界，该边界称为孤岛。

图 3.18 "边界创建"对话框

- 对象类型：控制新边界对象的类型。可将边界作为面域或多段线对象创建。
- 边界集：通过指定点定义边界时，定义要分析的对象集。

注意：

（1）BOUNDARY 命令不仅可以创建面域，还可以创建边界，允许构成封闭边界的线条相交。

（2）用 EXPLODE 命令能够把面域的各个环转换成相应的线、圆、椭圆等对象。

3. 从面域中提取数据

面域对象除了具有一般图形对象的属性外，还有作为实体对象所具备的一个重要的属性——质量特性。

从面域中提取数据的执行方式有以下两种：

- 命令行：MASSPROP；
- 菜单栏：工具→查询→面域/质量特性。

输入命令，回车。这时系统将自动切换到"AutoCAD 文本窗口"，并从中显示选择的面域对象的质量特性，如图 3.19 所示。

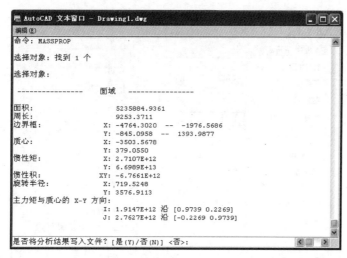

图 3.19　在"AutoCAD 文本窗口"中显示面域对象的数据特性

3.4.2　图案填充

图案填充主要应用于绘制地形图、机械图、建筑图、地质构造图等各类图样中各种地类植被符号、剖面线、表面纹理或涂色等。

1. 基本概念

a. 图案边界

当进行图案填充时，首先要确定填充图案的边界。定义边界的对象只能是直线、构造线、射线、多段线、样条曲线、圆、圆弧、椭圆、椭圆弧、面域等对象或用这些对象定义的块，而且作为边界的对象在当前屏幕上必须全部可见。

b. 孤岛

在进行图案填充时，把内部闭合边界称为孤岛。在用 BHATCH 命令填充时，AutoCAD 允许用户以拾取点的方式确定填充边界，即在希望填充的区域内任意拾取一点，AutoCAD 会自动确定出填充边界，同时也确定该边界内的孤岛。如果用户是以选择对象的方式确定填充边界的，则必须确切地拾取这些孤岛。

2. 执行方式

- 命令行：BHATCH(或 HATCH)；
- 命令别名：BH(或 H)；
- 菜单栏：绘图→图案填充；
- 工具栏：绘图→；
- 功能区：绘图面板→。

3. 操作步骤

输入命令，回车。弹出"图案填充和渐变色"对话框，如图 3.20 所示。对话框中各选项的含义如下：

图 3.20 "图案填充和渐变色"对话框

a. "图案填充"选项卡

（1）类型。

设置图案类型。其中，"用户定义"选项表示用户要临时定义填充图案；"自定义"选项表示选用 acad. pat 图案文件或其他图案文件(. pat 文件)中的图案填充；"预定义"选项表示用 AutoCAD 标准图案文件(acad. pat 文件)中的图案填充。

（2）图案。

列出可用的预定义图案。只有选择了"预定义"图案，"样例"选项和"图案"下拉列表框右边的 ⋯ 按钮才可用。点击 ⋯ 按钮弹出"填充图案选项板"，如图 3.21 所示。

（3）样例。

显示选定图案的预览图像。可以单击"样例"以显示"填充图案选项板"对话框，如图 3.21 所示。

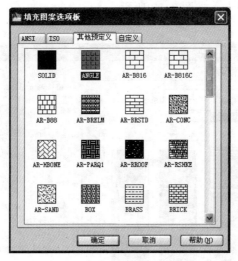

图 3.21　"填充图案选项板"对话框

（4）自定义图案。

列出可用的自定义图案。只有在"类型"下拉列表中选择"自定义"选项，该选项才可用。

（5）角度。

指定填充图案的旋转角度。每种图案在定义时的旋转角度为零。

（6）比例。

放大或缩小预定义或自定义图案。每种图案在定义时的初始比例为 1，可根据需要放大或缩小，方法是在"比例"下拉列表框内输入相应的比例值。

（7）双向。

对于用户定义的图案，将绘制第二组直线，这些直线与原来的直线成 90°角，从而构成交叉线。只有在"类型"下拉列表框中选择"用户定义"选项，此选项才可用。

（8）相对图纸空间。

相对于图纸空间单位缩放填充图案。选择此选项，可以按适合于版面布局的比例方便地显示填充图案。该选项仅适用于图形版面编排。

(9)间距。

指定线之间的间距。只有将"类型"设置为"用户定义",此选项才可用。

(10)ISO 笔宽。

基于选定笔宽缩放 ISO 预定义图案。只有将"类型"设置为"预定义",并将"图案"设置为可用的 ISO 图案的一种,此选项才可用。

(11)图案填充原点。

控制填充图案生成的起始位置。默认情况下,所有图案填充原点都对应于当前的 UCS 原点。也可选择"指定的原点"及下一级选项重新指定原点。

b."渐变色"选项卡

渐变色是指从一种颜色到另一种颜色的平滑过渡。渐变色能产生光的效果。点击该选项卡,弹出"渐变色"选项卡,如图 3.22 所示。

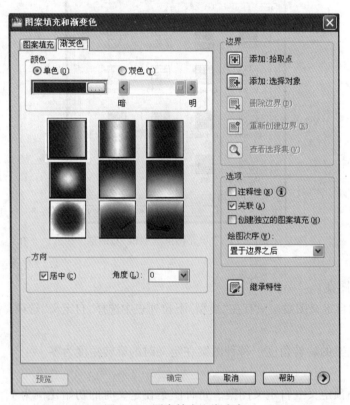

图 3.22 图案填充和渐变色

(1)单色。

指定使用从较深着色到较浅色调平滑过渡的单色填充。

(2)双色。

指定在两种颜色之间平滑过渡的双色渐变填充。

104

（3）渐变方式。

显示用于渐变填充的九种渐变方式。这些图案包括线形、球形和抛物线形等方式。

（4）居中。

指定渐变填充是否居中。

（5）角度。

指定渐变填充的角度，相对当前 UCS 指定角度。此选项与指定给图案填充的角度互不影响。

c. 边界

（1）添加：拾取点。

以点取点的方式自动确定填充区域的边界。

（2）添加：选择对象。

以选择对象的方式确定填充区域的边界。

（3）删除边界。

从边界定义中删除以前添加的任何对象。

（4）重新创建边界。

围绕选定的图案填充或填充对象创建多段线或面域。

（5）查看选择集。

查看已选择的填充区域边界。

d. 选项

（1）关联。

控制图案填充或填充的关联。关联的图案填充在修改其边界时将会同步更新。

（2）创建独立的图案填充。

控制当指定了几个单独的闭合边界时，是创建单个图案填充对象，还是创建多个图案填充对象，如图 3.23 所示。

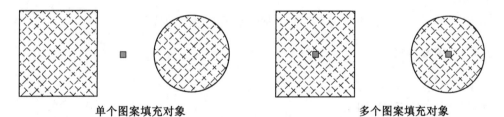

单个图案填充对象　　　　　　　　多个图案填充对象

图 3.23　图案填充对象

（3）绘图次序。

为图案填充或填充指定绘图次序。图案填充可以放在所有其他对象之后、所有其他对象之前、图案填充边界之后或图案填充边界之前。

e. 继承特性

使用选定图案填充对象的特性对指定的边界进行填充。

点击帮助按钮右侧的 ⟩ 图标展开对话框，可显示如图3.24所示的其他选项：

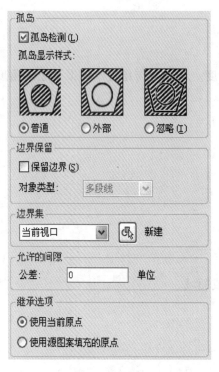

图3.24　孤岛

a. 孤岛

（1）孤岛检测。

确定是否检测孤岛，是指定最外层填充边界内填充对象的方法。

（2）孤岛显示样式。

普通：从外部边界向内填充。如果遇到内部孤岛，将关闭图案填充，直到遇到该孤岛内的另一个孤岛。

外部：从外部边界向内填充。如果遇到内部孤岛，将关闭图案填充。此选项只对结构的最外层进行图案填充，而结构内部保留空白。

忽略：忽略所有内部对象，填充图案时将通过这些对象。

b. 边界保留

指定在填充结束后，是否向图形添加临时边界对象。

c. 边界集

定义边界集。

d. 允许的间隙

设置将对象用作图案填充边界时可以忽略的最大间隙。默认值为0，即指定对象必须是封闭区域而没有间隙。任何小于等于允许间隙值的间隙都将被忽略，并将边界视为封闭。

e. 继承选项

使用"继承特性"创建图案填充时，控制图案填充原点的位置。

3.4.3　图案编辑

1. 执行方式
- 命令行：HATCHEDIT;
- 命令别名：HE;
- 菜单栏：修改→对象→图案填充;
- 功能区：修改面板→ ▼ → 图标 。

2. 操作步骤

输入命令，回车，命令行提示"选择图案填充对象："，选择待编辑的图案填充对象，弹出"图案填充编辑"对话框，如图3.25所示。

在图3.25中，只有正常显示的选项才能对其进行操作，该对话框中各选项的含义与

图 3.20 中"图案填充和渐变色"对话框相同。利用该对话框，可以对已选中的图案进行相应的编辑修改。

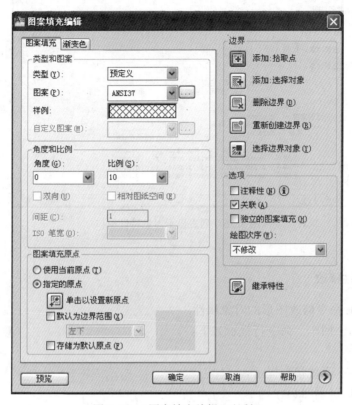

图 3.25 "图案填充编辑"对话框

3.5　编辑对象特性

绘制的每个对象都具有特性。在 AutoCAD 中，不仅可以查看对象的特性，还可以修改对象的特性。

3.5.1　列表显示对象特性

显示选定对象的特性，然后将其复制到文本文件中。文本窗口将显示对象类型、对象图层、相对于当前用户坐标系(UCS)的 X、Y、Z 位置以及对象是位于模型空间还是图纸空间。执行方式有以下两种：
- 命令行：LIST；
- 菜单栏：工具→查询→列表。

输入命令，回车。命令行提示"选择对象："，选取对象后，弹出如图 3.26 所示的文本窗口。在文本框口中，详细显示了所选图形对象的属性。

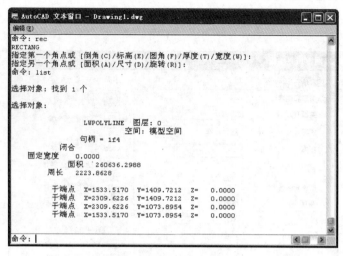

图 3.26　列表显示对象特性窗口

3.5.2　属性修改

用 CHANGE 命令修改图形的对象属性。

输入命令后，回车。命令行提示如下：

选择对象：

选取对象后，系统接着提示：

指定修改点或[特性(P)]：

"指定修改点"：此项用于直接改变直线的末点位置、圆的半径、插入块的属性和插入块的位置。在操作时，用户只能选择上述对象，然后直接指定修改点的位置即可。

特性(P)：此选项可改变不同的对象属性，键入 P 后系统提示：

输入要更改的特性[颜色(C)/标高(E)/图层(LA)/线型(LT)/线型比例(S)/线宽(LW)/厚度(T)/材质(M)/注释性(A)]：

各选项的功能如下：

颜色(C)：改变选定对象的颜色。

标高(E)：修改二维对象的 Z 向标高。

图层(LA)：修改选定对象的图层。

线型(LT)：修改选定对象的线型。

线型比例(S)：修改选定对象的线型比例因子。

线宽(LW)：修改选定对象的线宽。线宽值是预定义的值。如果输入的不是预定义的值，则最接近的预定义线宽被指定给选定对象。

厚度(T)：修改二维对象的 Z 向厚度。

材质(M)：如果附着材质，将会更改选定对象的材质。

注释性(A)：修改选定对象的注释性特性。

3.5.3 查看和修改对象特性

对象特性包含一般特性和几何特性，一般特性包括对象的颜色、线型、图层及线宽等，几何特性包括对象的尺寸和位置。

对象特性命令用于编辑对象的图层、颜色、线型、厚度、线型比例等。它利用一个列表框完整地显示对象的属性，并可以在表中修改。如图 3.27 所示，该对话框为所选择的对象属性，有所选择对象的具体参数。

1. 执行方式

* 命令行：PROPERTIES；
* 菜单栏：修改→特性；
* 工具栏：标准工具栏→ ；
* 功能区：特性 面板→ 。

2. 操作步骤

输入命令，回车。弹出"特性"对话框，如图 3.27 所示。可以直接在"特性"选项板中设置和修改对象的特性。

在"特性"窗口中单击"快速选择"按钮 ，打开"快速选择"对话框，如图 3.28 所示。可以根据对象特性或类型作为选择条件，选择符合条件的对象。

例如，图形文件中包括多种颜色的图形对象。若只选择图形中所有红色对象，在打开的"快速选择"对话框中，在"应用到"下拉列表中选择"整个图形"，在"对象类型"下拉列表中选择"所有图元"，在"特性"列表中选择"颜色"，在"运算符"下拉列表中选择"等于"，在"值"下拉列表中选择"红"，在"如何应用"中选择"包括在新选择集中"。以上都是选择的条件，单击"确定"按钮，则视图中红色的图形对象都被选中。

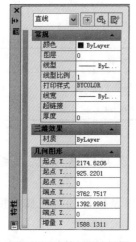

图 3.27 "特性"对话框

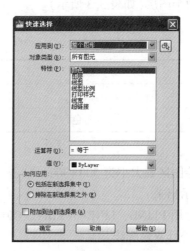

图 3.28 "快速选择"对话框

3.6 上机实训

实训 1：利用 LINE、PLINE 及 PEDIT 等命令绘制如图 3.29 所示的图形。

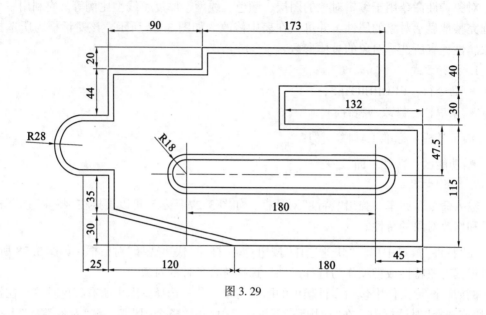

图 3.29

实训目的：熟悉多段线的绘制和编辑命令，训练综合运用各种绘图和编辑工具高效绘制图形的能力。

操作提示：

（1）创建两个图层（如表 3.3 所示）。

表 3.3

名称	颜色	线型	线宽
轮廓线层	白色	Continuous	0.3
中心线层	蓝色	Center	默认

（2）设定绘图区域大小为 500×300，单击"标准"工具栏 按钮，使绘图区域充满整个图形窗口显示出来。

（3）综合运用 PLINE、LINE、PEDIT、OFFSET 以及捕捉和对象捕捉追踪功能，根据图中尺寸绘制外部双轮廓线。

（4）运用 OFFSET 命令绘制中心线，运用 CIRCLE、LINE、PEDIT 命令绘制内部长 180 的双轮廓线。

实训 2：使用多线绘制和编辑命令绘制如图 3.30 所示的建筑平面图。

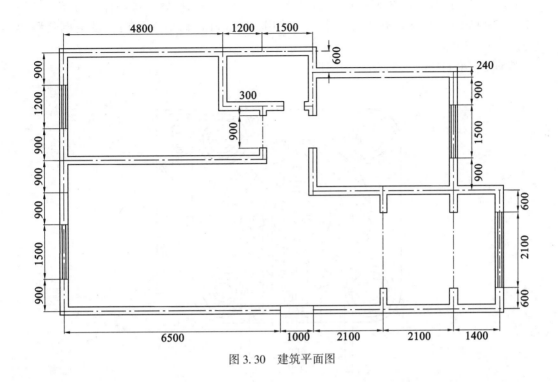

图 3.30　建筑平面图

实训目的：熟悉多线的绘制和编辑命令，训练综合运用各种绘图和编辑工具高效绘制图形的能力。

操作提示：

(1)在命令行键入 MLSTYLE 命令或单击菜单"格式→多线样式"，新建名称为 QT 的多线样式，根据 240mm 的墙体宽度，修改图元偏移距离为 1.2 和-1.2。

(2)创建两个图层(如表 3.4 所示)。

表 3.4

名称	颜色	线型	线宽
墙体线层	白色	Continuous	0.3
中心线层	蓝色	Center	默认

(3)设定绘图区域大小为 1600×1000，单击"标准"工具栏 ⊕ 按钮，使绘图区域充满整个图形窗口显示出来。

(4)综合运用 LINE、OFFSET 命令，以及捕捉和对象捕捉追踪功能，根据图中尺寸绘制墙体中心线。

(5)输入 ML 或 MLINE 命令，设置对正方式为无，设置比例为 10，设置多线样式为 QT。以墙体中心线为定位基准，绘制墙线。

(6)使用 MLEDIT 多线编辑命令编辑墙线，用 EXPLODE 命令将墙体线分解，利用 TRIM、CHAMFER 命令编辑墙线。注意：使用 CHAMFER 修剪墙线时，设定倒角距离为 0。

实训 3：绘制如图 3.31 所示的图形。

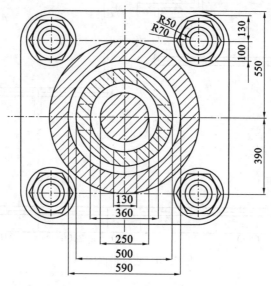

图 3.31 某机械平面图

实训目的：熟悉图案填充和编辑命令，训练综合运用各种绘图和编辑工具高效绘制图形的能力。

操作提示：

(1)创建两个图层(如表 3.5 所示)。

表 3.5

名称	颜色	线型	线宽
轮廓线层	白色	Continuous	0.3
中心线层	蓝色	Center	默认

(2)设定绘图区域大小为 1200×1200，单击"标准"工具栏 🔍 按钮，使绘图区域充满整个图形窗口显示出来。

(3)综合运用 LINE、OFFSET 命令，根据图中尺寸绘制中心线。

(4)运用 CIRCLE、POLYGON、TRIM、OFFSET、FILLET、COPY 等命令和对象捕捉功能，根据图中尺寸绘制轮廓线。

(5)使用图案填充命令进行区域填充。

◎ 习题与思考题

1. 多线样式里对多线是如何定义的？多线中的每根平行线(元素)到中心线的距离如何确定？

2. 用 PLINE 命令绘制的连续多段线与用 LINE 命令绘制的连续直线段有什么区别？

3. 面域与一般的平面封闭线框图有什么差别？

4. AutoCAD 的对象特性包含哪些内容？修改对象特性的方法有哪些？

5. 直线、圆弧段能否转换成多段线？

第4章 使用图块和外部参照

【教学目标】

通过本章的学习，掌握 AutoCAD 块的定义、使用和编辑方法，以及外部参照的使用；了解块与外部参照的差别，在实际应用中，根据具体项目要求灵活运用块和外部参照。

4.1 普通图块

在绘制地形图时，常会出现一些重复的点状地物符号。在实际应用中，可将这些常用符号或图形制作成图块，使用时根据需要调整图块大小、比例及旋转角度，直接插入当前图形中，从而节省了许多重复绘图的时间。使用块具有以下四个优点：

（1）提高绘图速度：图块可供多次调用，避免大量重复劳动，提高绘图速度。

（2）修改方便：图块可以像组件一样使用，可插入、重定位及复制。可以有效地更新图形，并可以 X 轴、Y 轴不同比例改变原对象的比例。

（3）节省磁盘空间：在图形中插入块是对块的引用，不论该块多么复杂，在图形中只保留块的引用信息和该块的定义。因此，使用块可减少图形的存储空间。

（4）附加属性信息：AutoCAD 可为每个块加入文字信息，作为块的属性。

在 AutoCAD 2010 中，每个图形文件都具有一个称为块定义表的不可见数据区域。块定义表中存储着全部的块定义，包括块的全部关联信息。在图形中插入块时，所参照的就是这些块定义。

4.1.1 创建图块

在 AutoCAD 中有两种方式创建块：一种是在图形中创建块，创建后可以在当前图形中根据需要多次插入块参照；另一种是创建用作块的单独图形文件，创建后可以在其他图形中引用。

1. 在图形中创建块

在 AutoCAD 2010 中，可以通过以下四种方式创建图块：

- 命令行：BLOCK；
- 菜单栏：绘图→块→创建；
- 工具栏：绘图→ ；
- 功能区：插入→块面板→ 创建。

为便于描述，本章操作都基于命令方式讲解，绘图单位为米。下面以创建 1∶10000

比例尺的三角点符号为例来讲解如何在图形中创建图块，操作步骤如下：

（1）在当前图形中绘制一个点，以该点为多边形的中心点，创建内接于半径为 1.6 的圆的正三角形。如△。

（2）在命令行输入 BLOCK 命令，即出现图 4.1 所示的对话框。

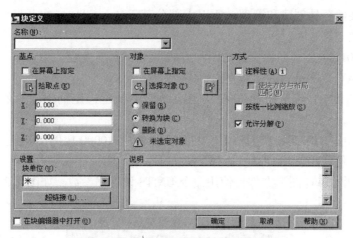

图 4.1 "块定义"对话框

（3）指定块的名称为 S110102，采用拾取点的方式指定基点（鼠标点击按钮 拾取点(K)，插入点要捕捉在正三角形的中心点上），在屏幕上拾取点和正三角形（鼠标点击按钮 选择对象(T) 后在屏幕上拾取），确定后即可创建名为 S110102 的块。具体设置如图 4.2 所示。

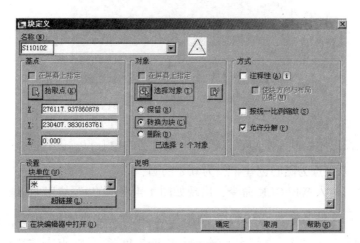

图 4.2 定义块

块名称不能用 DIRECT、LIGHT、AVE_RENDER、RM_SDB、SH_SPOT 和 OVERHEAD，

115

名称最多可以包含 255 个字符，包括字母、数字、空格，以及操作系统或程序未作他用的任何特殊字符。

至此，块 S110102 的名称和块定义都保存在当前图形中。如果在当前图形中需要使用该块，用 INSERT 命令即可。

2. 创建用作块的单独图形文件

单个图形文件容易创建和管理，所以大部分基于 AutoCAD 二次开发的测绘软件皆采用该方式创建独立符号库。

AutoCAD 2010 中创建图形文件的两种方法：

(1)使用 SAVE 或 SAVEAS 保存整个图形文件；

(2)使用 EXPORT 或 WBLOCK 仅从当前图形中创建选定的对象，然后保存到新图形中。

在实际应用中 WBLOCK 使用较多，下面以创建 1∶10000 比例尺卫星定位等级点符号为例子来讲解如何使用 WBLOCK。操作步骤如下：

(1)新建一个 DWG 图形文件，使用命令 UNITS 设置好参数，如图 4.3 所示。

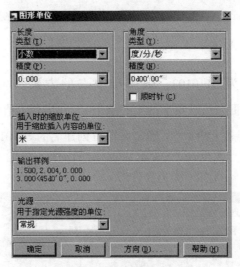

图 4.3　设置图形单位

(2)在当前图形中绘制一个点，以该点为多边形的中心点，创建内接于半径为 1.6 的圆的正三角形；以该点为圆心创建半径为 0.8 的圆，如△。

(3)在命令行输入 WBLOCK 命令，出现如图 4.4 所示的"写块"对话框。

(4)指定块的文件名称为 S110302，指定基点(鼠标点击按钮 拾取点(K) ，插入点要捕捉在正三角形的中心点上)，在屏幕上拾取点和正三角形(鼠标点击按钮 选择对象(T) 后在屏幕上拾取)，确定后即可创建名为 S110302 的图形文件。具体设置如图 4.5 所示。

通过以上四个步骤即可创建用作块的单独图形文件 S110302.dwg。

116

图 4.4 "写块"对话框

图 4.5 "写块"设置

4.1.2 插入图块

使用 INSERT 命令即可插入定义好的图块。

下面以在当前图形中插入块 S110302 为例进行说明。具体步骤如下：

(1)输入 INSERT 命令，出现如图 4.6 所示的"插入"对话框。

(2)如果是在图形中已经定义了块，则在名称文本框内输入块名或在名称下拉列表中选择块名，如 名称(N): S110302 。

如果是引用独立图块文件，则点击"浏览"按钮 浏览(B)... ，从弹出的选择图形文件的对话框中选取图块文件。

(3)设置插入点。如果已知插入点坐标，可将屏幕上指定的检查框的钩去除，如

117

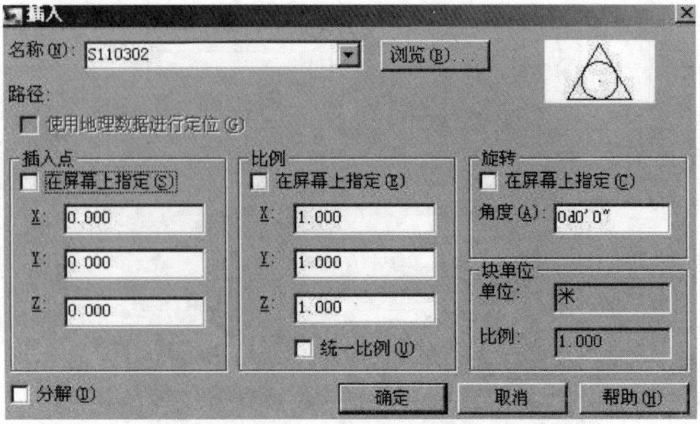

图 4.6 “插入”对话框

□在屏幕上指定(S)，在 X、Y、Z 三个文本框里输入坐标；如果插入点需要在屏幕上指定，则将检查框的钩打上，如☑在屏幕上指定(S)。

(4)设置图块的插入比例。X、Y、Z 三个方向的比例可以手工输入比例系数值，也可以用鼠标在屏幕上指定□在屏幕上指定(E)。对本例而言，X、Y、Z 使用统一比例 1，如☑统一比例(U)。

(5)设置图块的插入角度。依据实际情况，可手工输入角度，也可以用鼠标在屏幕上指定角度。本例的插入角度是 0，如角度(A): 0d0′0″。

(6)设置是否需要分解图块，本例无需分解图块，如□分解(D)。

(7)最后点击“确定”按钮，插入图块 S110302。

4.1.3 编辑图块

使用 BEDIT 命令即可编辑当前图形中定义好的图块。下面以编辑当前图中的块 S110302 为例进行说明。具体操作步骤如下：

(1)在命令行输入命令 BEDIT，弹出如图 4.7 所示的“编辑块定义”对话框。

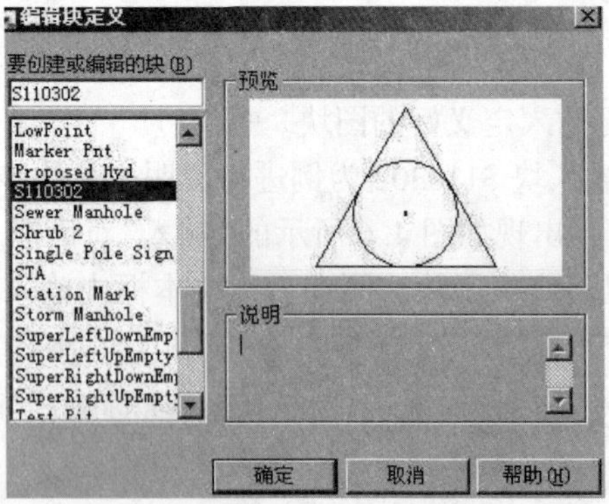

图 4.7 “编辑块定义”对话框

（2）输入块名 S110302，或在列表中选择 S110302，点击"确定"后即可启动块编辑器。块编辑器是专门用于创建块定义并添加动态行为的编写区域。

（3）在块编辑器中，可做添加约束、添加参数、添加动作、定义属性、关闭块编辑器、管理可见性状态等编辑。根据实际需要编辑后保存块定义，退出块编辑器。

4.2 属 性 图 块

属性图块是 AutoCAD 提供的一种特殊形式的图块。属性图块的实质就是由构成图块的图形和属性两种元素共同形成的一种特殊形式的图块。它与普通图块的区别是，属性图块还包含了一种特殊的元素——图块属性。

通俗地讲，图块属性就是为图块附加的文字信息，图块属性从表现形式上看是文字，但它与前面所讲述的单行文字和多行文字是两种完全不同的图形元素。图块属性是包含文字信息的特殊实体，它不能独立存在和使用，只有与图块相结合才具有实用价值。

属性图块的实用价值，就是将插入图块图形与输入文字两个操作在一个命令中同时完成。而且在插入图块时，图块中的属性文本可以根据需要即时输入，提高了绘图效率。

图块要使用属性，必须先创建用于在块中存储数据的属性定义。在创建块时，连同属性一起选择后，即可创建带属性的图块。

4.2.1 定义图块属性

下面举例说明定义属性的步骤。

（1）在命令行输入 ATTDEF，回车。弹出"属性定义"对话框，如图 4.8 所示。

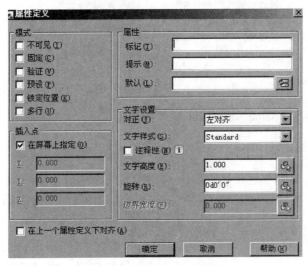

图 4.8 "属性定义"对话框

（2）创建属性 GB，参数设置如图 4.9 所示。

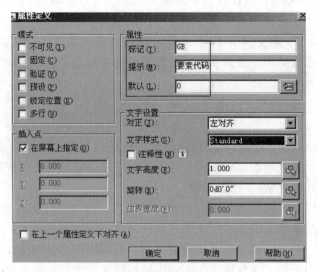

图 4.9 属性参数设置

创建属性 Name，参数设置与 GB 相同。属性栏设置如图 4.10(a)所示。为了显示中文，需要将"属性定义"对话框中的文字样式设置成支持中文的文字样式。

创建属性 Elevation，参数设置与 GB 相同。属性栏设置如图 4.10(b)所示。

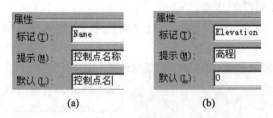

（a）　　　　　　　　　（b）

图 4.10　定义点名属性和定义高程属性

至此，创建了 GB、Name、Elevation 三个属性定义。

4.2.2　创建属性图块

下面举例说明，如何创建带属性的块 S110302。步骤如下：

(1)参照 4.1.1 小节"创建图块"的第二部分创建用作块的单独图形文件中的参数，创建点、圆和正三角形，如 ⟁。

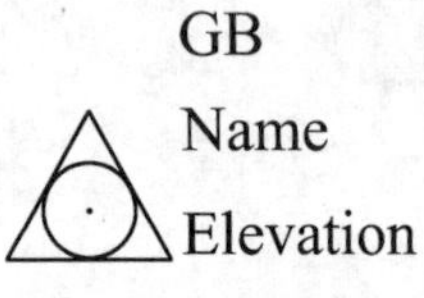

GB

Name

Elevation

图 4.11　定义属性

(2)参照 4.2.1 小节"定义图块属性"的方法，创建 GB、Name、Elevation 三个属性定义。将其位置摆放到适当位置，如图 4.11 所示。

(3)参照 4.1.1 小节"创建图块"的第二部分创建用做块的单独图形文件。创建块时，将三个属性定义和图形一起选择，

120

如图 4.12 所示。

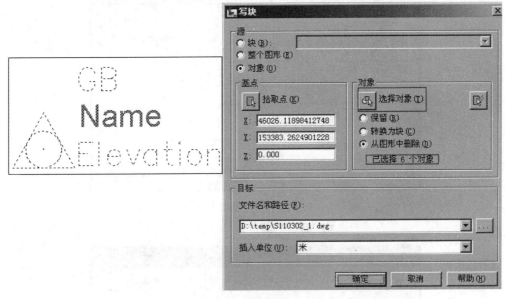

图 4.12　创建属性图块

确定后就创建了带属性的块。

在使用带属性的块时，命令行会提示输入属性：

指定插入点或[基点(B)/比例(S)/旋转(R)]：

输入属性值

要素代码<0>：110302

控制点名称<控制点>：大黑山

高程<0>：1234.42

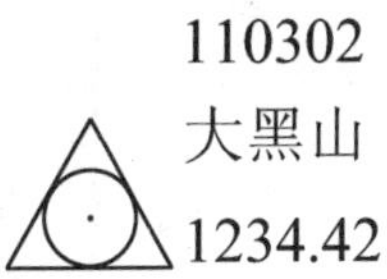

插入后，效果如图 4.13 所示。

110302

大黑山

1234.42

图 4.13

4.2.3　修改图块属性

在图形中添加了带属性的图块后，还可以根据需要编辑块属性。

1. 编辑单个块属性

具体操作如下：

(1)选择"修改→对象→属性→单个"菜单命令或双击要编辑属性的块，弹出"增强属性编辑器"对话框，如图 4.14 所示。

(2)在"属性"选项卡中编辑块文字的内容。

(3)在"文字选项"选项卡中编辑块文字的样式、位置、高度、旋转角度、宽度系数和倾斜角度，如图 4.15 所示。

(4)在"特性"选项卡中编辑块的图层、线型、颜色和线宽等特性，如图 4.16 所示。

设置完毕，单击"确定"按钮。

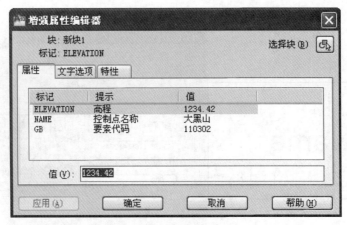

图 4.14 "增强属性编辑器"对话框

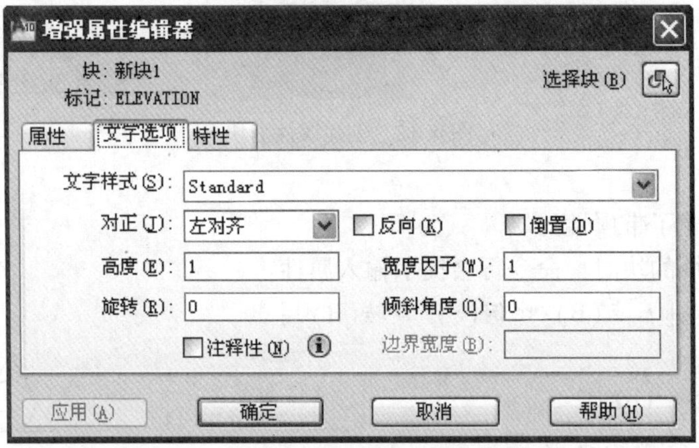

图 4.15 设置文字选项

图 4.16 设置特性

2. 修改块属性定义

选择"修改→对象→属性→块属性管理器"菜单命令,弹出"块属性管理器"对话框,如图 4.17 所示。利用该对话框,可以对图块的属性定义进行修改和编辑。

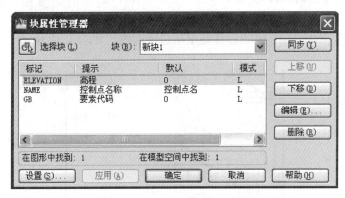

图 4.17 "块属性管理器"对话框

4.3 外 部 参 照

外部参照是把已有的图形连接到当前的图形中,与图块有相似之处,也有不同点。外部参照与块的区别是:

块:一旦插入,该块就永久插入到当前图形中,成为图形的一部分。

外部参照:当外部参照将图形插入到某一图形后,被插入的图形文件信息并不直接加入到主图形中,主图形只是记录了参照图形文件的路径等信息,不会明显增加当前图形文件的大小。主图形不能对外部参照图形进行修改,当外部参照图形修改后,主图形自动更新。

可以将整个图形作为参照图形(外部参照)附着到当前图形中。通过外部参照,参照图形中的修改将反映在当前图形中。附着的外部参照链接至另一图形,并不真正插入。因此,使用外部参照可以生成图形,而不会显著增加图形文件的大小。

通过使用参照图形,可以在图形中参照其他用户的图形,协调用户之间的工作。打开图形时,将自动重载每个参照图形,从而反映参照图形文件的最新状态。

4.3.1 定义外部参照

在 AutoCAD 2010 中,外部参照可以是 DWG、DWF、DGN、PDF 文件或是 AutoCAD 支持的影像文件(TIFF、BMP、JPG 等)。

1. 执行方式

● 命令行:XREF;

● 菜单栏:插入→外部参照;

● 功能区:插入→参照面板→ ↘。

2. 操作步骤

在测绘项目上使用较多的外部参照是 DWG、DGN 和影像这三类文件。下面以采用外部参照的方式进行图形接边为例子作讲解。步骤如下：

(1)准备东西相接的两幅地形图 dxt1. dwg 和 dxt2. dwg。dxt1. dwg 在西边，dxt2. dwg 在东边。

(2)打开图形 dxt1. dwg，将图形移动至东边图廓线，如图 4.18 所示。

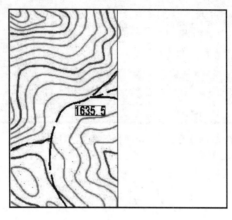

图 4.18

(3)在命令行输入 XREF 命令，启动"外部参照"对话框。点击对话框左上角 图标上的倒三角，选择弹出菜单"附着 DWG"项，如图 4.19 所示。

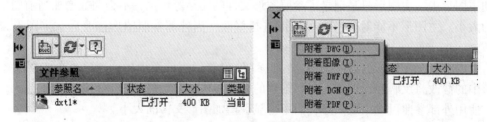

图 4.19 "外部参照"对话框

(4)从弹出的"附着外部参照"对话框中选择 dxt2. dwg 文件，如图 4.20 所示。

(5)编辑 dxt1. dwg 文件中接边图形，达到接边目的。如图 4.21 所示。

4.3.2 管理外部参照

输入命令 XREF 即可启动"外部参照"对话框，如图 4.22(a)所示。

在"外部参照"对话框中的参照对象上点击鼠标右键，即可弹出快捷菜单，对其作出相应的操作，如图 4.22(b)所示。

快捷菜单各命令的功能说明如下：

124

打开：打开外部参照对象并进行编辑。

附着：单击该按钮，将选择的图形文件插入到指定的图形中去。

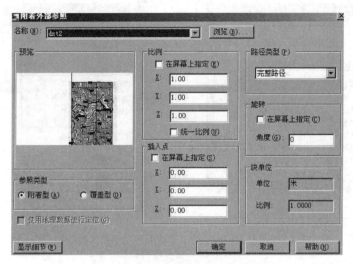

图 4.20 "附着外部参照"对话框

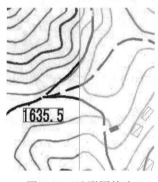

图 4.21 地形图接边

拆离：从当前图形中移去不再需要的外部参照文件。不保留路径。

重载：卸载后，重新安装。

卸载：在当前图形中移走不需要的外部参照文件，移走后仍保留该参照文件的路径。当希望再参照该图形时，单击对话框中的重载。

绑定：将外部参照文件转换为一个正式的块，即将参照的图形永久地插入到当前的图形中。

若需要打开外部参照对象编辑，使用"打开"项；若需要附着另外的对象，则使用"附着"项；若要保留参照对象，而不想在当前图形中显示，则使用"卸载"项，卸载后在打开图形时，不会自动加载；若想直接从图形中移除外部参照，则使用"拆离"项；若想将参照作为块插入当前图形，则使用"绑定"项。

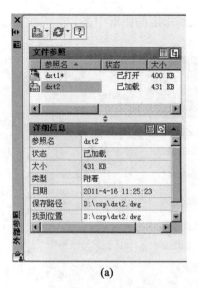
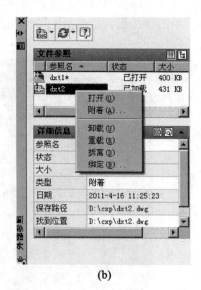

(a)　　　　　　　　　　　　　　　　(b)

图 4.22　管理外部参照

当外部参照图形修改后，主图形自动更新。

4.4　上 机 实 训

实训 1：参照《1∶500　1∶1000　1∶2000 地形图图式》，在图形中创建块名为 LD 的路灯符号。

实训目的：理解图块的概念和用途，掌握内部图块的制作方法，能熟练使用内部图块制作测量点符号。

操作提示：

(1)在当前图形中按图式规定的尺寸绘制路灯符号。

(2)使用 BLOCK 命令创建块，捕捉路灯的定位点作为基点。该图块只能在当前图形中使用。

实训 2：参照《1∶500　1∶1000　1∶2000 地形图图式》，制作旗杆符号，并生成独立图块文件。

实训目的：理解图块的概念和用途，掌握外部图块的制作方法，能熟练使用外部图块制作测量点符号。

操作提示：

(1)启动 AutoCAD 创建一幅新图，使用命令 UNITS 设置好参数。

(2)按图式规定的尺寸绘制旗杆符号。

(3)使用 WBLOCK 命令创建块，捕捉旗杆定位点作为基点。该图块可以在其他图形文件中调用。

实训 3：参照《1∶500　1∶1000　1∶2000 地形图图式》，制作三角点符号。如图

4.23 所示。

图 4.23　三角点

实训目的：进一步理解图块的概念和用途，掌握属性图块的制作方法，能熟练使用属性图块制作带属性的测量点符号，能灵活运用图块解决实际制图问题。

操作提示：

(1)按图式规定的尺寸绘制三角点符号，在符号右侧，与三角形中心平齐绘制一条长度为 6 的短直线。

(2)用 ATTDEF 定义 NAME(点名)、ELEVATION(高程)两个属性项，注意调整属性和图形的位置。

(3)使用 WBLOCK 命令创建块。在创建块时，选择对象应同时将两个属性定义和图形一起选择。

实训 4：准备两幅相邻的地形图，使用 XREF 命令，用外部参照方式练习接边。

实训目的：理解外部参照的概念和用途，掌握外部参照的使用方法，能运用外部参照进行地形图接边，能灵活运用外部参照解决制图和工程设计中的问题。

操作提示：

(1)指定参照对象的插入点坐标为(0，0，0)。

(2)接完边后，需要"拆离"外部参照。

◎ 习题与思考题

1. 采用外部参照与使用块有什么区别？什么情况下使用外部参照较为合适？

2. 如何采用块属性的方式，将面状地物的属性在 AutoCAD 中录入？(要求举例说明，面属性采用 label 点的形式)

第5章 文字、表格与尺寸标注

【教学目标】

通过本章的学习，要求掌握文字的标注与编辑方法，熟悉文字样式的设置；掌握表格的制作和编辑方法，熟悉表格样式的设置；掌握各类尺寸的标注和修改方法，熟悉尺寸样式的设置。

本章将以图5.1为例，讲解文字、表格与尺寸标注的设置、创建和编辑方法。

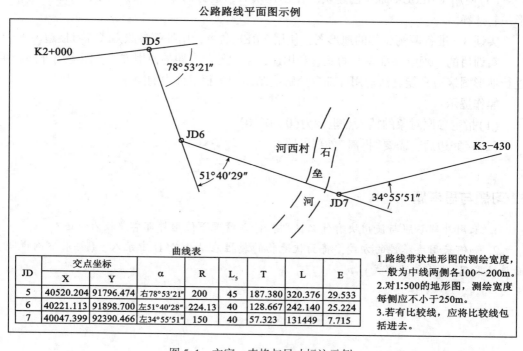

图5.1 文字、表格与尺寸标注示例

5.1 文字标注与编辑

文字对象是 AutoCAD 图形中很重要的图形元素，是工程制图中不可缺少的组成部分。应用 AutoCAD 绘制地形图、地籍图、道路工程图时，图形的文字注记、说明注记以及图廓外各种注记均需用到 AutoCAD 的文字标注功能，文字标注可以帮助图形使用人员清晰地查阅及识别各种图形信息，从而有助于对图形的整体识读。用 AutoCAD 绘制图形，使图形绘制工作方便简单，并且可以比较清楚地表达绘图者的思想和意图。但是，图中会有很多相同的地物符号，其更进一步的详细信息，需要通过文字标注来说明，这就用到了 AutoCAD 文字标注功能，用户可以使用文字来表明图形各个部分的具体信息，或是为图形加上必要的注释。

在 AutoCAD 2010 中，文字标注功能主要通过功能区中的文字面板和"文字"工具栏实现，如图 5.2、图 5.3 所示，也可以通过菜单栏"格式→文字样式"、"绘图→文字"中的相应命令来实现。

图 5.2 功能区文字面板　　　　　　　　　　图 5.3 "文字"工具栏

5.1.1 设置文字样式

在 AutoCAD 中，所有文字都有与之相关联的文字样式，在进行文字标注前，应先对文字样式(如文字字体、字高和效果等)进行设置，从而方便、快捷地对图元对象进行标注，得到统一、标准的标注文字。

设置文字样式有以下几种方式：

- 命令行：STYLE；
- 菜单栏：格式→文字样式；
- 工具栏：样式→**A**；
- 功能区：注释面板→ ▼ →**A**。

激活该命令后，打开"文字样式"对话框，如图 5.4 所示。在"文字样式"对话框中，用户可以单击"新建"按钮，使用打开的"新建文字样式"对话框，创建新文字样式，也可以选择一个现有文字样式进行修改。设置完成后，点击"应用"按钮可以将所做的样式更改应用到当前样式，点击"置为当前"可以将选定的文字样式设置为当前使用的文字样式。

"文字样式"对话框主要设置以下内容：

字体名：列出 Fonts 文件夹中所有注册的 TrueType 字体和所有编译的形(SHX)字体的字体族名。

字体样式：指定字体格式，如斜体、粗体或者常规字体。选定"使用大字体"后，该选项变为"大字体"，用于选择大字体文件。

使用大字体：指定亚洲语言的大字体文件。只有在"字体名"中指定形(SHX)字体，才能使用"大字体"。

高度：根据输入的值设置文字高度。默认为 0，即不指定文字高度。

效果：修改字体的特性，例如高度、宽度因子、倾斜角以及是否颠倒显示、反向或垂直对齐。

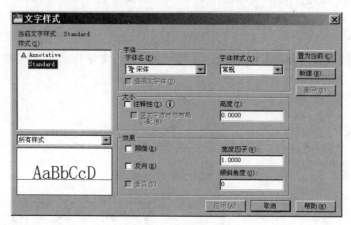

图 5.4 "文字样式"对话框

5.1.2 创建单行文字

单行文字的每一行都是一个文字对象，可以用来创建内容比较简短的文字对象，并且可以进行单独编辑。

1. 执行方式
- 命令行：DTEXT 或 TEXT；
- 命令别名：DT；
- 菜单栏：绘图→文字→单行文字；
- 功能区：注释面板→多行文字→ A 单行文字。

2. 操作步骤

输入命令后，回车。命令行提示：

当前文字样式："Standard" 文字高度：2.5000 注释性：否

指定文字的起点或[对正(J)/样式(S)]：

在命令行输入 J，可以设置文字的对齐方式；输入 S，可以设置当前文字样式。设置完成后，用鼠标在绘图窗口内指定文字的起点，命令行内将提示指定文字高度和旋转角度，根据需要设置完成后即可输入文字。本行文字输入完成后，按回车键可以开始下一行文字的输入，或者用鼠标指定下一行文字的起点。全部输入完成后，按两次回车键退出输入模式。

5.1.3 创建多行文字

多行文字又称为段落文字，是一种更易于管理的文字对象，可以由两行以上的文字组成，用于创建较复杂的文字说明。

1. 执行方式

- 命令行：MTEXT；
- 命令别名：MT 或 T；
- 菜单栏：绘图→文字→多行文字；
- 工具栏：绘图→**A**；
- 功能区：注释面板→**A**。

2. 操作步骤

输入命令，回车。命令行提示：

当前文字样式："Standard"　文字高度：2.5　注释性：否

指定第一角点：

用鼠标在绘图窗口选择一个用来放置多行文字的矩形区域，在功能区将显示"文字编辑器"选项卡，在绘图窗口将显示文字输入窗口，如图 5.5 所示。

图 5.5　多行文字输入模式

使用"文字编辑器"选项卡，可以设置多行文字的文字样式、字体格式、段落格式等，还可以完成插入符号、拼写检查、查找替换等功能。

在文字输入窗口中单击鼠标右键，弹出"快捷菜单"，如图5.6 所示。该快捷菜单可以完成选项卡中除文字样式和文字格式外的其他功能。

图 5.6　多行文字输入
窗口"快捷菜单"

5.1.4　编辑文字

编辑文字有以下几种常用方法：

（1）选定文字对象，在文字对象周围将出现夹点，通过拖动夹点，可以修改文字对象的位置以及多行文字行的宽度；同时将出现"文字"快捷特性窗口，如图 5.7 所示，通过该窗口，可以快速修改文字对象的内容、样式、对齐方式、文字高度等。

图5.7 "文字"快捷特性窗口

(2)选定文字对象并单击鼠标右键，在弹出菜单选择"特性"；或者单击功能区"特性面板→ 按钮"，打开文字"特性"选项板，如图5.8所示。在其中可以对文字对象的格式和内容进行设置。

图5.8 文字"特性"选项板

(3)双击文字对象或点击"文字"工具栏中的"文字编辑"按钮 ，可以进行文字输入模式(具体见5.1.3和5.1.4小节)，进行文字内容和样式的全面修改。在功能区中的"文字"面板、文字工具栏和菜单栏中，还提供了缩放、更改对正点、查找等功能。

实例5.1：以图5.9为例，逐步演示设置文字样式、创建单行文字和多行文字的过程。图中右下角的文字为多行文字，字高为3.5；其余文字均为单行文字，字高为4；图名字高为6；字体均为"宋体"。

(1)输入STYLE命令，回车，或单击功能区"注释面板→ → "，打开"文字样式"对话框。单击"新建"按钮，打开"新建文字样式"对话框，在"样式名"文本框中输入"宋体"，然后单击"确定"按钮，返回"文字样式"对话框。

(2)在"字体名"下拉列表中选择"宋体"，其余选项不变。设置完成后的对话框如图5.10所示。依次单击"置为当前"、"应用"、"关闭"按钮，将"宋体"文字样式置为当前样式，关闭对话框。

132

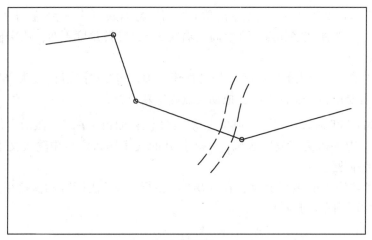

(a) 完成前

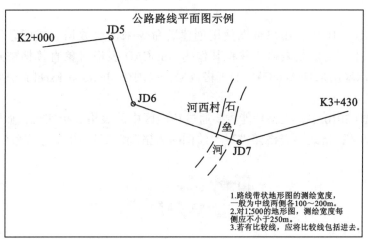

(b) 完成后

图 5.9　创建文字示例

图 5.10　设置完成后的"文字样式"对话框

（3）输入 TEXT 命令，回车，或单击功能区"注释面板→多行文字·→Ａ单行文字"，激活单行文字创建命令，选择文字起点，文字高度输入 3.5，旋转角度不变，依次输入所有单行文本。

（4）选择图名，在弹出的"文字"快捷特性窗口中，将"文字高度"改为"6"并按"回车"键确认。选择需要调整位置的文字，拖动夹点确定新位置。

（5）输入 MTEXT 命令，回车，或单击功能区"注释面板→Ａ"，激活多行文字创建命令。在绘图窗口中选择文字放置区域，并在打开的文字输入窗口中输入文本。输入完成后，关闭文字编辑器。

（6）选择刚才输入的多行文字，在弹出的"多行文字"快捷特性窗口中，将"文字高度"改为"4"并按"回车"键确认。

5.2 表 格 制 作

在 AutoCAD 2010 中，用户可以使用创建表命令来创建数据表或标题块。还可以从 Microsoft Excel 中直接复制表格，并将其作为 AutoCAD 表格对象直接粘贴到图形中。此外，用户还可以输出来自 AutoCAD 的表格数据，以供在 Microsoft Excel 或其他应用程序中使用。

在 AutoCAD 2010 中，表格功能主要通过功能区中的表格面板实现，如图 5.11 所示，也可以通过菜单栏"格式→表格样式"、"绘图→表格"和工具栏中的相应命令实现。

图 5.11 功能区表格面板

5.2.1 定义表格样式

1. 新建表样式

在 AutoCAD 2010 中，创建表样式可以通过下列途径：

- 命令行：TABLESTYLE；
- 命令别名：TS；
- 菜单栏：格式→表格样式；
- 工具栏：样式工具栏→ ；
- 功能区：注释面板→ ▼ → 。

激活该命令后，打开"表格样式"对话框，如图 5.12 所示。在"表格样式"对话框中，用户可以单击"新建"按钮创建新表样式，也可以单击"修改"按钮，对现有表格样式进行修改。

在"新样式名"文本框中输入新的表样式名，在"基础样式"下拉列表中选择一种基础样式，新样式将以该样式为基础进行修改。然后单击"继续"按钮，打开"新建表格样式"对话框，用户可以设置数据、列标题和标题的样式。

"新建表格样式"对话框包括"起始表格"、"常规"和"单元样式"三个选项区域，如图5.13所示。

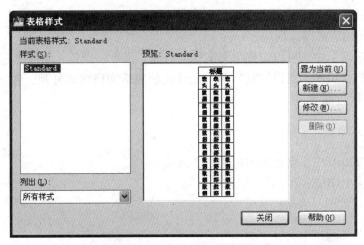

图5.12 "表格样式"对话框

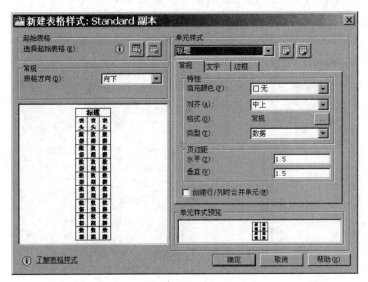

图5.13 "新建表格样式"对话框

2. 设置表的数据、列标题和标题样式

在"起始表格"选项区域中，单击"选择起始表格"和"删除起始表格"按钮，可以在图形中选择或删除一个已有的表格作为样例来设置新表格样式的格式。

在"表格方向"下拉列表中，选择"向下"或"向上"。"向下"创建由上而下读取的表格，标题行和列标题行都在表格的头部；"向上"创建由下而上读取的表格，标题行和列标题行都在表格的底部。

在"单元样式"选项区域的下拉列表框中选择"标题"、"表头"和"数据"选项，可以分别设置表的标题、表头和数据对应的样式。这三个选项的内容基本相同，可以分别指定单元的常规特性、文字特性和边界特性。

在"常规"选项卡中，可以设置单元的填充颜色、对齐方式、数据类型和格式、文字与单元边界之间的距离等选项。

在"文字"选项卡中，可以设置单元文字的样式、高度、颜色、角度等选项。

使用"边框"选项卡，可以控制当前单元样式的表格网格线的外观，包括线宽、线型、颜色、显示/隐藏边框等。

5.2.2　插入表格

在 AutoCAD2010 中，创建表可以通过下列途径：

- 命令行：TABLE；
- 菜单栏：绘图→表格；
- 工具栏：绘图→ ；
- 功能区：注释面板→ ▼ → 表格。

输入命令，回车。打开"插入表格"对话框，如图 5.14 所示。

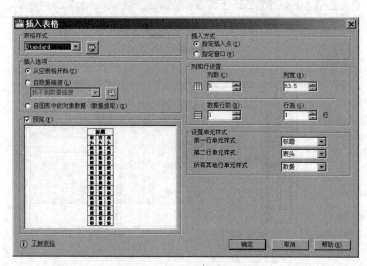

图 5.14　"插入表格"对话框

"插入表格"对话框包括五个选项区域，其中四个为"表格样式"、"插入选项"、"插入方式"和"列和行设置"，根据表格样式的不同，第五个选项区域为"设置单元样式"或

136

"表格选项"。

（1）在"表格样式"选项区域中，可以从列表中选择一个表格样式，或单击下拉菜单右侧的 按钮创建一个新的表格样式。

（2）"插入选项"指定插入表格的方式。

- 从空表格开始：创建可以手动填充数据的空表格；
- 自数据链接：从外部电子表格中的数据创建表格；
- 自图形中的对象数据（数据提取）：启动"数据提取"向导。

（3）"插入方式"选项区域指定表格位置。

- 指定插入点：指定表格左上角的位置。如果表格样式将表格的方向设置为由下而上读取，则插入点位于表格的左下角。
- 指定窗口：指定表格的大小和位置。选定此选项时，行数、列数、列宽和行高取决于窗口的大小以及列和行设置。

（4）在"列和行设置"选项区域中设置列和行的数目和大小。

当选择的表格样式中不包含起始表格时，显示"设置单元样式"选项区域，指定新表格中行的单元格式。

当选择的表格样式中包含起始表格时，显示"表格选项"选项区域，指定插入表格时保留的起始表格的特性，如图 5.15 所示。

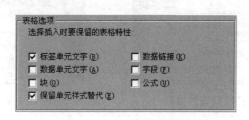

图 5.15　"表格选项"选项区域

5.2.3　编辑表格

在 AutoCAD 2010 中，当直接插入的表格样式不满足要求时，用户可以使用表格的快捷菜单来编辑表格。

1. 编辑表格

编辑表有以下几种常用方式：

（1）单击表格边框，可以选中表格，在表的四周、标题行上将显示夹点，如图 5.16 所示。用户可以通过拖动这些夹点来编辑表格、调整表格的尺寸。

（2）选中表格后，将出现"表格"快捷特性窗口，如图 5.17 所示。可以设置表格的图层、表格样式、数据方向和表格宽度、高度。

（3）选中表格后，打开表格"特性"选项板，如图 5.18 所示。在其中可以对表格对象的格式进行设置。

A
B
C
D
E
1
2
3

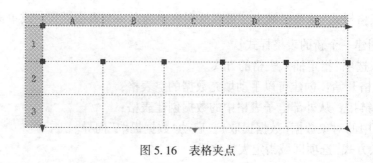

图 5.16　表格夹点

(4)选中表格后，在表格上任意位置单击鼠标右键，弹出快捷菜单。用户可以对表格进行剪切、复制、删除、移动、缩放、旋转等简单操作，还可以均匀调整表格的行、列大小，删除所有特性替代。当选择“输出”命令时，还可以打开“输出数据”对话框，以 .csv 格式输出表格中的数据。

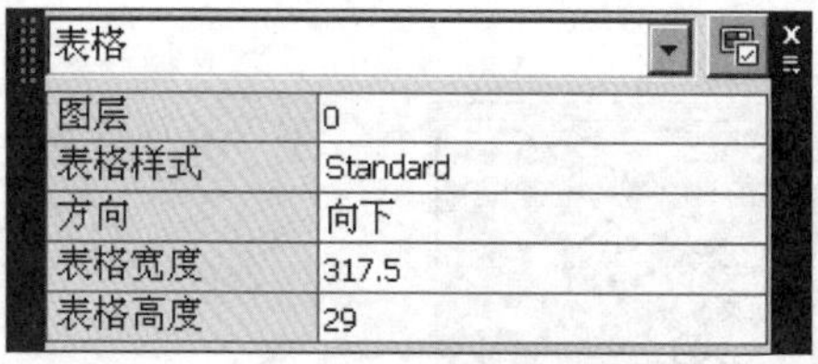

表格
图层
0
表格样式
Standard
方向
向下
表格宽度
317.5
表格高度
29

图 5.17　“表格”快捷特性窗口

表格
常规
三维效果
表格
表格样式
数据表格
行数
6
列数
9
方向
向下
表格宽度
215.2965
表格高度
54
特性

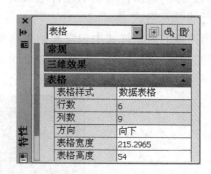

图 5.18　表格“特性”选项板

2. 编辑表格单元

在表格单元内单击鼠标左键或按住左键拖动，可以选中单个或多个单元，如图 5.19 所示。在选中单元四周出现夹点，通过拖动夹点，可以修改单元所在行列的高度和宽度。

A
B
C
D
E
1
2
3

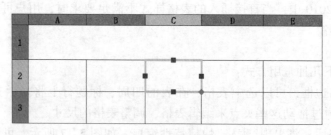

图 5.19　表格夹点

单击选中单元格后，屏幕出现如图 5.20 所示的“表格单元”编辑面板。利用该面板，可以编辑行和列、合并单元、设置单元样式、单元格式，在表格单元内插入块、字段和公

式，将表格链接至外部数据等。

图 5.20 "表格单元"编辑面板

选中表格单元后再单击鼠标右键弹出"快捷菜单"，"快捷菜单"可以实现的功能与"表格单元"面板相同。

在选中单元上双击鼠标左键或按 F2 键，可以编辑该单元文字，同时在功能区出现"文字编辑器"面板，如图 5.21 所示。可以对文字格式进行设置。要移动到下一个单元，可以按 Tab 键或使用箭头键移动。编辑完成后，按 Esc 键或在表格外单击鼠标左键，退出编辑模式。

图 5.21 "文字编辑器"面板

实例 5.2：以图 5.22 为例，演示设置表格样式、创建和编辑表格的过程。

(1)用 STYLE 命令创建"表格标题"、"表格表头"和"表格数据"三种文字样式。"表格标题"字体为宋体；"表格表头"和"表格数据"字体为"gbenor. shx"，大字体为"gbcbig. shx"。

(2)输入 TABLESTYLE 命令，回车，或单击功能区"注释面板→ ▼ → 🖉"，打开"表格样式"对话框。单击"新建"按钮，打开"创建新的表格样式"对话框。在"新样式名"文本框中，输入"数据表格"，在"基础样式"下拉列表中，选择"Standard"。单击"继续"按钮，打开"新建表格样式"对话框。

(3)在"新建表格样式"对话框中，进行以下设置。

①标题、表头和数据的对齐方式均为"正中"，类型均为"标签"。

②标题、表头和数据的字体样式分别为"表格标题"、"表格表头"和"表格数据"。

③标题、表头的字体高度均为 5，数据的字体高度为 4。

④将标题的边框设置为只显示底部边框，具体步骤为：

先点击"无边框"按钮田，再点击"底部边框"按钮田，设置完成后的表格预览如图 5.23 所示。设置完成后，单击"确定"按钮，关闭对话框。

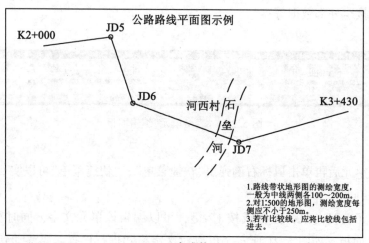

(a) 完成前

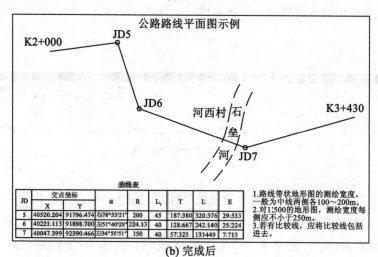

(b) 完成后

图 5.22 创建表格示例

标题		
表头	表头	表头
数据	数据	数据
数据	数据	数据
数据	数据	数据
数据	数据	数据
数据	数据	数据
数据	数据	数据
数据	数据	数据
数据	数据	数据

图 5.23 表格样式预览

(4)在"表格样式"对话框中，单击"置为当前"按钮，将"表格数据"样式作为当前的表格样式。单击"关闭"按钮，关闭对话框。

(5)输入 TABLE 命令，回车，或单击功能区"注释面板→ ▼ → ⊞表格"，打开"插入表格"对话框。设置"列数"为9，"列宽"为30，"数据行数"为3，其余选项不变。单击"确定"按钮，在绘图窗口选择表格插入点，按 Esc 键退出文字编辑状态。

(6)选择表格第2行任意单元格，单击右键，在弹出的快捷菜单中选择"行→在上方插入"，在表格中插入行。这样操作的目的是使表格第2、3行均为表头。

(7)拖动鼠标，选择表格第2、3行的 D~I 列，单击右键，在弹出的快捷菜单中选择"合并→按列"，将所选表格单元按列合并，合并后的表格如图 5.24 所示。使用相同方法，合并其余单元。

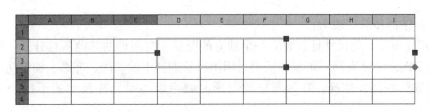

图 5.24　按列合并表格单元

(8)依次填写表格中的内容，其中下标 S 的输入方法为：输入"^S"并选定，单击右键，选择"堆叠"。填写完成后，根据表格内容拖动单元格上的夹点，调整各列的宽度，确定表格最终状态。

5.3　尺　寸　标　注

尺寸是图形的重要内容，准确、完整、合理的标注各类尺寸，是各类图形正确表达的前提，AutoCAD 提供了多种标注样式的设置以适应不同类型图形相应规定的需要。

图形上的尺寸，包括尺寸界线、尺寸线、尺寸起止符号和尺寸数字，如图 5.25 所示。

在建筑制图标准中，对尺寸的各组成部分的具体要求都有严格的规定，简单介绍如下：

(1)尺寸线应用细实线绘制，应与被注长度平行。图样本身的任何图线均不得用作尺寸线。

(2)尺寸界线应用细实线绘制，一般应与被注长度垂直，其一端应离开图样轮廓线不小于 2mm，另一端宜超出尺寸线 2~3mm。图样轮廓线可用作尺寸界线。

(3)尺寸起止符号一般用中粗斜短线绘制，其倾斜方向应与尺寸界线成顺时针 45°角，长度宜为 2~3mm。半径、直径、角度与弧长的尺寸起止符号，宜用箭头表示。

(4)尺寸数字是实物的实际尺寸，建筑图形中，除标高单位为米外，其余尺寸单位均为毫米，标注尺寸时不注明单位，只标注数字。尺寸数字不得与任何图线交叉重叠，必要时打断图线，以保证数字清晰。

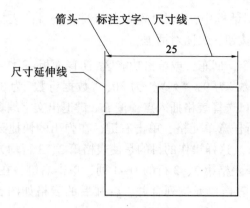

图 5.25　尺寸的组成

尺寸标注的步骤一般为:

(1)建立图层。为尺寸标注建立一个独立的图层,与图形的其他信息分开,这对于编辑修改复杂图形非常有利。可根据需要采用图层管理当中的关闭、冻结、锁定功能对标注所在图层进行控制,这样,在编辑修改图形时就可以不受标注尺寸的干扰,加快绘图速度。

(2)创建标注样式。对标注所采用的样式根据需要进行相关参数的设置,才能使标注符合相关行业绘图的标准。

(3)尺寸标注。根据需要选择相应的标注命令进行标注。

在 AutoCAD 2010 中,标注功能主要通过功能区中的标注面板和"标注"工具栏实现,如图 5.26 和图 5.27 所示。

图 5.26　功能区标注面板

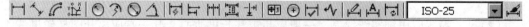

图 5.27　"标注"工具栏

5.3.1　创建与设置标注样式

在 AutoCAD 中,使用标注样式可以控制标注的格式和外观,建立强制执行的绘图标准,并且有利于对标注格式及用途进行修改。

1. 执行方式
- 命令：DIMSTYLE；
- 菜单栏：标注→标注样式；
- 工具栏：标注→ ；
- 功能区：注释面板→ ▼ → 。

2. 操作步骤

输入命令，回车。打开"标注样式管理器"对话框，如图5.28所示。

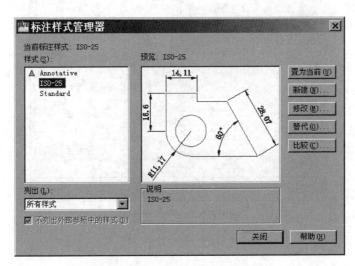

图5.28 "标注样式管理器"对话框

在"标注样式管理器"对话框中，用户可以单击"新建"按钮创建新标注样式，如图5.29所示。也可以选择一个现有标注样式进行修改。设置完成后，点击"置为当前"，可以将选定的标注样式设置为当前使用的标注样式。

图5.29 "创建新标注样式"对话框

在"创建新标注样式"对话框中的"新样式名"文本框中输入新的标注样式名，在"基础样式"下拉列表中选择一种基础样式，新样式将以该样式为基础进行修改。在"用于"下拉列表中，设置标注样式使用范围：选择"所有标注"，表示该设置对所有标注均有效；选择"线性标注"，表示该设置只用于线性标注；依此类推。然后单击"继续"按钮，将打开

"新建标注样式"对话框，用户可以对标注样式的各类参数进行设置。

"新建标注样式"对话框包含下列选项卡：线、符号和箭头、文字、调整、主单位、换算单位、公差，如图5.30所示。下面分别介绍。

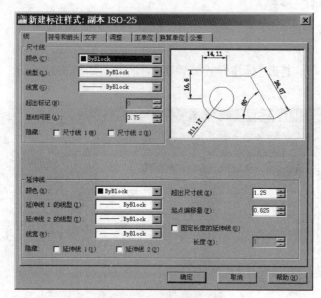

图5.30 "直线"选项卡

（1）线。

"线"选项卡包括"尺寸线"、"延伸线"两个选项区域。

在"尺寸线"选项区域中，根据需要在相应的栏目中选择所需尺寸线的颜色、线宽、超出标记的尺寸（通常为0~3）及基线的间距，然后在需要隐藏的尺寸线选项前打钩（通常不选）。

在"延伸线"选项区域中，根据需要在相应的栏目中选择所需延伸线的颜色、线宽、超出尺寸线的尺寸（通常为1~2.5）及其起点的偏移量，然后在需要隐藏的尺寸界线选项前打钩（通常不选）；如果需要尺寸界线为固定长度，则在"固定长度的延伸线"选项前打钩，并在"长度"选项中输入需要的尺寸，则标注的尺寸线按固定长度的尺寸界线标注，此时，起点偏移量会随着尺寸线的位置不同而不同。

（2）符号和箭头。

在"符号和箭头"选项卡中，可以设置箭头的形式和大小。对于工程测量图纸，箭头形式通常选择建筑标记，箭头大小通常为2.5，如图5.31所示。其他选项（如圆心标记、弧长符号等）可在需要此类标注时根据需要设置相应参数。

（3）文字。

"文字"选项卡控制标注文字的格式、大小与尺寸线的相对位置和对齐方式，如图5.32所示。对于工程测量图纸，文字高度一般为5，从尺寸线偏移一般为2，文字位置和文字对齐按默认值即可。

144

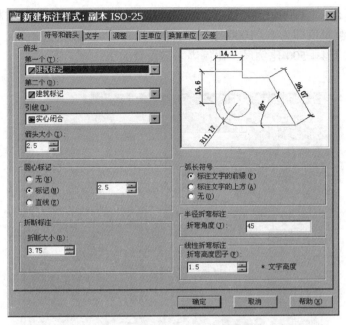

图 5.31   "符号和箭头"选项卡

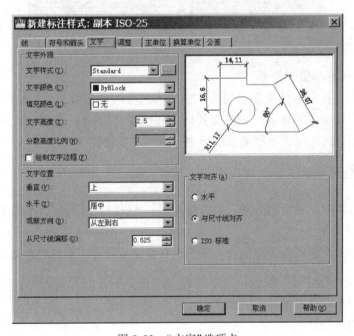

图 5.32   "文字"选项卡

（4）主单位。

"主单位"选项卡设置主标注单位的格式和精度，并设置标注文字的前缀和后缀，如

图 5.33 所示。在"比例因子"选项中，根据图形绘制比例设置线性尺寸标注比例。对于地形图，绘制时若按 1∶1000 比例，即实际距离 1m 在绘制时为 1mm。此时将比例因子设置为 1，线性标注测量值即为 1∶1000 比例尺(单位为 m)。如需改变比例尺，则需相应调整比例因子，如对于 1∶500 比例尺，比例因子需设置为 2。

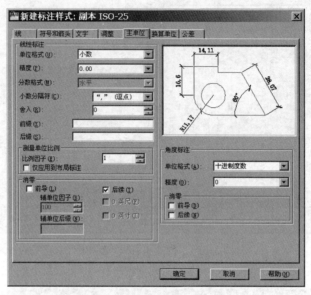

图 5.33 "主单位"选项卡

(5)调整、换算单位、公差。

"调整"选项卡控制标注文字、箭头、引线和尺寸线的放置。"换算单位"选项卡指定标注测量值中换算单位的显示，并设置其格式和精度。"公差"选项卡控制标注文字中公差的格式及显示。这三项在工程测量图纸中一般不需要设置。

5.3.2 线性尺寸标注

线性尺寸标注有三种常用方法：快速标注、线性标注和对齐标注。

1. 快速标注

该命令用于从选定对象快速创建一系列水平及垂直尺寸。具体操作步骤为：

(1)点击"快速标注"按钮，命令行提示选择要标注的几何图形，用鼠标选择需要标注的图形，回车或点击鼠标右键确认。

命令：QDIM

选择要标注的几何图形：

指定尺寸线位置或[连续(C)/并列(S)/基线(B)/坐标(O)/半径(R)/直径(D)/基准点(P)/编辑(E)/设置(T)]<连续>：

(2)在命令行提示下指定尺寸线位置或选择尺寸标注模式，如图 5.34 所示。可以根

146

据需要设置尺寸标注模式，或对标注点进行设置。图 5.34(a)、(b)分别为连续模式和基线模式的标注结果。

(3)设置完成后，选择尺寸线位置，可以确定标注方向为水平或垂直，见图 5.34(b)、(c)。

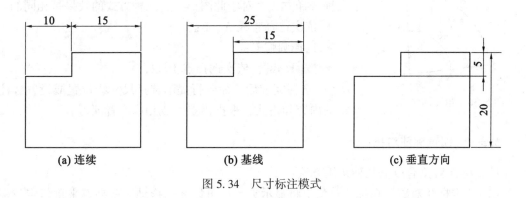

(a) 连续　　　　　　　　(b) 基线　　　　　　　　(c) 垂直方向

图 5.34　尺寸标注模式

2. 线性标注

线性标注用于创建水平或垂直方向的线性尺寸，如图 5.35 所示。具体操作步骤为：

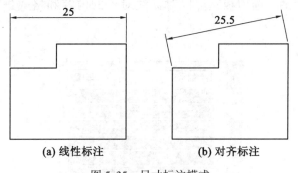

(a) 线性标注　　　　　　　(b) 对齐标注

图 5.35　尺寸标注模式

(1)点击"线性标注"按钮┌┐，在命令行提示下选择尺寸延伸线的原点。

(2)根据需要在绘图窗口选择两个点，命令行提示选择尺寸线位置或设置标注文字的内容和格式。此时可以输入 M 或 T，在标注文字中输入需要的内容，如增加距离单位等。

(3)设置完成后，选择尺寸线位置，可以确定标注方向为水平或垂直。

3. 对齐标注

对齐标注可以创建与指定位置或对象平行的标注。操作步骤与线性标注相同，只是在选择尺寸线位置时，尺寸线始终平行于尺寸延伸线原点连成的直线，如图 5.35(b)所示。

5.3.3　角度标注

角度标注用于标注两条直线之间的角度及圆或圆弧的圆心角，如图 5.36 所示。

147

具体操作步骤为：

(1)点击角度标注按钮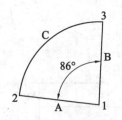，命令行提示：

选择圆弧、圆、直线或<指定顶点>：

(2)以图 5.36 所示的标注扇形圆心角为例，可以采取以下三种选择方式。对于此图形，这三种方式的效果是相同的：

- 依次选择直线 A、B；
- 选择圆弧 C；
- 按回车键，依次选择点 1、2、3。

图 5.36　角度标注方式

(3)选择完成后，命令行提示选择尺寸线位置或设置标注文字的内容和格式，根据需要完成相应设置即可。

5.3.4　编辑标注对象

编辑标注对象有以下几种常用方法：

(1)选定标注对象，在标注对象上将显示夹点，可以通过拖动这些夹点来重新定位标注对象的原点和尺寸线位置。

(2)使用"编辑文字"命令 ，选择标注文字，可以进入文字编辑模式，对标注文字的内容和格式进行修改。

(3)利用标注"特性"选项板，可以对标注对象的内容和格式进行全面修改，如图 5.37 所示。

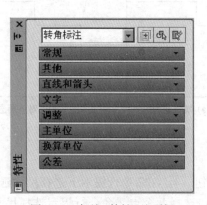

图 5.37　标注"特性"选项板

(4)AutoCAD 2010 还提供了一系列标注编辑命令，用于设置标注的一些特殊格式，如：尺寸延伸线倾斜 、标注文字旋转 、标注文字对齐 、折弯标注 、折断标注 等。具体操作步骤此处不再赘述，可参阅 AutoCAD 帮助文档。图 5.38 显示了几种标注格式的效果。

实例 5.3：以图 5.39 为例，演示设置尺寸样式、创建角度标注的过程。

(1)输入 DIMSTYLE 命令，回车，或单击功能区：注释　面板→ ▼→ ，打开"标

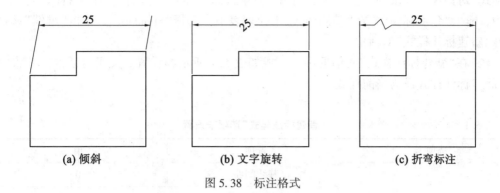

(a) 倾斜　　　　　　　(b) 文字旋转　　　　　　(c) 折弯标注

图 5.38　标注格式

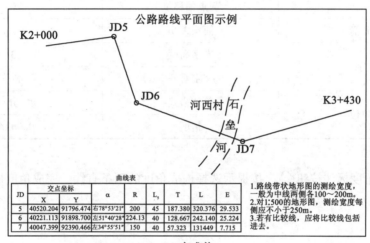

(a) 完成前

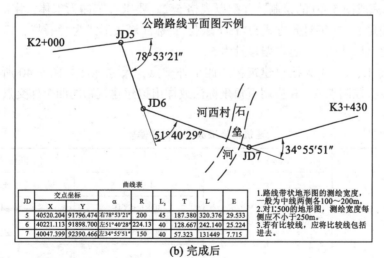

(b) 完成后

图 5.39　创建标注示例

注样式"对话框。单击"新建"按钮，打开"创建新标注样式"对话框。在"新样式名"文本框中，输入"角度标注"，在"基础样式"下拉列表中，选择"Standard"。单击"继续"按钮，打开"新建标注样式"对话框。

（2）在"新建标注样式"对话框中，完成如表 5.1 所示的设置。关闭对话框，并将"角度标注"标注样式设为当前样式。

表 5.1   **"新建标注样式"选项卡设置**

选项卡	选项	值
线	基线间距	0
	超出尺寸线	3
	起点偏移量	0
符号和箭头	箭头大小	3
文字	文字高度	3
	文字对齐	水平
主单位	单位格式	度/分/秒
	精度	0d00′00″

（3）点击角度标注按钮△，按提示选择构成角度的两条直线，完成角度标注。

5.4 上 机 实 训

实训 1：完成图 5.40 的绘制，并配以表格 5.2。要求：字体为宋体，字高均为 3，文字从尺寸线偏移 1，文字对齐方式为"ISO 标准"；标注箭头形式为"倾斜"，箭头大小为 2；尺寸延伸线超出尺寸线 3，起点偏移量为 5。

说明：S、R、Q、T 为拟建建筑物的四个外交点，尺寸标注如图 5.40 所示，要求利用道路中心线上控制点 A、B 应用直角坐标法放样出拟建建筑物的四个外交点。

表 5.2   **建筑物施工放样的允许偏差**

项目	内容		允许偏差（mm）
施工放线	外廓主轴线长度 L（m）	L≤30	±5
		30<L≤60	±10
		60<L≤90	±15
		90<L	±20

实训目标：熟悉文字样式、表格样式和尺寸标注样式的设置，掌握文字和尺寸的标注

150

图 5.40

方法、表格的绘制方法，能根据样图及要求完成各种标注。

操作提示：

(1)实际图形的绘制：先绘制道路中心线，根据拟建建筑物与道路中心线的关系绘制拟建建筑物，最后绘制道路边线及控制点。要注意道路中线及拟建建筑物线型的设置。

(2)尺寸标注。

①为尺寸标注建立一个独立的图层。

②根据具体要求创建标注样式。

③根据需要选择相应的标注命令进行尺寸标注。

(3)进行图中注记文字及说明文字的编写：首先按要求设置文字样式，注记文字可用创建单行文字的方法进行，说明文字用创建多行文字的方法进行。

(4)按要求绘制表格，设置表格样式、创建和编辑表格。

实训 2：绘制图 5.41，并完成图中的尺寸标注及文字注记。

实训目标：熟练掌握尺寸标注及文字注记方法，掌握运用各种绘图和编辑工具绘制工程图的方法和技巧，会使用 AutoCAD 帮助文件解决实际制图问题。

操作提示：

(1)实际图形的绘制：利用多段线绘制坐标轴箭头，挠度曲线可用样条曲线命令模拟绘制，注意虚线线型比例的设置。

(2)尺寸标注。

①为尺寸标注建立一个独立的图层。

②根据具体要求创建标注样式。

③根据需要选择相应的标注命令进行尺寸标注。

(3)采用单行文字进行文字注记，特殊符号的注记参考帮助文件。

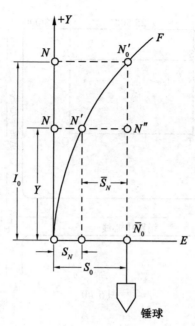

图 5.41 建筑物挠度观测示意图

◎ 习题与思考题

1. 一个完整的尺寸标注通常由哪几部分组成?
2. 标注样式中设置的文字高度与文字样式中设置的文字高度之间有什么关系?
3. 单行文本与多行文本有什么区别?
4. 表格的绘制方法有哪些?

第 6 章　地形图的绘制

【教学目标】

学习本章，要掌握地形图绘制的基本知识，能根据需要定制地形图点、线、面符号，掌握控制点和碎部点的展绘方法、地形图图廓绘制方法，了解等高线自动绘制方法。

6.1　地形图绘制的基本知识

绘制地形图是测绘工程中一项重要工作，地形图的测绘就是将地球表面区域内的地物地貌按照正射投影的方法和一定的比例尺，用规定的图式符号测绘在图纸上，这种表示地物和地貌的图称为地形图。

6.1.1　设置绘图坐标系

在第 1 章中介绍过，AutoCAD 有两个坐标系统：世界坐标系统(World Coordinate System，WCS)和用户坐标系统(User Coordinate System，UGS)。

在 WCS 坐标系中，X 轴是水平的，指向由左向右；Y 轴是垂直的，正向朝上；Z 轴垂直于 XY 平面；原点是图形左下角 X 轴和 Y 轴的交点。UCS 坐标系是依据 WCS 坐标系通过移动原点和旋转坐标轴来定义的，以方便用户根据自己的需要绘制图形。启动 AutoCAD 后，缺省情况下 UCS 与 WCS 重合。

虽然上述 WCS 坐标系与在测量学中定义的测量坐标系从本质上说是一致的，但在 AutoCAD 中，按照相同坐标绘制的图形，其方位和我们想象中的并不一致，这是由于两个坐标系视点的不同所造成的。为了解决 AutoCAD 中图形显示问题，可以采用约定坐标系这种方式。约定坐标系，即直接将 WCS 作为测量坐标系来使用，只不过这里有个约定：需要把 WCS 中的 Y 轴(垂直向上)当做测量坐标系中的 X 轴。或者说，在 AutoCAD 中输入测量坐标时，将 Y 坐标放在 X 坐标之前，当然在 AutoCAD 中输出坐标时，也要按照测量坐标系中的 Y，X 和 H 的顺序来理解。这样约定之后，对后续的所有绘图工作都是非常方便的。事实上，国内所有基于 AutoCAD 二次开发的地形地籍成图系统都是采用这种约定的坐标系。

6.1.2　设置绘图比例尺

在展绘测量坐标点或绘制线段长度时，直接按实际坐标或实地长度展绘，不要去管比例尺是多少。从这个意义上来理解，可以认为图形的比例尺为 1∶1。

利用 AutoCAD 绘图前，首先要进行单位设置：单击菜单栏"工具→选项→用户系统配置"，在"插入比例"选项卡中进行系统单位的设置，设置成什么单位，画出的距离就是什么单位。例如，设置比例尺为1∶1000，设置的单位为mm，则1代表1mm，后面的1000，则指的是在AutoCAD中画的1mm代表实际中的1000mm。若在AutoCAD中已将比例设置好并放入图框中，则出图就可按1∶1出图，否则需要在菜单栏"格式→标注样式→主单位"中设置比例因子。

6.1.3 定义图层

使用图层来管理并控制复杂的图形，是AutoCAD最突出的特点。在AutoCAD绘图中，可以将不同种类和用途的图形分别置于不同的图层中，从而实现对相同类图形的统一管理。这种以图层为管理单元的思想与测量上我们对地类的分类管理是一致的，将不同的地类置于不同的图层中，并利用图层的特性，如不同的颜色、线型和线宽来区分不同的对象，这为地形图和地籍图的绘制提供了极大的方便。

图层的创建可用LAYER命令，或者单击菜单栏"格式→图层"，在"图层管理"对话框中进行，十分方便。《1∶500 1∶1000 1∶2000地形图图式》将地类共分为十大类，分别是：测量控制点、居民地和垣栅、工矿构筑物及其他设施、交通及附属设施、管线及附属设施、水系及附属设施、境界、地貌和土质、植被、注记。如果考虑到实际绘图的需要，也可增加其他图层，如等高线层、高程点层、展点号层、图框层等。如图6.1所示。

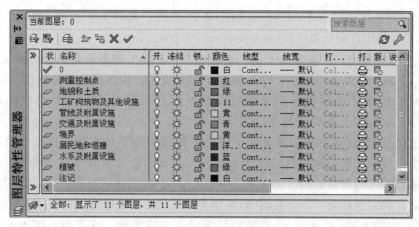

图6.1　地形图图层设置

6.2　定制地形图点符号

点状符号按定位点的个数可分为单点定位的点状符号，如路灯、钻孔等；两点定位的点状符号，如开采的斜井井口；三点定位的点状符号，如过街地道等。按符号本身是否带有文本属性来分，可分为简单点状符号，如水塔、路灯等；带属性的点状符号，如三角点、导线点等。

点状符号的定制主要采用图块法和形定义法两种。

6.2.1　图块定制点符号

对于简单点符号，如路灯、旗杆等，通过建立一个普通图块文件，调用时直接插入该图块即可。对于带有属性的点状符号，如三角点、导线点等，通过建立一个带属性的图块文件，调用时先提示用户输入属性值，插入该图块时直接对属性赋值。具体定制方法参见第4章的4.1节和4.2节。

6.2.2　形文件定制点符号

1. AutoCAD 中形的概念

形(Shape)是 AutoCAD 中一种特殊的图形对象，其用法类似于块。与块相比，形的图形构成较简单，所占空间较小，绘制速度较快。因此形适合于创建需要多次重复使用的简单图形，如简单点状符号、字体等。

形也是在形定义文件中定义的，形定义文件包含了构成一个形对象的所有单个元素的信息，包括直线和圆弧，是以".shp"为扩展名的 ASCII 文件。形定义文件需要编译后才能被 AutoCAD 所使用，编译后的形文件与形定义文件同名，其扩展名为".shx"。

2. 形的定义

任何一个形的定义都是由标题行和描述行组成。

(1)标题行。

以"＊"为开始标记，用于说明形的编号、大小和名称，其格式为：

＊形编号，定义形的字节数，形名称

其中各项意义如下：

形编号：取值范围是1~256，在同一文件中每个形编号应保持唯一性。

定义形的字节数：表示形定义描述行的数据字节数，包括末尾的零。

形名称：形的名称，要求必须大写。

(2)描述行。

由描述代码组成，代码之间由逗号分开，最后以0结束。定义字节行可以有一行或多行。其格式为：

字节1，字节2，字节3，…，0

在描述行中，除专用代码外，形文件中的每一个字节代码都包括矢量长度和方向代码。矢量长度和方向代码是一个由三个字符组成的字符串。第一个字符必须为0，表示后面的两个字符为十六进制值；第二个字符给出了矢量的长度，取值为1~F；第三个字符表示矢量的方向，取值为0~F，具体含义如图6.2所示。

所谓矢量长度，是根据矢量方向将其投影到 X 轴方向或 Y 轴方向的长度，如图6.2中16条线段的矢量长度相同。如图6.3所示的符号，定义形时可用下面两行(长度是根据矢量方向，将其投影到 X 轴方向或 Y 轴方向的长度)：

＊1，8，ABC

020，023，04D，043，04D，023，020，0

定义形的专用代码：矢量长度和方向代码所定义的长度和方向仅为十几种，为了创建更丰富的形，AutoCAD 提供了 14 种特殊代码(可使用十六进制或十进制)，用于创建其他格式或指定特定操作。定义形的专用代码的具体种类和意义见表 6.1 所示。

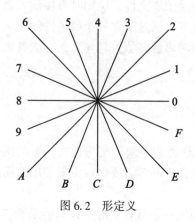

图 6.2　形定义

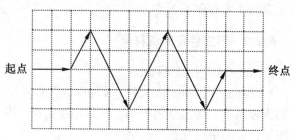

图 6.3　形符号

表 6.1　　　　　　　　　　　　　　　形定义中的特殊代码

代码(十六进制)	代码(十进制)	意　义
000	0	表示形定义结束
001	1	表示激活绘图模式(落笔)
002	2	表示停止绘图模式(提笔)
003	3	表示用代码的下一字节去除矢量长度，即比例缩小
004	4	表示用代码的下一字节去乘矢量长度，即比例放大
005	5	将当前位置压入堆栈，即保存当前位置
006	6	从堆栈弹出当前位置，即恢复由代码 005 保存的最后一个位置
007	7	引用其他形，代码的下一字节指定了被引用形的编号
008	8	由当前位置绘制线段，代码的下两个字节指定了线段在 X、Y 轴方向上的相对位移
009	9	由当前位置开始绘制一系列的线段，代码后面的字节分别指定了各个线段在 X、Y 轴方向上的相对位移，最后以(0，0)为结束符
00A	10	绘制八分圆弧
00B	11	绘制分数圆弧
00C	.12	根据由 X、Y 位移和凸度绘制圆弧
00D	13	多个指定凸度的圆弧
00E	14	仅适用于垂直文字，用来将下一个字符绘制在前一个字符的下面

说明：在形定义的代码中可使用括号来增强可读性。

3. 点状符号的定义及调用

《1∶500 1∶1000 1∶2000 地形图图式》中规定的旱地符号如图 6.4 所示，该符号的形可通过以下步骤来定义：

(1)使用 Windows 附件中的记事本程序创建一个新的文本文件。

(2)在该文件中输入以下两行代码。

*2, 16, HD

018, 024, 002, 02C, 001, 018, 002, 020, 001, 010, 024, 002, 02C, 001, 010, 0

(3)保存该文件，并命名为 dtfh. shp。

(4)进入 AutoCAD，在命令行输入 COMPILE，弹出"选择形或字体文件"对话框，选中"dtfh. shp"文件后单击"确定"按钮返回。"dtfh. Shp"文件编译成功，生成了名为 dtfh. shx 的形文件。

(5)加载形文件：在命令行输入 LOAD，弹出"选择形文件"对话框，选中"dtfh. shx"文件后单击"打开"按钮返回即可。

(6)调用形：在命令行输入 SHAPE，并根据提示输入形名称、指定插入点、形的比例系数、形与水平方向的夹角。

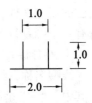

图 6.4 旱地符号

6.3 定制地形图线型符号

线型符号可以分为简单线型符号和复合线型符号两类。

简单线型符号如小路、内部道路、建筑中的房屋、阳台、门顶等，通过落笔走实线，抬笔空走就可定义，如图 6.5 所示的小路符号。

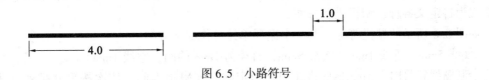

图 6.5 小路符号

复合线型符号如栅栏、铁丝网、活树篱笆等，线型中包含若干个子图，线型生成时从起点开始，由一个个子图按预定顺序进行排列，直到终点，如图 6.6 所示的栅栏符号。

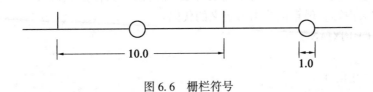

图 6.6 栅栏符号

6.3.1 简单线型的定制

AutoCAD 中的预定义线型是通过线型文件 acad.lin 定义的，如果要自定义线型，可用记事本、写字板或 Visual LISP 编辑器打开该文件，加入要定义的线型即可，也可单独编写自己的线型文件，以后缀为".lin"的文件存盘。每个线型文件可定义多种线型，每种线型都有一个标题行和一个定义行。

1. 标题行格式

*线型名称，线型描述

其中，"*"是行标记，它后面紧跟线型名，逗号之后是对这个线型的注释，为可选项。

2. 定义行格式

A，dash1，dash2，…，dashn

其中，"A"表示为两端对齐方式，dash1，dash2，…，dashn 为短画线序列的每段长度。当 dashn>0，表示落笔走实线；当 dashn<0，表示抬笔空走；当 dashn＝0，表示绘一个小点。

如图 6.5 所示的小路符号可用如下两行代码定义：

*XIAOLU，————

A，4，-1

将上两行代码加入到 acad.lin 文件的末尾，在 AutoCAD 中重新加载该线型文件后，就可使用小路线型了，宽度可根据绘图比例通过线宽因子控制。

6.3.2 复合线型的定制

AutoCAD 不仅能定制由短线、间隔和点组成的简单线型，还可以根据测绘行业的需要定制较为复杂的线型，如栅栏、篱笆、坎等线型。复合线型中可以嵌入文本和形，这一功能就为自定义各种线型提供了方便。

如图 6.6 所示的栅栏符号，其一个循环单元可作如下分解：

[实线 5mm，垂线 1mm，实线 5mm，直径为 1mm 的圆，空线 1mm]

绘制栅栏符号时，AutoCAD 将在用户指定的一连串顶点间，依次按尺寸排列上述循环单元中的每一个对象，即生成栅栏线型。在这种线型符号中，实线和空走与简单线型定义一样，通过正负实数来控制。所以本线型需要先定义两个形，即 1mm 长垂线和直径为 1mm 的圆，再定义栅栏线型，具体实现步骤如下：

（1）定义两个形：1mm 长垂线和直径为 1mm 的圆。具体定义步骤请参照 6.2.2 小节中形定义的相关内容。现直接给出形定义的代码：

*3，2，CHUIXIAN

014，0

*4，10，CIRCLE

001，003，2，10，（1，-044），10，（1，-004），0

建议先将定义好的形文件编译，手工调用一遍，以确保正确。

（2）定义栅栏线型：线型定义在前面已介绍，有标题行和定义行。对于复合线型，形的调用方法如下：

[Shapename，Shapefilename，S = scale_factor，R = rotation_angle，X = x_offset，Y = y_offset]

Shapename：要调用的形名称；

Shapefilename：要调用的形所在的形文件名称；

S：缩放因子；

R：旋转因子；

X：X 轴方向平移因子；

Y：Y 轴方向平移因子。

假设垂线和圆两个形所在的形文件名称为 map. shp，编译后将生成 map. shx，下面给出形定义：

*ZL，栅栏

A，5.0，[CHUIXIAN，map. shx，S = 1.0，R = 0，X = 0，Y = 0]，5.0，[CIRCLE，map. shx，S = 1.0，R = 0，X = 0，Y = 0]，-1.0

（3）将 map. shx 放在当前路径下，在 AutoCAD 中加载包含栅栏代码的线型文件，即可绘制如图 6.7 所示的栅栏符号。

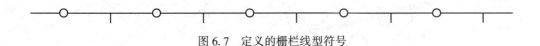

图 6.7　定义的栅栏线型符号

6.4　定制地形图面符号

在国家《1∶500　1∶1000　1∶2000 地形图图式》中，地形图面状地物符号主要分为两大类：一类是"地貌土质"，一类是"植被"。由于 AutoCAD 软件是非测绘软件，因此软件中自带的图案填充符号不能满足地形图绘制的需要。

AutoCAD 2010 允许用户自定义填充模式，用户可以用纯文本编辑器，将模式定义写入 acad. pat 或其他后缀为 . pat 的文件，同线型文件的定制与开发一样，这种方法填充符号比较复杂，完全掌握需要一定的时间。下面介绍一种通过先建立符号图块后填充的方法。

这里以水稻田的填充为例，说明用块进行符号填充的过程。

1. 块的创建

在 AutoCAD 中通过直线命令绘制如图 6.8 所示的水稻田

符号，并将其保存为图块，以便日后使用。　　　　　　　　　　　↓

2. 方格网的绘制

按照图式中规定的符号之间间距，绘制如图 6.9 所示的方　　图 6.8　水稻田块符号格网，方格间隔根据符号整列式符号的间隔进行绘制并保存，便于以后调用。

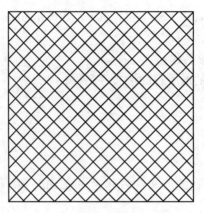

图 6.9　方格网

3. 插入方格网

对地形图进行图案填充时，首先将方格网图块插入到地形图图案区域，如图 6.10 所示。

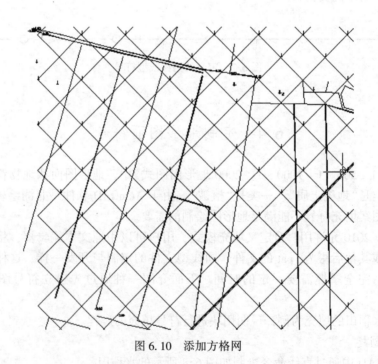

图 6.10　添加方格网

4. 符号填充

在每个小格子上填充对应植被符号，如图 6.11 所示，符号填充方便，在 AutoCAD 和 CASS 软件中都可以使用，符号之间的间距无需调节，方便、美观。

160

也可以先编写一个供填充时调用的绘制单个填充符号的子程序，自动寻找填充区域中要填充该符号的中心点位置，再在该点上调用绘制单个旱地符号的子程序，从而实现该点上符号的自动填充。这样，让计算机循环计算填充区域内各填充点的位置，就可以实现整个区域内符号的自动填充。

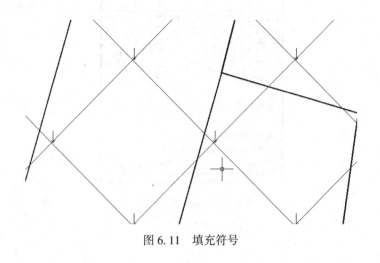

图 6.11　填充符号

6.5　控制点的展绘

地形测量中，各级控制点是地形碎部测量的基础，在地形测量中具有重要的作用，通常按地形图图式中规定的控制点符号表示在图上。

测量外业工作的原则就是"先整体，后局部；先控制，后碎部"，在绘图时也同样要采用这一原则。尽管绘图时不受控制点的限制，但是先将控制点展绘到图上，对测区有一个总体的轮廓后，再绘制碎部点，既可以使绘图员思路清晰，还可以避免出错。AutoCAD中展绘控制点的方法主要有两种：一种是手工展绘控制点，另一种是通过展点程序绘制控制点。AutoCAD 支持 LISP、VBA、ARX 进行二次开发，有兴趣的读者可以参考第 10 章尝试一下，本节主要介绍第一种方法——手工展绘控制点。

6.5.1　设置点样式

为了使展绘的控制点在屏幕上更容易观察到，在展点前要先设置点样式。单击菜单栏"格式→点样式"，或者在命令行输入 DDPTYPE 命令，弹出"点样式"对话框即可进行设置，如图 6.12 所示。从中选择一种较简单，且又容易定点位的一种，在点大小中输入百分比值，这个数值可根据具体情况尝试设置。无论现在选用哪种点样式，只是为了观察、读取方便，所有控制点展绘完成后，还要将点样式改为最简单的那种实心点形式。

6.5.2　展绘控制点

在 AutoCAD 中绘点主要有两种方式：单点、多点。可单击菜单栏"绘图→点"进行

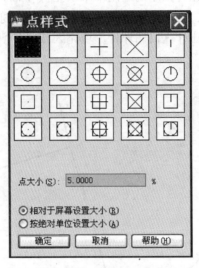

图 6.12 "点样式"对话框

选择。

假设有一个三角控制点，其坐标为 y = 66326.272m，x = 43448.317m，h = 1988.023m。现按绘图比例尺 1∶1000 展绘该控制点，并注记点名和高程。系统执行命令，命令行中弹出如下提示：

命令：POINT

当前点模式：PDMODE = 2　PDSIZE = 2.0000

指定点：66326.272，43448.317

同时输入多个控制点时，可选择"多点"，并在命令行提示"指定点："后连续输入控制点的 y，x 坐标。我们也可以借用 Excel 表格，一次绘制多个点。

使用 Excel 数据绘制多点时，首先将从全站仪下载的".dat"文件以 Excel 方式打开，在 Excel 中导入文本数据".dat"，按照向导提示选择分隔符号为逗号，即以逗号分列，其他用默认设定，即可得到转换为 Excel 格式的数据。

转换为 Excel 格式的数据坐标顺序为(x，y，h)，而测量坐标与数学或绘图当中的(x，y)坐标是相反的。因此，对 Excel 数据进行编辑时，一定要保证坐标的顺序是(y，x，h)。如图 6.13 所示。为便于批量向 AutoCAD 中展点，可以将 y，x 调整到 Excel 表的同一列中，并且用逗号分隔开。

具体 Excel 编辑数据方法如下：选中 F1 栏，输入公式"= D1&"，"&C1"，按回车键，系统会自动生成(y，x)组成的坐标对，将光标指向 F1 栏右下角，光标变成黑色小十字光标，按住左键向下拖动标记，直到最后一行，F 列就自动生成了对调后的(y，x)坐标，如图 6.14 所示。编辑完毕后，保存为".xls"格式文件。

复制 F 列中若干行(y，x)数据，将其粘贴到命令行提示"指定点："后，AutoCAD 按顺序自动读取各点坐标，并绘出相应点，展点结果如图 6.15 所示。这种方法展绘的点只有

	A	B	C	D	E	F
1	N6-1		66328.273	43622.111	1888.577	
2	N6-2		(y) 837.670	(x) 80.623	1 (h) 448	
3	N6-3		66339.869	43715.133	1888.504	
4	N6-4		66336.491	43655.991	1888.469	
5	P1		66321.956	43527.476	1888.585	
6		1	66325.576	43622.208	1888.593	
7		1	66330.959	43625.340	1888.615	
8		2	66331.523	43639.408	1888.561	
9		3	66327.434	43639.057	1888.643	
10		4	66325.587	43635.222	1888.677	
11		5	66322.469	43632.032	1888.693	
12		6	66322.382	43625.521	1888.687	
13		7	66321.062	43625.591	1888.708	
14		8	66321.281	43632.425	1888.683	
15		9	66318.822	43625.436	1888.648	
16		10	66317.751	43628.590	1888.651	

图 6.13 以 Excel 打开的".dat"文件

(y，x)坐标信息，没有点号，因此一次展点数量不能太多，以免增加插入控制点符号的难度。

	A	B	C	D	E	F
1	N6-1		66328.273	43622.111	1888.577	66328.273,43622.111
2	N6-2		66337.670	43680.623	1888.448	66337.67,43680.623
3	N6-3		66339.869	43715.133	1888.504	66339.869,43715.133
4	N6-4		66336.491	43655.991	1888.469	66336.491,43655.991
5	P1		66321.956	43527.476	1888.585	66321.956,43527.476
6		1	66325.576	43622.208	1888.593	66325.576,43622.208
7		1	66330.959	43625.340	1888.615	66330.959,43625.34
8		2	66331.523	43639.408	1888.561	66331.523,43639.408
9		3	66327.434	43639.057	1888.643	66327.434,43639.057
10		4	66325.587	43635.222	1888.677	66325.587,43635.222
11		5	66322.469	43632.032	1888.693	66322.469,43632.032
12		6	66322.382	43625.521	1888.687	66322.382,43625.521
13		7	66321.062	43625.591	1888.708	66321.062,43625.591
14		8	66321.281	43632.425	1888.683	66321.281,43632.425
15		9	66318.822	43625.436	1888.648	66318.822,43625.436
16		10	66317.751	43628.590	1888.651	66317.751,43628.59

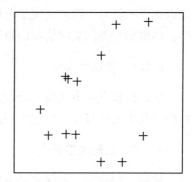

图 6.14 Excel 中选取适量控制点坐标　　　　图 6.15 多点命令绘制的控制点

6.5.3 插入控制点符号

控制点的符号可以通过写图块的方式，将事先绘制好的图块插入 AutoCAD 当中。可单击菜单栏"插入→块"，将指定路径下的控制点块文件插入到 AutoCAD 中。依具体情况选择"缩放比例"和"插入点"，如图 6.16 所示。

(1)缩放比例：对于 1∶1000 的地形图，x，y 轴方向的缩放比例就按系统默认的 1 插入即可；如果地形图比例尺为 1∶2000，插入符号时，缩放比例应为 2.0；如果地形图比例尺为 1∶500 时，缩放比例应设置为 0.5。

(2)插入点：在"插入"对话框中依次输入 y，x，z，或者依次在屏幕上通过鼠标单击方式指定(打开节点捕捉)。当然插入完所有图块后，将最初展绘的点位删除。

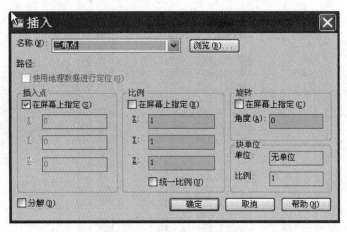

图 6.16 插入控制点图块

6.6 碎部点的展绘

测绘地形图外业的重要工作是测定地物和地貌的特征点位置和高程，展绘到图纸上，配以相应的符号，即能绘成地形图。这些特征点即碎部点。将这些碎部点展绘到 AutoCAD 中，再根据野外测量时绘制的草图，设置相应绘图对象属性，绘制各种地形图符号。

6.6.1 展绘碎部点

展绘碎部点的方法与展绘控制点的方法相似。由于碎部点数量很大，文件较多，对文件命名要事先做好计划，便于展点和绘图。

6.6.2 绘制地物符号

地面上的地物、地貌在地形图上以符号的形式表现。下面以居民地层为例，介绍绘制地物符号的方法。

在大比例尺地形图上，居民地是其主要的地物要素。主要绘制房屋的外轮廓线，并注记房屋的结构和层数。将"居民地"图层置为当前层，线型为连续型，线宽默认。

在实际外业测量中，如果被测地物是规则的四角房屋，一般仅测三个角的点位坐标就可以。对于多点房屋或不规则房屋，在测量时应尽量多地测量特征点，无法施测时，还可以丈量某方向上的长度或宽度，将测量数据标注在草图上。

1. 已知三点绘制房屋

如图 6.17(a)所示，将碎部点展绘到 AutoCAD 上之后，用 PLINE 命令依次连接 1，2，3 点。打开对象捕捉(端点、垂足)和对象追踪，捕捉到 1，3 点后，向 4 点方向移动鼠标，直到 1，3 点都出现垂足捕捉时，单击鼠标，得到 4 点，最后闭合到第 1 点上。当然，也可以通过绘制辅助线的方法找到 4 点，然后再删除辅助线。

房屋外轮廓线绘制完成后，对于大比例尺地形图还要标注房屋结构和层数。通过

164

TEXT(或 DTEXT)命令，输入单行文字的方式，设置适当的文字高度，输入文字，如图 6. 17(b)所示。

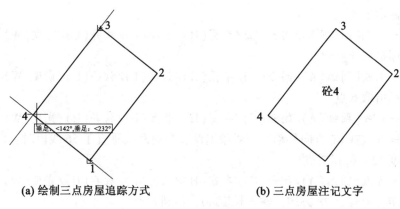

(a) 绘制三点房屋追踪方式   (b) 三点房屋注记文字

图 6. 17

2. 规则的多点房屋

使用 PLINE 命令连续连接各房屋角点。对于没有观测的房屋角点，可以使用绘图辅助线、对象捕捉(端点、垂足)、对象追踪、输入长度、对象偏移、极轴追踪等方法完成绘图。

图 6.18(a)是野外测量时某多点房屋的草图，图中 1、2、3、4、5、6 点坐标已用全站仪测出，并展绘在 AutoCAD 当中，7、8 两点由于不通视不能用全站仪测量，在现场用丈量线段长度的方式确定 7、8 两点点位。

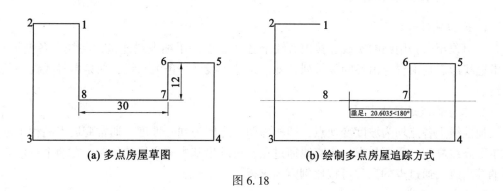

(a) 多点房屋草图   (b) 绘制多点房屋追踪方式

图 6. 18

命令：PLINE
指定起点：　　　//用鼠标拾取 1 点
当前线宽为 0. 0000
指定下一个点或[圆弧(A)/半宽(H)/长度(L)/放弃(U)/宽度(W)]：　　　//用鼠标拾取 2 点

指定下一点或[圆弧(A)/闭合(C)/半宽(H)/长度(L)/放弃(U)/宽度(W)]：
//用鼠标拾取 3 点

指定下一点或[圆弧(A)/闭合(C)/半宽(H)/长度(L)/放弃(U)/宽度(W)]：
//用鼠标拾取 4 点

指定下一点或[圆弧(A)/闭合(C)/半宽(H)/长度(L)/放弃(U)/宽度(W)]：
//用鼠标拾取 5 点

指定下一点或[圆弧(A)/闭合(C)/半宽(H)/长度(L)/放弃(U)/宽度(W)]：
//用鼠标拾取 6 点

指定下一点或[圆弧(A)/闭合(C)/半宽(H)/长度(L)/放弃(U)/宽度(W)]：12
//用鼠标大致在 67 方向移动，用对象追踪，当追踪线垂直于 56 线段时，鼠标停止移动，输入长度 12，得到 7 点

指定下一点或[圆弧(A)/闭合(C)/半宽(H)/长度(L)/放弃(U)/宽度(W)]：30
//同上步，追踪至 78 方向，输入长度 30，得到 8 点

指定下一点或[圆弧(A)/闭合(C)/半宽(H)/长度(L)/放弃(U)/宽度(W)]：C
//最后闭合到 1 点

根据以上绘制步骤得到闭合多边形，图 6.18(b)为绘制多点房屋追踪方式。

6.7　绘制等高线

等高线是指地形图上高程相等的各点所连成的闭合曲线。用等高线表示地貌，不但能简单而正确地显示地貌的形状，而且还能根据它较精确地求出图上任意点的高程。

6.7.1　手工绘制等高线

1. 连接地性线

自山顶至山脚用细的实线连接山脊线上各变坡点，用细虚线连接山谷线上各变坡点。通常地貌形态是山脊与山谷间隔排列，即两条分水线夹一条汇水线，两条山谷线夹一条山脊线。

2. 求等高线通过点

地性线上各点均为坡度变换点，即相邻两点之间为同一坡度。通常变坡点高程不等于基本等高线高程。需要先求出等高线通过点，再求出基本等高线的位置。在两个变坡点之间的等高线，通过点的高程可按比例内插求得。

3. 勾绘等高线

用 PLINE 将相邻的高程等值点顺序相连，为了使绘出的等高线平滑，最后对多段线进行光滑处理。

6.7.2　用程序自动绘制等高线

利用野外实测数据自动绘制等高线是数字化成图系统必须具备的功能，这也是计算机绘图中比较难解决的问题。各绘图软件都有自己绘制等高线的方法。等高线生成一般要经

过建立 DTM、DTM 编辑及等高线内插，得到高程等值点，按顺序跟踪高程等值点，最后对等高线进行平滑处理。其中还涉及等高线注记、加粗、空白区的处理以及与其他地物关系的处理等内容。由于等高线是按连接顺序存放的等高线数据文件，数据量非常大，所以在绘图时可以将地形图中的等高线进行分区，将不同区的等高线放在不同的图层上，每次只对一个图层上的等高线进行编辑，并将其他图层上的等高线冻结，这样可以提高重新生成速度。有很多测绘人员一直在探索用程序自动生成等高线的问题。

例如可以采用 VBA 在 AutoCAD 环境下进行等高线自动绘制程序开发。以 Delaunay 三角网为基础，利用等值点的插值、等高线的光滑处理等，开发出基于 AutoCAD 环境下的等高线自动生成程序。

6.8　绘制地形图图廓

6.8.1　认识地形图图廓

地形图编辑修改工作完成后，需要对图形进行分幅，加图框。图廓是图幅四周的范围线，我国大比例尺地形图测量中规定，地形图按矩形 50cm×50cm 或 40cm×50cm 标准尺寸进行分幅。由于同一测区所使用的图框除图名不同外，其他是完全相同的。因此，可将图框按图式要求绘制好后以图块形式保存，使用时直接插入图中。

地形图图廓分内外图廓线、坐标格网线、图廓文字与坐标注记等。下面以图 6.19 为例，介绍 1∶1000 大比例尺地形图图廓的绘制步骤。

6.8.2　绘制图廓线、坐标格网线

1. 绘制图廓线

绘制内外图廓线和坐标格网线并不难，关键是计算好每个直线端点的坐标。这就要了解地形图图廓的规格，例如内图廓线宽为 0.2，外图廓线宽为 0.5，内外图廓线相距 12 等。

(1)绘制内图廓线。

输入 RECTANGLE(或 REC)命令，回车。命令行提示如下：

命令：RECTANGLE

指定第一个角点或[倒角(C)/标高(E)/圆角(F)/厚度(T)/宽度(W)]：W

指定矩形的线宽<0.0000>：0.2

指定第一个角点或[倒角(C)/标高(E)/圆角(F)/厚度(T)/宽度(W)]：50，50

指定另一个角点或[尺寸(D)]：550，550

(2)绘制外图廓线。

用 OFFSET 偏移命令，将内图廓向外偏移 12，即得到外图廓，选中外图廓线，在"对象特性"对话框中，将该线宽设置为 0.5。

2. 绘制坐标格网线

打开对象捕捉(端点)，用 XLINE 命令，分别绘制水平、垂直方向的两条构造线，使

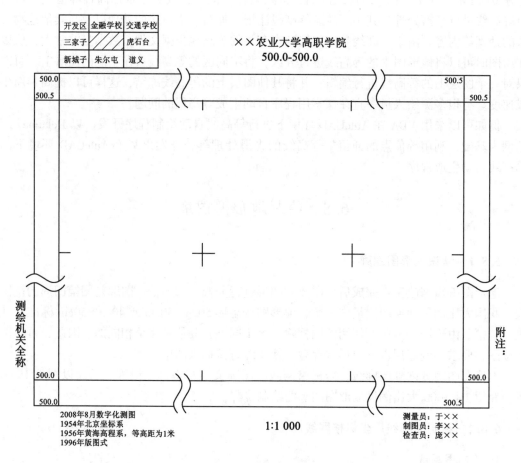

图 6.19　地形图图廓

其分别通过内图廓的上边线和左边线。依次向下、向右偏移，偏移距离均为 100，通过四次偏移，使内图廓中布满坐标网格。依次在格网线十字交点处绘制横线、竖线长度均为 10 的十字图形，然后再删除所有构造线。也可以将十字图形制作成图块，再依次插入，或者在每个格网线十字交点处绘制直径为 10 的圆，再进行修改剪切、删除。

3. 绘制四角坐标线

打开对象捕捉(端点、垂足)，用 PLINE 命令，将内图廓四边分别延长至与外图廓相交。

4. 绘制接图表

在地形图的外图廓左上方绘注该图和邻接各幅图的图名(或图号)，称为接图表。接图表左端与内图廓左边线对齐，底线与外图廓上边线间距为 3.0，接图表长为 45，宽为 24，等分为 3 行 3 列的表格，中间一格表示本图幅，常用斜阴影线表示。周围表格分别标注与其相邻的 8 个方向的图幅名称。接图表绘制步骤如下：

打开对象捕捉(端点)，用 XLINE 命令，分别绘制水平、垂直方向的两条构造线，使其分别通过外图廓的上边线和内图廓的左边线。将水平的构造线先向上偏移3，然后再依次以上一个偏移对象为基准，向上偏移8，连线偏移三次。竖直的构造线向右依次以上一个偏移对象为基准，向右偏移15，连线偏移三次。用 TRIM 剪切命令对偏移的构造线进行修剪，再利用图案填充，将接图表中间小矩形，填充斜阴影线。

当然，绘制接图表的方法有很多。例如，也可将长45、宽24的矩形的四条边分别定数等分，平均分成三份，再依次连接对应点；或使用表格绘制功能绘制更简单。

6.8.3　图廓文字注记

进行文字注记时，可以通过绘制辅助线的方法精确确定文字的位置，不同位置的文字，其属性也不同，下面以标注图名、图号为例，介绍文字标注的方法。

1. 图名注记

图名、图号均标注在外图廓上方的中央，上行为图名，一般以本图幅内最重要的地名或主要单位名称来命名，下行为图号，是根据地形图的统一分幅和编号方法编定的。图名、图号的高度分别为6、5，两行文字间距为3，图号文字距外图廓线距离为5。

（1）作辅助线。

捕捉外图廓上边线中点，向上作一竖直线，将与外图廓线上边界重合的构造线依次向上偏移5，5，3，6。以便于在交点处插入文字。

（2）标注文字。

输入 DTEXT（或 TEXT）命令，回车。或在菜单栏中点击"绘图→文字→单行文字"，命令行提示如下：

命令：DTEXT

当前文字样式：Standard　当前文字高度：6.0000

指定文字的起点或[对正(J)/样式(S)]：S

输入样式名或[？]<Standard>：

当前文字样式：Standard　当前文字高度：6.0000

指定文字的起点或[对正(J)/样式(S)]：J

[对齐(A)/调整(F)/中心(C)/中间(M)/右(R)/左上(TL)/中上(TC)/右上(TR)/左中(ML)/正中(MC)/右中(MR)/左下(BL)/中下(BC)/右下(BR)]：TC　　//设置文字对正方式

指定文字的中上点：

指定高度<6.0000>：

指定文字的旋转角度<0>：

输入文字：××农业大学高职学院

输入图号时，重复上述步骤，不同之处是文字高度是5，文字对正方式是"中上(TC)"，捕捉竖线与上数第三条线的交点，输入相应内容即可。

2. 其他文字属性信息

其他位置文字输入方式基本同以上步骤，只是相对于外图廓的位置，文字高度等有差别，现将主要参数值说明如下：

（1）坐标信息。图框左下角的测图时间、坐标系、高程基准、所用图式版本等信息。这几行文字左端都与内图廓左边线对齐，行间隔为1.0，第一行上边与外图廓的距离为3.0，字高均为3.0。

（2）标注坐标。内图廓四个角的坐标，要求字高为3.0，文字输入时，可不设对齐方式，待坐标输入完毕，逐个将其移动到正确位置。

（3）左右两侧文字标注。测绘单位全称和附注，要求文字高度为3.0，距离外图廓距离为3.0。

（4）接图表文字。接图表文字高度为2.5，要求每个文字位于小矩形中心。可分别作横纵3条辅助线，使其交点为每个小矩形的几何中心。输入文字时，将文字的对正方式选择为正中(MC)即可。文字输入完成后，再删除多余辅助线，这样更加美观、整齐。

（5）比例尺。比例尺位于外图廓正下方中央位置，与外图廓下边界距离为9.0，文字高度为4.0。

（6）绘图人员：右下角绘图人员行间隔为2.0，第一行上边与外图廓距离为5.0，文字高度为3.0。

地形图图廓各个部分检查无误后，可将其保存为".dwt"格式的文件，即存为模板，在需要时直接调用，也可以将图廓按图式要求绘制好后以图块形式保存，使用时直接插入图中。

6.9 上机实训

实训1：从《1：500　1：1000　1：2000 地形图图式》中选择 20 种点状符号，利用图块和形文件进行定制。

实训目的：掌握图块制作方法和形定义方法，培养 AutoCAD 中定制测量点状符号的能力。

操作提示：

（1）按规范尺寸绘制点状符号，若是带属性的符号，须用 ATTDEF 命令定义属性，用WBLOCK 命令制作图块，利用 INSERT 命令进行图块调用。

（2）用形定义方法制作点符号，按照 6.2.2 小节介绍的方法完成形编译、加载和调用。注意标题行和描述行的格式描述。

实训2：从《1：500　1：1000　1：2000 地形图图式》中选择 10 种线型符号进行定制。

实训目的：掌握自定义线型的方法，培养 AutoCAD 中定制测量线型符号的能力。

操作提示：

（1）参照本章 6.3 节介绍的方法，在纯文本编辑器中定义线型。

（2）对于需要用到形的线型，应预先定义好形，并完成编译，方可在线型定义中调用。

（3）注意标题行和定义行的格式描述。

实训3：利用从全站仪下载的 DAT 数据文件，在 AutoCAD 中实现批量展点。

实训目的：熟悉文本数据与 Excel 数据之间的转换与编辑方法，培养对全站仪下载的

DAT 数据进行编辑和处理能力，以及利用 Excel 数据进行批量展点的能力。

操作提示：

（1）将从全站仪下载的 DAT 数据文件导入 Excel 表，使点号、编码、Y 坐标、X 坐标、H 高程各分处一列。

（2）将 X 坐标、Y 坐标编辑到同一列中，该列单元格的数据形式为"Y 坐标，X 坐标"。

（3）复制该列，在 AutoCAD 中设置点样式，输入绘制多点命令，在命令行"指定点："提示下粘贴所复制的坐标数据，完成批量点展绘。

（4）在展点位置插入预先制作好的点符号图块，并将最初展绘的点位删除。

实训 4：绘制一幅 50cm×50cm 地形图图廓。

实训目的：熟悉地形图图廓的各种要素及规范尺寸，培养综合运用各种绘图和编辑功能绘制图形的能力。

操作提示：参考本章 6.8 节所介绍的方法进行绘制。

◎ 习题与思考题

1. AutoCAD 有哪几种坐标系统？各有什么特点？在 AutoCAD 中输入测量坐标绘制地形图时，应作怎样的处理？

2. 绘图比例和屏幕缩放比例有什么区别？

3. 绘制地形图时，为什么要将不同地类放置在不同图层？

4. 用图块定义点符号和用形定义点符号各有什么优缺点？

5. 地形图图廓包含哪些内容？绘制接图表有哪些方法？

第7章 道路工程图的绘制

【教学目标】

通过本章的学习了解各种道路工程图(道路平面图、道路纵断面图和道路横断面图)图表内容的含义,掌握各种道路工程图的绘制方法和绘制要点。

7.1 道路工程图基本知识

公路是一条带状的三维空间结构物,为了道路设计和施工的需要,要对道路进行测量,然后根据测得的数据,绘制出如下道路工程图:

(1)道路路线平面图:道路路线平面图是在已测得的地形图基础上,绘制出道路的设计路线而形成的平面图。

(2)道路纵断面图:道路纵断面图是沿路线中心线展开绘制的立面图。

(3)道路横断面图:道路横断面图是沿路线中心线垂直方向绘制的剖面图。

下面介绍道路工程图的基本知识。

7.1.1 图幅及图框

图幅是指图纸的大小,也就是图纸本身的尺寸,而图框是表示绘图范围的大小,在《道路工程制图标准》中,对图框的大小都有统一的规定,这样有利于图纸的印刷、装订和使用。图幅的图框幅面样式如图 7.1 所示,图中所标注的尺寸代号代表的规格如表 7.1 所示。

表 7.1   图幅及图框的尺寸

尺寸代号 ＼ 图幅代号	A0	A1	A2	A3	A4
b×l	841×1189	594×841	420×594	297×420	210×297
a	35	35	35	35	25
c	10	10	10	10	10

《道路工程制图标准》中规定图幅的短边不得加长,长边加长时应符合如下要求:图幅 A0、A2、A4 应为 150mm 的整倍数,图幅 A1、A3 应为 210mm 的整倍数。此外,需要缩微后存档或复制的图纸,图框四边均应具有位于图幅长边、短边中点的对中标志,并应

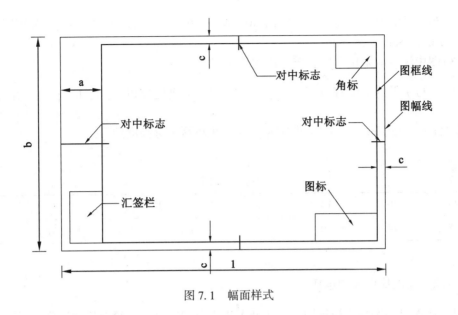

图 7.1　幅面样式

在下图框线的外侧绘制一段长 100mm 标尺，其分格为 10mm。

7.1.2　图线

图纸上图形的线条称为图线，一张图纸会采用不同的图线线型及线宽。线型包括虚线、长虚线、点画线及双点画线等；线型使用时要注意调整线型比例。一般而言，线条越长，线型比例越大，反之则越小。在绘制道路工程图时，一般规定每张图上的图线线宽不宜超过三种，此外三种线宽的比例有一定要求（如表 7.2 所示）。绘图时应根据图样比例和复杂程度，首先确定出基本线宽，然后再依据其比例关系，确定其余两种线宽。

表 7.2　　　　　　　　　　　　　　　图线的宽度

线宽类型	线宽系列				
b	1.4	1.0	0.7	0.5	0.35
0.5b	0.7	0.5	0.35	0.25	0.25
0.25b	0.35	0.25	0.18(0.2)	0.13(0.15)	0.13(0.15)

7.1.3　文字

文字是图纸中重要的组成部分，常用的文字尺寸如表 7.3 所示。当采用更大的字体时，其字高应按比例递增，文字的使用一般有如下要求：

（1）分数不得用数字与汉字混合表示。例如，五分之一应写成 $\frac{1}{5}$，不得写成 5 分之 1。不够整数位的小数数字，小数点前应加"0"定位。

（2）当图纸需要缩小复制时，图幅 A0、A1、A2、A3、A4 中汉字字高，分别不应小于 10mm、7mm、5mm、3.5mm。

（3）图中汉字应采用国家公布使用的简化汉字。

（4）大写字母的宽度宜为字高的 $\frac{2}{3}$，小写字母的高度应以 b、f、h、p、g 为准，字宽宜为字高的 $\frac{1}{2}$，a、m、n、o、c 的字宽宜为上述小写字母高度的 $\frac{2}{3}$。

表 7.3   常用文字的尺寸

字高	20	14	10	7	5	3.5	2.5
字宽	14	10	7	5	3.5	2.5	1.8

7.1.4　绘图比例尺的选择

绘图比例尺的选择应根据图形大小及图面复杂程度确定，绘图比例尺确定后，要确定非比例符号的绘制尺寸，以便按比例打印后，其大小符合相应的规格要求。当同一张图纸中的比例完全相同时，可在图标中注明，也可在图纸中适当位置采用标尺标注；当竖直方向与水平方向的比例不同时，可用 V 表示竖直方向比例，用 H 表示水平方向比例。

7.2　绘制道路路线平面图

道路路线平面图（图 7.3）是指包括公路中线在内的有一定宽度的带状地形图，是公路设计文件的重要组成部分，该图全面、清晰地反映公路平面位置和经过地区的地形、地物等，它是平面设计的重要成果之一。绘制道路路线平面图时，首先要求绘制出地形图，然后再将道路设计平面的结果绘制在地形图上，所以道路路线平面图的内容包括地形和设计路线两部分。

7.2.1　地形部分的图示内容

1.　比例尺

比例尺选择应以能清晰表达图样为准，根据地形情况的不同，地形图可采用不同的比例尺，一般常用比例尺为 1∶500 或 1∶1000；若供工程可行性研究，可采用 1∶10000 的比例尺。

2.　方位确定

为了表明该地形区域的方位及道路路线的走向，地形图样中需要标示方位。方位确定的方法有坐标网或指北针两种，如采用坐标网定位，则应在图样中绘出坐标网并注明坐标；如采用指北针，应在图样适当位置按标准画出指北针，样式如图 7.2 所示：细线圆直径为 24mm，指针尾部宽 3mm。

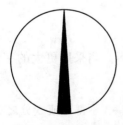

图 7.2　指北针样式

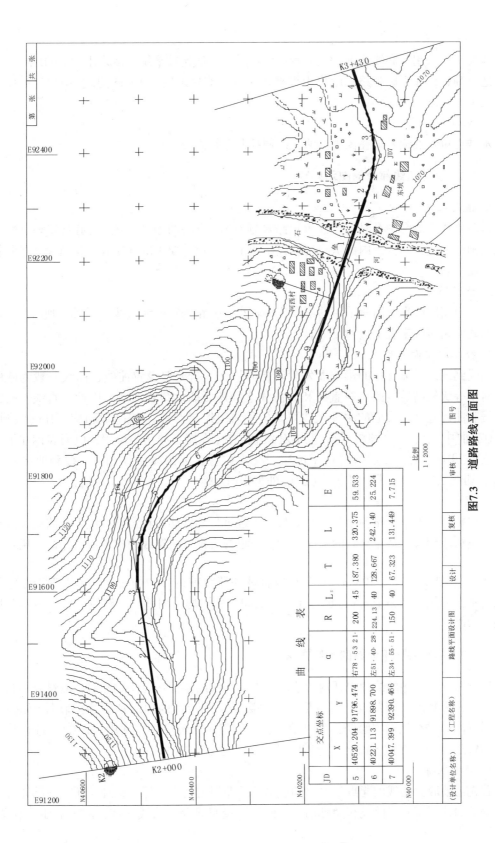

曲　线　表

JD	交点坐标		α	R	L_s	T	L	E
	X	Y						
5	40520.204	91796.474	右78·53·21·	200	45	187.380	320.375	59.533
6	40221.113	91898.700	左51·40·28·	224.13	40	128.667	242.140	25.224
7	40047.399	92390.466	左34·55·51·	150	40	67.323	131.449	7.715

比例
1 : 2000

（设计单位名称）	（工程名称）	路线平面设计图	设计	复核	审核	图号

图7.3　道路路线平面图

175

3. 地形情况

地貌一般采用等高线或地形点表示；城市道路一般比较平坦，多采用大量的地形点来表示地形高程，而山区公路一般采用等高线表示。地物采用《地形图图式》中规定的图式符号表示。

4. 水准点

水准点位置及编号应在图中注明，以便控制路线高程。

7.2.2　设计路线部分的图示内容

1. 道路红线

道路路线平面图中有时会标注出道路规划红线（道路的用地界限），道路规划红线常用双点画线表示，其范围内为道路用地，一切不符合设计要求的建筑物、构筑物、各种管线等均需拆除。

2. 设计路线

由于道路路线平面图所采用的绘图比例较小，公路的宽度无法按实际尺寸画出，因此道路路线用粗实线来表示。

3. 公路的平面线形

当受到地形或障碍物的影响而发生转折时，在转折处要设置曲线，曲线一般为圆曲线；对于等级较高的线路，在直线和圆曲线之间还要插入缓和曲线。因此，直线、圆曲线、缓和曲线是平面线形的主要组成要素，平曲线控制点有：ZH（直缓）点、HY（缓圆）点、QZ（曲中）点、YH（圆缓）点，及 HZ（缓直）点。在图纸的适当位置，应列表标注平曲线要素，其中包括：交点编号（如 JD3）、交点位置、圆曲线半径（R）、缓和曲线长度（LS）、切线长度（T）、曲线总长度（L）、外矢距（E）等。

4. 里程桩号

里程桩号反映了道路各段长度及总长，里程桩号的标注应在道路中线上从路线起点至终点，按从小到大，从左到右的顺序排列。公里桩宜标注在路线前进方向的左侧，用符号

"⏺"表示，圆的直径为 10mm；百米桩宜标注在路线前进方向的右侧，用垂直于路线的短线表示，短线长度为 15mm；也可在路线的同一侧，均采用垂直于路线的短线表示公里桩和百米桩。

7.2.3　道路路线平面图的绘制方法

道路路线平面图的绘制包括地形绘制及设计路线绘制。在道路勘测时，测量人员利用测量仪器，采集地形碎部点，然后根据这些数据采用专门的地形地籍绘图软件（如南方CASS 软件等）进行地形图绘制；如果地形相对较简单，也可直接利用 AutoCAD 进行绘制（第6章已介绍）。在此仅简要介绍道路设计路线的绘制方法。

1. 数据准备

首先需要收集路线的起点坐标、端点坐标及路线的转点坐标。此外，还必须已知每个转点处的曲线要素，以路线转角处用缓和曲线连接直线和圆曲线为例，需知道如下数据：

缓和曲线长度(LS)、圆曲线半径(R)、切线长度(T)、外矢距(E)及圆曲线所对的圆心角(α)。

2. 设置图层及文字样式

根据《道路工程制图标准》中的相应规定，对图层及文字样式进行设定。

3. 绘制设计路线

设计路线的线形包括三种，即直线、缓和曲线及圆曲线。

a. 直线的绘制

直线段可采用多段线命令 PLINE 进行绘制。绘制方法是，执行 PLINE 命令，系统提示输入坐标，然后依次输入转点坐标即可(也可以先将坐标存入记事本或 Excel 表中，执行 PLINE 命令后，将多行坐标粘贴到命令行中)。

b. 圆曲线的绘制

圆曲线的绘制步骤如下：

(1)根据圆曲线半径(R)及外矢距(E)计算出圆曲线圆心同交点(JD)的距离(R+E)。

(2)在交点(JD)处，用构造线命令 XLINE 绘制出角平分线。

(3)沿角平分线方向量取距离(R+E)，绘制出圆心(可以采用绘制单点命令绘制)。

(4)沿角平分线方向量取距离(E)，绘制出曲中(QZ)点。

(5)执行菜单"绘图→圆弧→起点、圆心、角度"后，依次指定曲中(QZ)点圆心及圆心角(α/2)，即可绘制出圆弧。

(6)执行镜像命令 MIRROR，以绘制的角分线为对称轴，镜像出另一半圆弧，然后输入命令选项"N"，保留源对象，至此，圆曲线绘制完毕，圆曲线的两个端点分别为缓圆点(HY)和圆缓(YH)点。

c. 缓和曲线的绘制

AutoCAD 没有直接绘制缓和曲线的命令，但样条曲线外形同缓和曲线较接近，所以可采用样条曲线命令 SPLINE 进行缓和曲线的绘制。如果缓和曲线较短，可以根据直缓点(ZH)和缓圆点(HY)，以及起点和端点的切线方向进行绘制，绘制方法如下：

(1)以交点(JD)为起点，沿切线方向，量出切线长(T)，画点，此点为直缓点(ZH)。

(2)执行样条曲线命令 SPLINE，然后依次在图上拾取 ZH 和 HY 点。根据命令提示，指定起点切线和端点切线方向，即可绘制出缓和曲线(端点的切线方向可以事先采用构造线命令 XLINE 进行绘制，绘制时应首先绘制出圆弧的半径，然后参照此半径输入旋转角90°即可)。

(3)如果缓和曲线较长，则需要按一定间距，内插计算缓和曲线的坐标，然后用绘制单点命令将这些坐标点展绘到 AutoCAD 中。注意计算缓和曲线采用的坐标系问题，如果所采用的坐标系同当前绘图坐标系不一致，展点前，需要重新设置 AutoCAD 的坐标系，展点后，再恢复成原坐标系，然后再用 SPLINE 命令，绘制缓和曲线。

4. 绘制百米桩标志线及公里桩标志线

首先依据比例尺的大小，用 LINE 命令绘制短线，然后通过 BLOCK 命令将其转换成图块，图块名称为"bzx"，图块的基点为直线的一个端点。然后执行如下命令：

命令：MEASURE

选择要定距等分的对象："选定道路中线"

指定线段长度或[块(B)]：B

输入要插入的块名：bzx

是否对齐块和对象？[是(Y)/否(N)]<Y>：

指定线段长度：100

经过上述操作后，即可实现百米桩标志线的绘制，但由于 AutoCAD 无法将样条曲线同直线和圆弧合并成一个整体，所以需要分段采用上述方法进行绘制；公里桩标志线可以采用直线及圆进行绘制，并对圆的一半进行填充。

5. 文字标注

首先对"文字样式"进行设定，然后采用"单行文字"工具进行文字标注，标注时根据需要选用不同的文字大小(注意文字的大小同比例尺相关)及旋转角度。

7.3 绘制道路纵断面图

通过道路中心线用假想的铅垂面进行剖切，展开后，进行正投影所得到的图样称为道路纵断面图，如图 7.4 所示。由于道路中心线是由直线和曲线组合而成的，因此垂直剖切面也就由平面和曲面组成，为了清晰地表达路线的纵断面情况，需要将此纵断面展开成为一个平面。

道路纵断面设计主要是根据道路的性质和级别等，确定纵坡的大小和各点的标高；为了汽车的行驶安全，纵坡变更处均应设置竖曲线，因而道路纵断面是由直线和竖曲线组成。道路路线纵断面图不仅反映了道路沿纵向的设计高程变化，而且还标注有地质情况、填挖情况、原地面标高、桩号等多项图示内容及数据，其内容包括图样和资料表两大部分，图样应布置在图幅上部，测设数据应采用表格形式布置在图幅下部，高程应布置在测设数据表的上方左侧，图样与测设数据的内容要对应。

7.3.1 图样部分的图示内容

1. 比例

图样中水平方向表示路线长度，垂直方向表示高程。为了清晰地反映垂直方向的高差，规定垂直方向的比例按水平方向比例放大 10 倍，如水平方向为 1∶1000，则垂直方向为 1∶100，所以图上所画出的图线坡度较实际坡度大。

2. 地面线和设计线

图样中不规则的细折线表示沿道路设计中心线处的原地面线(用细实线绘制)，原地面线是根据一系列中心桩的地面高程连接形成的。道路设计线(用粗实线绘制)表示设计路线沿中心线的纵向布置情况，它是根据地形、技术标准等设计出来的。比较设计线与地面线的相对位置，可决定填、挖地段和填、挖高度。

3. 竖曲线

在设计线纵坡度变化处，其相邻坡度差的绝对值超过一定数值时，为了有利于汽车行驶，应按《公路工程技术标准》的规定设置曲线。曲线类型包括凸曲线与凹曲线两种，两端的短竖直细实线在水平线之上为凹曲线("⌐⌐")，反之为凸曲线("⌐⌐")。

竖曲线要素(包括半径 R、切线长 T 和外矢距 E)的数值均应标注在水平线上方。如图 7.4 中 K3+810.00 桩号处设有凸形竖曲线，半径 R = 20000m，切线 T = 50m，外矢距 E = 0.063m。

4. 桥涵构造物

当路线上有桥涵时，在设计线上方桥涵的中心位置标出桥涵的名称、种类、大小及中心里程桩号。如图 7.4 所示，在桩号 K3+638.00 处设有一座钢筋混凝土 T 形梁桥。

5. 沿线水准点

水准点应按所在里程的位置标出，并注记其编号、高程和路线的相对位置；如图 7.4 中"BM6"表示在里程桩 K3+930.00 处设有 6 号水准点，其高程为 881.024m。

7.3.2 资料部分的图示内容

道路纵断面图的资料表应设置在图样下方，与图样对应，格式有多种，有简有繁，视具体道路路线情况而定，一般包括以下内容或其中几种：

(1)地质情况：道路路段土质变化情况，注明各段土质名称。

(2)坡度与坡长：斜线上方注明坡度，斜线下方注明坡长，使用单位为 m。

(3)设计高程：注明各里程桩的路面中心设计高程，单位为 m。

(4)原地面标高：根据测量结果填写各里程桩处路面中心的原地面高程，单位为 m。

(5)填挖情况：标出设计标高与原地面标高的高差。

(6)里程桩号：按比例标注里程桩号，一般设公里桩号、百米桩号(或 50m 桩号)、构筑物位置桩号及路线控制点桩号等。

(7)平面直线与曲线：平曲线用于表示道路中心线，其起止点用直角折线表示，样式包括两种："⌐⌐"(表示左偏角的平曲线)和"⌐⌐"(表示右偏角的平曲线)，且需要注明曲线的几何要素。综合平曲线和纵断面情况可反映出路线空间的线形变化。

7.3.3 道路纵断面图的绘制

道路纵断面图的第一张应画图标，注明路线名称及纵、横比例等，每张图右上角应有角标，注明图的序号及总张数。纵断面绘制采用直角坐标系，以横坐标表示里程桩号，纵坐标表示高程；一般垂直方向的比例按水平方向比例放大 10 倍，所以需要把原地面高程数据及设计路线的高程数据放大 10 倍，然后用放大后的高程替换原高程。绘制方法如下：

1. 原地面线绘制

采用多段线命令 PLINE 进行原地面线绘制，注意横坐标表示里程，纵坐标表示高程。

2. 设计线绘制

采用上述方法将设计路线的变坡点绘出，然后根据设计的曲线半径绘制出竖曲线所在的圆(利用"相切、相切、半径"命令绘制)，最后执行修剪命令 TRIM，剪掉多余的部分即可。

3. 标尺的绘制

标尺可采用多线命令 MLINE 进行绘制。方法如下：

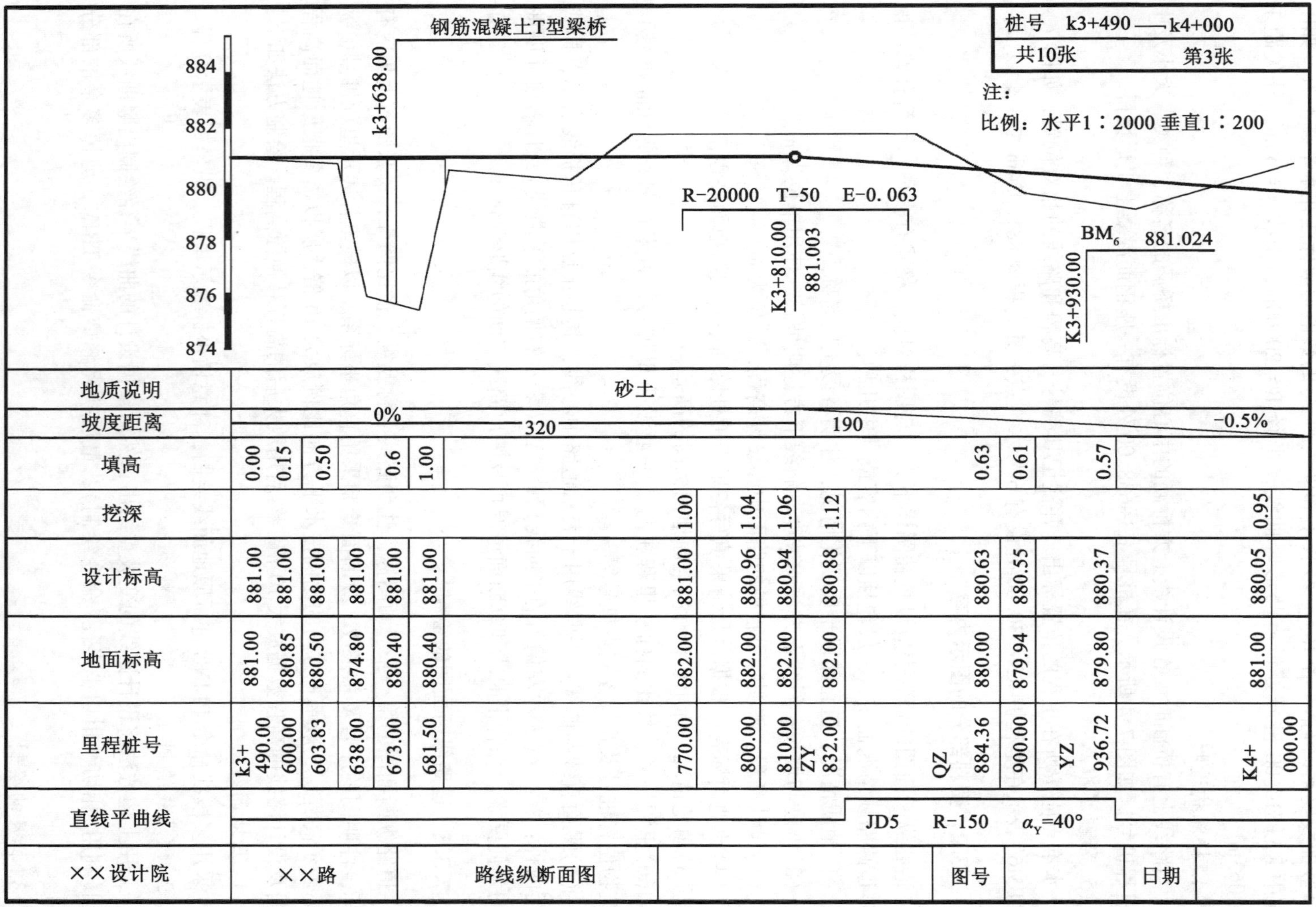

図 is a rotated engineering longitudinal profile drawing (道路纵断面图). Key text:

桩号 k3+490 — k4+000　共10张　第3张

注: 比例: 水平 1:2000 垂直 1:200

BM_6 881.024　K3+930.00

钢筋混凝土T型梁桥　k3+638.00

R=-20000　T=50　E=-0.063　881.003　K3+810.00

左标尺: 884　882　880　878　876　874

地质说明		砂土										
坡度距离	0%				320	190	-0.5%					
填高	1.00	0.6		0.50	0.15	0.00		1.00	1.06	1.12	0.63	0.61	0.57	0.95
挖深													
设计标高	881.00	881.00	881.00	881.00	881.00	881.00	882.00	882.00	882.00	882.00	880.00	880.55	880.37	880.05
地面标高	880.40	880.40	874.80	880.50	880.85	881.00	882.00	882.00	880.96	880.94	880.88	880.63	879.94	879.80
里程桩号	681.50	673.00	638.00	603.83	600.00	K3+490 000.00	770.00	800.00	810.00 ZY	832.00	882.00 QZ	880.00	900.00	YZ 936.72	K4+ 000.00
直线平曲线				××路						JD5 R=150 $\alpha_Y=40°$		路线纵断面图		
××设计院										图号				日期

图7.4 道路纵断面图

180

（1）首先定义两种多线样式，第一种多线样式是：样式名为"A"，由两条单线组成、每条单线的颜色为黑色、线型为 continuous，偏移量分别为 1 和−1，端点采用直线封口，填充颜色选择黑色；另一种多线样式：样式名为"B"，除填充颜色选择"无"以外，其余都和第一种多线样式相同。

（2）多线绘制：首先基于多线样式"A"绘制出垂直的长度为 2m 的一段多线，注意选择合理的绘制"比例"（用于控制标尺的宽度）；然后再基于多线样式"B"，以上一段多线的端点为起点绘制出垂直的长度为 2m 的一段多线。

（3）复制多线：根据地面高程的情况，多次对上两段多线进行复制，并使其首尾相连，这样标尺就绘制完成。

4. 资料表中的相关线条绘制

采用多段线命令 PLINE 进行绘制，注意合理使用偏移、复制等编辑工具。

5. 文字标注

文字样式设定后，采用"单行文字"工具进行文字标注。

7.4　绘制道路横断面图

道路横断面图(图 7.5)是在垂直于道路中线方向上绘制的断面图，其作用是表达各中心桩处地面横向起伏状况以及设计路基的形状和尺寸，它主要为路基施工提供资料数据和计算路基土石方提供面积资料，绘制时比例尺一般采用 1∶100～1∶200。

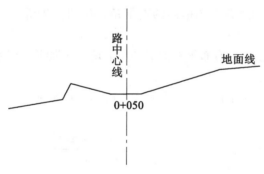

图 7.5　K0+50 处的断面图

绘制道路横断面图前，需要测得断面数据，获得的断面数据一般采用如表 7.4 所示的记录格式：以中桩点为中心，分左右两侧，记录各侧相邻地形特征点之间的平距与高差。分数的分子表示高差，分母表示平距。高差为正表示上坡，为负表示下坡。

绘制横断面图时，地面线应用细实线表示，路中心线应用细点画线表示。横断面图应顺序沿着桩号从小到大、从左至右进行绘制，并应在图的右上角，注明该张图纸的编号及横断面图的总张数。

表 7.4   横断面记录格式

左 侧	桩 号	右 侧
$\dfrac{+0.2 \quad +0.4 \quad 0 \quad -0.7}{1.6 \quad 2.2 \quad 1.7 \quad 2.0}$	K1+240	$\dfrac{+1.0 \quad +0.3 \quad +1.3 \quad +1.6}{1.5 \quad 2.0 \quad 1.8 \quad 2.0}$
……	……	……

横断面图的绘制方法是：首先依据横断面测量数据(如表 7.4 所示)，采用相对直角坐标，用 PLINE 命令绘制出地面线；然后绘制出道路中心线(注意选择合理的线型及线型比例)；最后再用"单行文字"命令进行文字标注即可。

7.5 绘制图框

图框的绘制要依据《道路工程制图标准》中的相应规定，一般将图框文件单独保存成样板(DWT)文件，以方便图框的重复使用。图框的绘制较简单，一般可采用直线或多段线命令。绘制时，注意将正交模式打开，用鼠标控制方向，线条的长度采用直接输入距离的方法。图框的绘制包括如下内容：

(1)绘制图框线及图幅线：图框线宽采用 0.7mm，图幅线采用细实线。

(2)绘制角标：角标放置在图框内的右上角，如图 7.6 所示。内框线宽为 0.25mm，外框线宽为 0.7mm。

(3)绘制图标：图标放置在图框内的右下角，如图 7.7 所示。内框线宽为 0.25mm，外框线宽为 0.7mm。

(4)绘制会签栏：会签栏宜布置在图框外左下角，外框线宽宜为 0.5mm，内分格线线宽宜为 0.25mm。

(5)绘制对中标志：对中标志的线宽宜大于或等于 0.5mm。

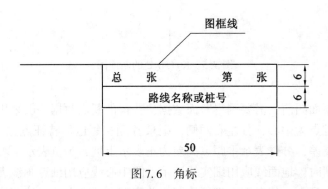

图 7.6　角标

实例 7.1：已知起点 QD(东 = 79.182，北 = 368.947)，交点 JD(东 = 432.240，北 = 231，387)，ZD(东 = 793.133，北 = 263.437)，QD 点里程为 K20+450，且根据表 7.5 中

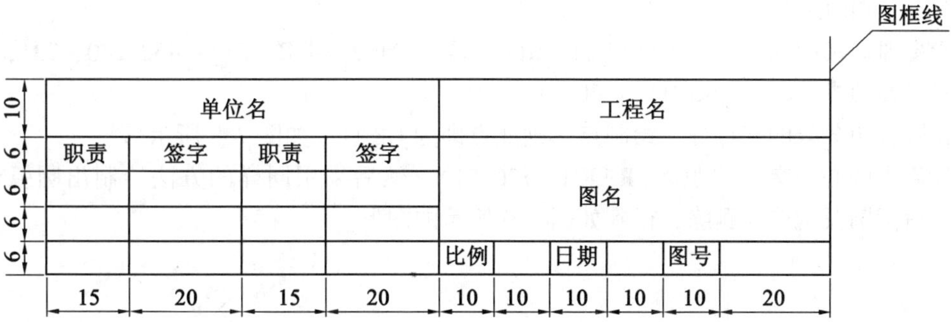

图框线

单位名				工程名					
职责	签字	职责	签字	图名					
				比例	日期		图号		

（左侧尺寸：10、6、6、6、6）
（底部尺寸：15　20　15　20　10　10　10　10　10　20）

图 7.7　图标

给出的条件，绘制道路平曲线图(绘图比例尺为 1∶1000，文字高度为 7mm)。

表 7.5

N0	α		R	L_S	L_H	T_H	E_H
	$\alpha_右$						
JD1	26°21′43″		700	160	482.07	244.26	20.51

绘制步骤如下：

a. 绘制路线导线

命令：PLINE

指定起点：79.182，368.947

当前线宽为 0.0000

指定下一个点或[圆弧(A)/半宽(H)/长度(L)/放弃(U)/宽度(W)]：432.240，231，387

指定下一点或[圆弧(A)/闭合(C)/半宽(H)/长度(L)/放弃(U)/宽度(W)]：793.133，263.437

b. 绘制圆曲线

(1)绘制角分线。

命令：XLINE

指定点或[水平(H)/垂直(V)/角度(A)/二等分(B)/偏移(O)]：b

指定角的顶点：432.240，231，387

指定角的起点：79.182，368.947

指定角的端点：793.133，263.437

(2)计算圆弧所对应的圆心角。

首先计算出：$\beta_0 = (L_S * 180°)/(2R * \pi) = 6°32′53″$。

则圆弧所对应的圆心角 $\alpha = \alpha_右 - 2\beta_0 = 13°15′57″$。

183

(3)绘制出曲中点及圆心。

命令：CIRCLE

指定圆的圆心或[三点(3P)/两点(2P)/相切、相切、半径(T)]：432.240，231，387

指定圆的半径或[直径(D)]：20.51

在圆和角分线的交点处，绘制点，则此点即为QZ点，如图7.8所示。

计算出圆心距交点的距离(R+EH=720.51)，然后采用同样的方法绘制出圆弧的圆心，之后把圆及构造线删除，得到如图7.9所示的图形。

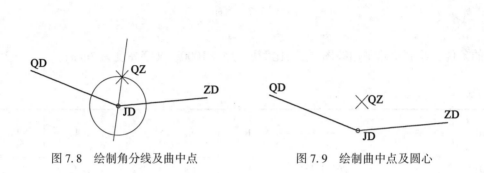

图7.8 绘制角分线及曲中点   图7.9 绘制曲中点及圆心

(4)绘制出圆曲线。计算圆弧圆心角的一半$\frac{\alpha}{2}=6°37'59''$，执行菜单"绘图→圆弧→起点、圆心、角度"，然后用鼠标依次指定曲中(QZ)、圆心(0)点，最后在命令行输入$\frac{\alpha}{2}$角度值，这样就绘制出了圆弧的一半；另一半可通过镜像命令MIRROR编辑得到。所绘制的圆弧两个端点分别为：缓圆点(HY)和圆缓点(YH)点。

c. 绘制缓和曲线

(1)绘制直缓点(ZH)和缓直点(HZ)。

以交点(JD)为圆心，切线长(244.26)为半径，画圆，则圆同路线导线的两个交点，即为直缓点(ZH)和缓直点(HZ)。

(2)内插计算缓和曲线坐标。

依据缓和曲线公式计算缓和曲线内插点坐标，计算成果如表7.6所示。

表7.6   内插计算缓和曲线坐标

至起点(ZH)的弧长	X	Y
40	40.000	0.095
80	79.993	0.762
120	119.950	2.567

184

(3)绘制缓和曲线内插坐标点。

建立用户坐标系,以直缓点(ZH)为原点,以交点(JD)为 X 轴正方向,建立用户坐标系(图 7.10),然后执行绘制多点命令,依次输入如表 7.6 所示的坐标,即可绘制出缓和曲线内插点(图 7.11),最后再将坐标系恢复为世界坐标系。

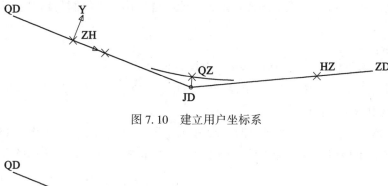

图 7.10　建立用户坐标系

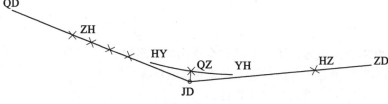

图 7.11　绘制缓和曲线内插坐标点

(4)绘制缓和曲线。

执行 SPLINE 命令,依次用鼠标拾取缓和曲线上的点,最后分别指定起点切线方向和端点切线方向,即可完成缓和曲线的绘制。缓和曲线的另一半可用镜像命令编辑获得。最后将多余的点删除,得到如图 7.12 所示图形。

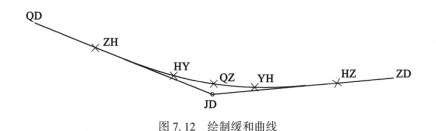

图 7.12　绘制缓和曲线

d. 绘制百米桩及公里桩标志线

百米桩及公里桩标志线用短直线(15 个图形单位)绘制,由于样条曲线无法同直线及圆弧合并,所以需要分别进行绘制,样条曲线标志线位置可借助于拉长命令及定距等分画点命令确定,且需要注意标志线要同路线相垂直。

e. 文字标注

文字标注采用 7 个图形单位的字高，用单行文字标注，注意选择合适的文字方向。

7.6　上机实训

实训 1：绘制如图 7.7 所示的图标，文字字体采用宋体，高度为 3.5。

实训目标：熟悉道路工程图图框的内容，能综合运用各种绘制与编辑工具绘制道路工程图图框。

操作提示：

(1)采用表格绘制功能或 LINE 命令绘制图标框线。

(2)采用辅助线绘出需标注文字的各单元格中心，采用"单行文字"命令进行标注，对正方式选择正中(MC)方式。

实训 2：依据表 7.4 中所列的数据，绘制道路横断面图，路中心桩号为 K5+670。

实训目标：掌握道路横断面图的绘制方法，能根据测量数据，运用绘图工具绘制道路断面图。

操作提示：

(1)采用相对直角坐标，用 PLINE 命令绘制出地面线。

(2)绘制出道路中心线，注意选择合理的线型及线型比例。

(3)用"单行文字"命令进行文字标注。

◎ **习题与思考题**

1. 道路路线平面图中包含哪些内容？

2. 道路纵断面图中包含哪些内容？

第8章 地物的三维建模

【教学目标】

传统的地形图是用特定的二维图形符号来表达实际地形地貌特征，图式符号专业性强，图形抽象。随着社会经济的发展，人们对三维电子地图的需求越来越强，利用测量数据构建三维模型，对实地进行三维表达的相关技术也迅速发展起来。

本章主要介绍 AutoCAD 2010 中三维图形绘制的一些基本知识，包括三维线框模型、三维曲面模型和三维实体模型的绘制与编辑方法。通过本章的学习，应能灵活运用三维图形对象绘制与编辑工具绘制简单的三维模型，能使用布尔运算构造复杂模型，能根据实测数据建立规则地物的三维模型。

8.1 三维建模的基础知识

8.1.1 三维几何模型

三维几何造型就是将物体的形状及其颜色、纹理等属性储存在计算机内，形成该物体的三维几何模型。AutoCAD 支持 3 种类型的三维几何模型，分别为：线框模型、曲面模型和实体模型，如图 8.1 所示。

(a)线框模型　　　　　　　(b)曲面模型　　　　　　　(c)实体模型

图 8.1　三维几何模型

1. 线框模型

是一个轮廓模型，即用线来表达三维物体。线框模型中没有面，只有描绘对象边界的点、直线和曲线。线框模型结构简单，易于绘制。但是当模型复杂时容易引起模糊理解，产生二义性。使用线框模型构造三维实体比较耗时，一般只作为构造其他模型的基础。

2. 曲面模型

是用物体的表面表达三维物体。曲面模型不仅包括线的信息，而且包括面的信息，因而可以解决图形的消隐、着色、面积计算、求两表面的交线等问题。曲面模型特别适合于构造复杂的曲面立体模型，如复杂零件、汽车、飞机等的表面，地形、地貌的显示和自然景观的模拟等。曲面模型中没有体的信息，与体有关的计算实现起来比较困难。一般情况下，只有难以建立实体模型时，才考虑建立曲面模型。

3. 实体模型

是三种模型中最高级的一种，包含了线、面、体的全部信息，信息最完整，歧义最少。利用实体模型可以解决与图形有关的所有问题，如计算实体的质量、体积等；实体模型可以进行体着色和渲染，使三维体表现出良好的可视性。在具体绘制时，可以先绘制出简单的几何实体，然后再通过布尔运算构造复杂的几何实体。

8.1.2　创建用户坐标系

在第 1 章 1.1.3 小节中提到，AutoCAD 中使用的直角坐标系有两种类型，即世界坐标系和用户坐标系。对于二维图形的绘制，世界坐标系足以满足要求。但在立体空间中创建三维模型，常会根据实际需要设定用户坐标系(UCS)，以方便三维模型的绘制。图 8.2 为世界坐标系和用户坐标系在二维和三维视图中的表现形式。

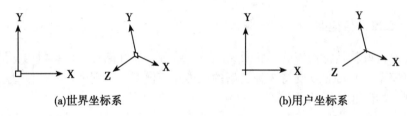

(a)世界坐标系　　　　　　　　　(b)用户坐标系

图 8.2　坐标系图示

1. 执行方式

● 命令行：UCS；

● 菜单栏：工具→"新建 UCS"中的任一项；

● 工具栏：UCS→⌐ ；

● 功能区：视图标签→坐标面板→⌐ 。

2. 操作步骤

输入命令，回车。命令行提示：

当前 UCS 名称：＊世界＊

指定 UCS 的原点或[面(F)/命名(NA)/对象(OB)/上一个(P)/视图(V)/世界(W)/X/Y/Z/Z 轴(ZA)]<世界>：　　　//选择坐标系原点位置，如图 8.3 中的 1 点

(1)指定 UCS 的原点：使用一点、两点或三点定义一个新的 UCS。如果指定单个点，回车结束命令。此时，当前 UCS 的原点将会移动而不会更改 X、Y 和 Z 轴的方向。

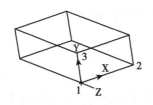
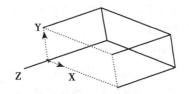

图 8.3 三点确定用户坐标系　　　　图 8.4 选择面确定用户坐标系

(2)面(F)：将 UCS 与三维实体的选定面对齐。要选择一个面，请在此面的边界内或面的边上单击，被选中的面将高亮显示(如图 8.4 中的虚线框所示)，UCS 的 X 轴将与找到的第一个面上最近的边对齐。

(3)对象(OB)：根据选定三维对象定义新的坐标系。新建 UCS 的拉伸方向(Z 轴正方向)与选定对象的拉伸方向相同。

对于大多数对象，新 UCS 的原点位于离选定对象最近的顶点处，并且 X 轴与一条边对齐或相切。对于平面对象，UCS 的 XY 平面与该对象所在的平面对齐；对于复杂对象，将重新定位原点，但轴的当前方向保持不变。

(4)视图(V)：以垂直于观察方向的平面为 XY 平面，创建新的坐标系，UCS 原点保持不变。

(5)世界(W)：将当前用户坐标系设置为世界坐标系。WCS 是所有用户坐标系的基准，不能被重新定义。

(6)X/Y/Z：绕指定轴旋转当前 UCS。

(7)Z 轴(ZA)：利用指定的 Z 轴正半轴定义 UCS。

8.1.3 观察模式

AutoCAD 2010 大大增强了图形的观察功能，在增强原有的动态观察功能和相机功能的同时，又增加了漫游和飞行及运动路径动画的功能。这里只介绍下面这几种观察模式。

1. 动态观察

利用动态观察器，可以实时地控制和改变当前视口中创建的三维视图，以得到期望的效果。动态观察分为三类，分别是受约束的动态观察、自由动态观察和连续动态观察。

(1)受约束的动态观察。

● 命令行：3DORBIT；

● 菜单栏：视图→动态观察→受约束的动态观察；

● 快捷菜单：启动任意三维导航命令后，在视口中右击，打开快捷菜单，然后单击"其他导航模式"，选择"受约束的动态观察"命令；

● 工具栏：动态观察→ ✥ 或三维导航→ ✥。

执行上述操作后，视图的目标将保持静止，而视点将围绕目标移动。但是，从用户的视点看就像三维模型正在随着光标的移动而旋转，用户可以用此方式指定模型的任意视图。

系统显示三维动态观察光标图标。如果水平拖动鼠标，相机将平行于世界坐标系（WCS）的 XY 平面移动。如果垂直拖动鼠标，相机将沿 Z 轴移动。

（2）自由动态观察

- 命令行：3DFORBIT；
- 菜单栏：视图→动态观察→自由动态观察；
- 快捷菜单：启动任意三维导航命令后，在视口中右击，打开快捷菜单，然后单击"其他导航模式"，选择"自由动态观察"命令；
- 工具栏：动态观察→ 🪐 或三维导航→ 🪐 。

执行上述操作后，在当前视口出现一个绿色的大圆，在大圆上有 4 个绿色的小圆，如图 8.5(b)所示。此时通过拖动鼠标就可以对视图进行旋转观察。

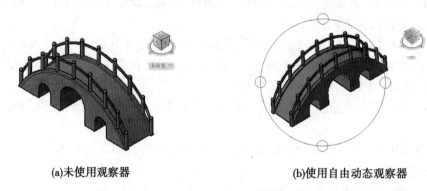

(a)未使用观察器　　　　　　　　(b)使用自由动态观察器

图 8.5　使用自由动态观察器观察实体

在三维动态观察器中，查看目标的点被固定，可以利用鼠标控制相机位置绕观察对象得到动态的观察效果。当光标在绿色大圆的不同位置进行拖动时，光标的表现形式是不同的，视图的旋转方向也不同。

（3）连续动态观察。

- 命令行：3DCORBIT；
- 菜单栏：视图→动态观察→连续动态观察；
- 快捷菜单：启动任意三维导航命令后，在视口中右击，打开快捷菜单，然后单击"其他导航模式"，选择"连续动态观察"命令；
- 工具栏：动态观察→ 🪐 或三维导航→ 🪐 。

执行上述操作后，绘图区出现动态观察图标，按住鼠标左键拖动，图形按鼠标拖动的方向旋转，旋转速度为鼠标拖动的速度。

2. 视图控制器

使用视图控制器功能，可以方便地转换方向视图。

（1）执行方式。

- 命令行：NAVVCUBE；

●菜单栏：视图→显示→ViewCube。

（2）操作步骤。

输入命令，回车。命令行提示如下：

输入选项［开(ON)/关(OFF)/设置(S)]<ON>：

上述命令控制视图控制器的打开与关闭，当打开该功能时，绘图区的右上角自动显示视图控制器。如图 8.5(a)和(b)中右上角所示即为视图控制器。

单击控制器的显示面或指示箭头，界面图形就自动转换到相应的方向视图。单击控制器上的按钮，系统回到西南等轴测视图。

3. 视图

在 AutoCAD 中，要从各个角度观察实体模型，除了上述几种方法外，还可以通过改变视图的方法调整视角。常用的视图有俯视、仰视、左视、右视、前视、后视、西南等轴测、东南等轴测、西北等轴测和东北等轴测。执行方式如下：

●菜单栏：视图→三维视图→(选择相应的选项)；
●工具栏：视图→(点取相应的图标)；
●功能区：视图选项卡→视图面板→(选择相应的选项)。

8.2 线框模型的绘制

线框模型是一种用轮廓线来表达三维物体的模型。在三维数字城市建设中，利用三维激光扫描仪对建筑等规则地物进行扫描，可以快速获得目标物的点云数据，每一个点均具有 X、Y、H 三维坐标和颜色信息，利用这些点云数据，可以在 AutoCAD 中精确绘制三维线框。本节主要介绍线框模型的绘制方法。

8.2.1 绘制与编辑命令

由于线框模型中没有面，只有描绘对象边界的点、直线和曲线。因此，绘制线框模型主要用到两类命令：二维绘图与编辑命令、用户坐标系。

在绘制的模型体上会有很多面，在每一个面上进行绘图操作之前都要将用户坐标系的 XY 平面与该面重合或平行，之后再用相应的二维绘图工具(如多段线、椭圆、圆弧、参照线、射线、圆环、文字及标注等)绘制面上的图形，同时也可以用二维编辑工具(如镜像、偏移、阵列、修剪、延伸、圆角、倒角等)编辑面上的对象。

8.2.2 建筑物线框的绘制

绘制如图 8.6 所示的建筑物线框模型，尺寸自定义。

操作步骤：

1. 绘制房屋的投影底面

新建一幅图，选择"绘图→多段线"命令，根据提示按实际尺寸绘制房子的底面投影线框，绘制结果如图 8.7 所示。

2. 绘制房屋的立面

(1)改变用户坐标系,将坐标原点移动到图 8.8(a)中所示 1 点位置。

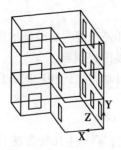

图 8.6 三维线框模型绘制实例

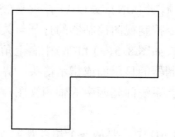

图 8.7 绘制底面投影线框

命令:UCS

当前 UCS 名称:＊世界＊

指定 UCS 的原点或[面(F)/命名(NA)/对象(OB)/上一个(P)/视图(V)/世界(W)/X/Y/Z/Z 轴(ZA)]<世界>:   //单击 1 点作为坐标原点

指定 X 轴上的点或<接受>:   //回车确认

(2)将用户坐标系坐标原点移到了要绘制的立面墙一角,但如果要绘制墙边线还要将坐标系以 X 轴为旋转轴旋转 90°。效果如图 8.8(b)所示。

命令:UCS

当前 UCS 名称:＊没有名称＊

指定 UCS 的原点或[面(F)/命名(NA)/对象(OB)/上一个(P)/视图(V)/世界(W)/X/Y/Z/Z 轴(ZA)]<世界>:X   //选择 X 轴作为旋转轴

指定绕 X 轴的旋转角度<90>:90   //输入要旋转的角度,回车确认

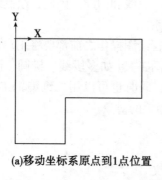

(a)移动坐标系原点到1点位置   **(b)以X轴为旋转轴旋转坐标系90°**

图 8.8 改变用户坐标系

(3)为了方便观看,选择"视图→动态观察→自由动态观察"命令,旋转结果如图 8.9 所示。

(4)绘制 1 面边线。选择"绘图→多段线"命令,方法与二维多段线绘制方法相同,按

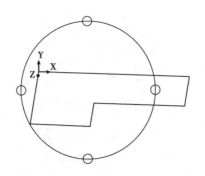

图 8.9　使用自由动态观察器后的图形

实际尺寸绘制墙面边线。绘制第 1 面立面墙结果如图 8.10(a)所示。

(5)改变用户坐标系，绘制第 2 面墙边线。输入"UCS"，以 Y 轴为旋转轴，坐标系旋转 90°。之后，选择"绘图→多段线"命令绘制第 2 面的边线，绘制结果如图 8.10(b)所示。

(6)输入"UCS"，移动用户坐标系原点到图 8.10(c)所示的位置，选择"绘图→多段线"命令绘制第 3、第 4 面墙的边线。

(7)改变用户坐标系，绘制第 5、第 6 面墙的边线。输入"UCS"，选择 Y 轴作为旋转轴将坐标系旋转 90°，单击"绘图→多段线"命令，绘制第 5、6 面墙边线。绘制结果如图 8.10(d)所示。

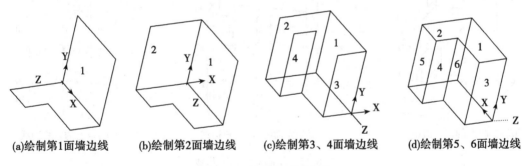

(a)绘制第1面墙边线　　(b)绘制第2面墙边线　　(c)绘制第3、4面墙边线　　(d)绘制第5、6面墙边线

图 8.10　绘制立面墙边线

3. 绘制各层的顶面和底面

首先，改变用户坐标系，以便在该平面或与该平面平行的平面上进行操作。输入"UCS"，选择以 X 为旋转轴，旋转角度为-90°，改变后的用户坐标系如图 8.11 所示。

因各个底面形状都是相同的，所以可以用相应的二维编辑命令绘制，这里使用复制命令。绘制结果如图 8.11 所示。

4. 绘制窗户边线

(1)改变用户坐标系，以便在要绘制窗户的立面上进行绘图操作。输入"UCS"，选择

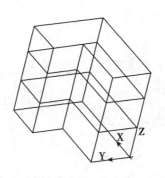

图 8.11　绘制各层底面、顶面边线

以 X 轴为旋转轴,将坐标系旋转 90°,以立面 1 为 XY 平面,接下来要在此平面上绘制窗户。

（2）绘制 1 面上的窗户。选择"绘图→多段线"命令,绘制完一个窗户以后,因各个窗户大小一样,可以使用 COPY、MIRROR 或 ARRAY 等二维编辑命令来完成。绘制完成后,可选择"视图→动态观察→自由动态观察"命令观看视图。绘制结果如图 8.12(a)所示。

（3）绘制立面 6 上的窗户,与现有 XY 平面平行的平面上的窗户可以在不改变用户坐标系的情况下绘制。绘制结果如图 8.12(b)所示。

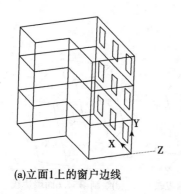

(a)立面1上的窗户边线

(b)立面6上的窗户边线

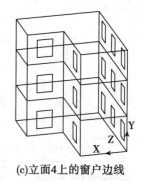

(c)立面4上的窗户边线

图 8.12　绘制立面窗户边线

（4）绘制不与 XY 平面平行的立面 4 上的窗户,要先建立用户坐标系。输入"UCS",选择 Y,当前用户坐标系旋转 90°,再在立面 4 上绘制窗户,完成三维线框模型的绘制。绘制结果如图 8.12(c)所示。

8.3　曲面模型的绘制

在 AutoCAD 中,三维曲面大致包括基本三维曲面和特殊三维曲面。基本三维曲面分为长方体表面、棱锥面、楔体表面、上(下)半球面、球面、圆锥面、圆环面等。特殊三维曲面分为三维面、多边形网格、旋转曲面、直纹曲面、平移曲面、边界曲面等。

8.3.1 基本三维曲面的绘制

在命令行输入 3D，回车。命令行提示如下：

正在初始化…　　已加载三维对象。

输入选项

[长方体表面(B)/圆锥面(C)/下半球面(DI)/上半球面(DO)/网格(M)/棱锥体(P)/球面(S)/圆环面(T)/楔体表面(W)]：

根据提示输入相应的选项，例如输入 B 绘制长方体表面。

指定角点给长方体：　　　　//根据需要，选择一个点

指定长度给长方体：　　　　//输入长度值

指定长方体表面的宽度或[立方体(C)]：　　　　　　//输入表面宽度

指定高度给长方体：　　　　//输入高度值

指定长方体表面绕 Z 轴旋转的角度或[参照(R)]：　　　　//输入旋转的角度

表 8.1 所示为基本三维曲面的绘制命令。

表 8.1　　　　　　　　　　　　　　基本三维曲面绘制命令

功能	命令	功能	命令
长方体表面	AI_BOX	棱锥面	AI_PYRAMID
楔体表面	AI_WEDGE	上(下)半球面	AI_DOME(AI_DISH)
球面	AI_SPHERE	圆锥面	AI_CONE
圆环面	AI_TORUS		

8.3.2 特殊三维曲面的绘制

1. 绘制三维面

(1)执行方式。

• 命令行：3DFACE；

• 菜单：绘图→建模→网格→三维面。

(2)操作步骤。

输入命令，回车。命令行提示：

指定第一点或[不可见(I)]：

指定第一点：输入第一点的坐标或用鼠标指定一点，以定义三维面的起点。在输入第一点后，可按顺时针或逆时针方向输入其余的点，以创建普通三维面。如果在输入第 4 点后按回车键，则以指定的 4 点生成一个空间三维平面。如果在提示下继续输入第二个平面上的第三点和第四点坐标，则生成第二个平面。该平面以第一个平面的第三点和第四点作为第二个平面的第一点和第二点，创建第二个三维平面。继续输入点可以创建用户要创建的平面，按回车键结束。

不可见：控制三维面各边的可见性，以便建立有孔对象的正确模型，如果在输入某一边之前输入 I，则可以使该边不可见。

实例 8.1：绘制如图 8.13 所示的三维踏步面。

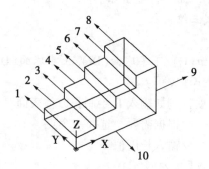

图 8.13　三维踏步面绘制实例

操作步骤如下：

a. 设置视点

新建一幅图，输入"Vpoint"，改变视点为（-0.7，-1，1）。

b. 绘制踏步面

（1）输入"3DFACE"，指定点的坐标（0，0，0）、（0，600，0）、（0，600，160）、（0，0，160）创建第 1 面，如图 8.14（a）所示；

（2）输入第三点坐标（265，0，160），第四点坐标（265，600，160）创建第 2 面，如图 8.14（b）所示；

（3）输入第三点坐标（265，600，320），第四点坐标（265，0，320）创建第 3 面，如图 8.14（c）所示；

（4）输入第三点坐标（530，0，320），第四点坐标（530，600，320）创建第 4 面，如图 8.14（d）所示；

（5）输入第三点坐标（530，600，480），第四点坐标（530，0，480）创建第 5 面，如图 8.14（e）所示；

（6）输入第三点坐标（795，0，480），第四点坐标（795，600，480）创建第 6 面，如图 8.14（f）所示；

（7）输入第三点坐标（795，600，640），第四点坐标（795，0，640）创建第 7 面，如图 8.14（g）所示；

（8）输入第三点坐标（1060，0，640），第四点坐标（1060，600，640）创建第 8 面，如图 8.14（h）所示；

（9）输入第三点坐标（1060，600，0），第四点坐标（1060，0，0）创建第 9 面，如图 8.14（i）所示；

（10）输入第三点坐标（0，0，0），第四点坐标（0，600，0）创建第 10 面，回车，完成踏步面的绘制，如图 8.14（j）所示。

196

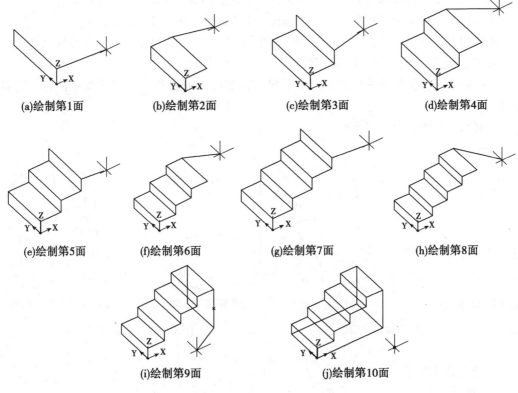

(a)绘制第1面　　　(b)绘制第2面　　　(c)绘制第3面　　　(d)绘制第4面

(e)绘制第5面　　　(f)绘制第6面　　　(g)绘制第7面　　　(h)绘制第8面

(i)绘制第9面　　　(j)绘制第10面

图 8.14　踏步面的绘制步骤

2. 绘制直纹网格

(1)执行方式。

- 命令行：RULESURF；
- 菜单：绘图→建模→网格→直纹网格。

(2)操作步骤。

输入命令，回车。命令行提示：

当前线框密度：SURFTAB1＝6

选择第一条定义曲线：　　　//指定第一条曲线，图 8.15(a)中直线

选择第二条定义曲线：　　　//指定第二条曲线，图 8.15(a)中曲线

绘制结果如图 8.15(b)所示。

3. 绘制平移网格

(1)执行方式。

- 命令行：TABSURF；
- 菜单：绘图→建模→网格→平移网格。

(2)操作步骤。

输入命令，回车。命令行提示：

当前线框密度：SURFTAB1 = 6

选择用作轮廓曲线的对象：　　//选择一个轮廓曲线，图 8.16(a)中的多边形

选择用作方向矢量的对象：　　//选择一个方向线，图 8.16(a)中的直线

轮廓曲线：可以是直线、圆弧、圆、椭圆、二维或三维多段线。AutoCAD 从轮廓曲线上离选定点最近的点开始绘制曲面。

方向矢量：指出形状的拉伸方向和长度。在多段线或直线上选定的端点决定拉伸的方向。

绘制结果如图 8.16(b)所示。

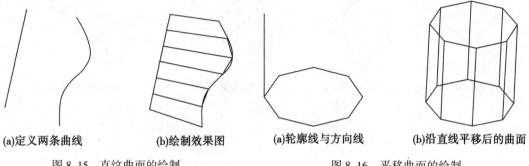

(a)定义两条曲线　　　　　(b)绘制效果图　　　　(a)轮廓线与方向线　　　(b)沿直线平移后的曲面

图 8.15　直纹曲面的绘制　　　　　　　　图 8.16　平移曲面的绘制

4. 绘制边界网格

(1)执行方式。

• 命令行：EDGESURF；

• 菜单：绘图→建模→网格→边界网格。

(2)操作步骤。

输入命令，回车。命令行提示：

当前线框密度：SURFTAB1 = 6　　SURFTAB2 = 6

选择用作曲面边界的对象 1：　　//选择边界线，图 8.17(a)中的一条边线，回车

再根据命令行提示，顺序选择图 8.17(a)中其余的边线，绘制结果如图 8.17(b)所示。

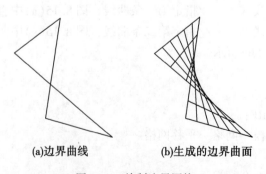

(a)边界曲线　　　　　　(b)生成的边界曲面

图 8.17　绘制边界网格

198

5. 绘制旋转曲面

（1）执行方式。

• 命令行：REVSURF；

• 菜单：绘图→建模→网格→旋转网格。

（2）操作步骤。

输入命令，回车。命令行提示：

当前线框密度：SURFTAB1＝6　SURFTAB2＝6

选择要旋转的对象：　　　　//指定已绘制好的直线、圆弧、圆或二维、三维多段线

选择定义旋转轴的对象：　　　　//指定已绘制好的用作旋转轴的直线或是开放的二维、三维多段线

指定起点角度<0>：　　　　//输入角度值或按 ENTER 键

指定包含角（＋＝逆时针，－＝顺时针）<360>：　　　　//输入角度值或按 ENTER 键

图 8.18 为某路灯的绘制示意图。图 8.18（a）中的二维线条，旋转 360°后得到图 8.18（b）所示路灯的曲面模型。

(a)旋转轴和旋转轮廓线　　　(b)旋转360° 后的图形　　　(c)从不同角度观察

图 8.18　绘制旋转网格

起点角度如果设置为非零值，平面将从生成路径曲线位置的某个偏移处开始旋转。"包含角"用来指定绕旋转轴旋转的角度。系统变量 SURFTAB1 和 SURFTAB2 用来控制生成网格的密度。SURFTAB1 指定在旋转方向上绘制的网格线的数目，SURFTAB2 将指定绘制的网格线数目进行等分。

8.4　实体模型的绘制

8.4.1　基本三维实体的绘制

基本三维实体有多种，这里以绘制多段体为例进行介绍。

绘制多段体：通过 POLYSOLID 命令，将现有的直线、二维多段线、圆弧或圆转换为具有矩形轮廓的实体。多段体可以包含曲线线段，但是在默认情况下轮廓始终为矩形。

1. 执行方式

• 命令行：POLYSOLID；

• 菜单：绘图→建模→多段体；

• 工具栏：建模→📐。

2. 操作步骤

输入命令，回车。命令行提示：

指定起点或[对象(O)/高度(H)/宽度(W)/对正(J)]<对象>：　　//在屏幕上选取第一点

指定下一个点或[圆弧(A)/放弃(U)]：　　//在屏幕上选取第二点

指定下一个点或[圆弧(A)/放弃(U)]：　　//在屏幕上选取第三点

指定下一个点或[圆弧(A)/闭合(C)/放弃(U)]：　　//回车结束

(1)对象(O)：指定要转换为实体的对象。可以将直线、圆弧、二维多段线、圆等转换为多段体。

(2)高度(H)：指定实体的高度。

(3)宽度(W)：指定实体的宽度。

(4)对正(J)：使用该命令定义轮廓时，可以将实体的宽度和高度设置为左对正、右对正或居中。对正方式由轮廓的第一条线段的起始方向决定。

表8.2　　　　　　　　　　　　　基本三维实体绘制命令

功能	命令	功能	命令
多段体	POLYSOLID	球体	SPHERE
长方体	BOX	楔体	WEDGE
圆柱体	CYLINDER	棱锥体	PYRAMID
圆锥体	CONE	圆环体	TORUS

表8.2列出了 AutoCAD 的基本三维实体绘制命令，如果要绘制表中所列实体，可以在命令行输入相应命令，或选择菜单"绘图→建模"中的相应命令，或在"建模"工具栏中选取相应的图标，根据命令行的提示进行操作，即可完成相应的实体绘制。绘制出的基本三维实体如图8.19所示。

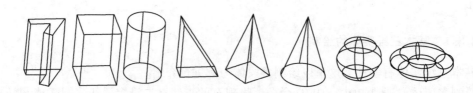

图8.19　三维基本实体

200

8.4.2 二维图形生成三维实体

1. 通过拉伸二维对象创建实体

a. 执行方式

• 命令行：EXTRUDE；

• 菜单：绘图→建模→拉伸；

• 工具栏：建模→ ⬚ 。

b. 操作步骤

输入命令，回车。命令行提示：

选择要拉伸的对象：　　　//选择要拉伸的对象

指定拉伸的高度或[方向(D)/路径(P)/倾斜角(T)]：　　　//输入要拉伸的高度或选择其他选项

(1)指定拉伸的高度：通过指定一个高度值来确定拉伸后的实体。高度值为正时，表示沿坐标系 Z 轴的正方向拉伸对象；当高度值为负时，则会沿 Z 轴负方向拉伸对象。

(2)方向(D)：可以为拉伸对象指定一个拉伸方向。

(3)路径(P)：通过给要拉伸的对象指定一条路径来拉伸实体，拉伸的路径可以是直线、圆、椭圆、圆弧、椭圆弧、多段线或样条曲线。路径既不能与轮廓共面，也不能具有高曲率的区域。

(4)倾斜角(T)：用于拉伸的倾斜角是两个指定点间的距离。默认情况下，角度为 0°，则表示在与二维对象所在平面垂直的方向上进行拉伸，如图 8.20(b)所示。当指定拉伸角度时，其取值范围为-90°~90°，正值表示从基准对象逐渐变细，如图 8.20(c)所示；负值则表示从基准对象逐渐变粗，如图 8.20(d)所示。

(a)拉伸前　　(b)拉伸倾角为0°　　(c)拉伸倾角为10°　　(d)拉伸倾角为-10°

图 8.20　拉伸圆绘制拉伸实体

如果使用直线或圆弧绘制轮廓，必须使用 PEDIT 命令将它们转换为单个多段线对象，或者在使用 EXTRUDE 命令之前将其转变为面域。另外，利用 EXTRUDE 命令不能拉伸三维对象、包含在块中的对象、有交叉或横断部分的多段线，或非闭合多段线；拉伸多段线封闭图形时，多段线的顶点数不能超过 500 个或不少于 3 个。

实例8.2：基于地形图(图 8.21(a))和相应的建筑高度，对建筑物进行拉伸建模。

操作步骤如下：

(1)输入命令"boundary"，先对四栋建筑的投影平面建立面域；

（2）输入命令"extrude"，根据建筑的实际高度和相应的绘图比例尺进行拉伸，拉伸结果如图 8.21(b)所示。

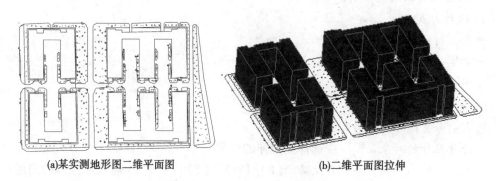

(a)某实测地形图二维平面图   (b)二维平面图拉伸

图 8.21　通过二维拉伸绘制三维模型

2. 通过旋转二维对象创建实体

a. 执行方式

• 命令行：REVOLVE；

• 菜单：绘图→建模→旋转；

• 工具栏：建模→⬚⬚。

b. 操作步骤

输入命令，回车。命令行提示：

当前线框密度：　　ISOLINES＝4

选择要旋转的对象：　　//选择绘制好的二维对象，图 8.22(a)中的圆

选择要旋转的对象：　　//继续选择对象或按回车键结束选择

指定轴起点或根据以下选项之一定义轴[对象(O)/X/Y/Z]<对象>：　　//选择绘制好的二维对象，图 8.22(a)中的直线

绘制结果如图 8.22(b)所示。

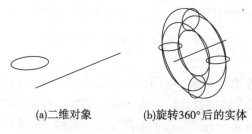

(a)二维对象　　　(b)旋转360°后的实体

图 8.22　旋转二维对象绘制实体

（1）指定旋转轴的起点：通过两个点来定义旋转轴。AutoCAD 将按指定的角度和旋转轴旋转二维对象。

202

（2）对象（O）：选择已经绘制好的直线或用多段线命令绘制的直线段为旋转轴线。

（3）X/Y/Z：将二维对象绕当前坐标系（UCS）的X（Y或Z）轴旋转。

3. 通过扫掠创建实体

a. 执行方式

• 命令行：SWEEP；

• 菜单：绘图→建模→扫掠；

• 工具栏：建模→ 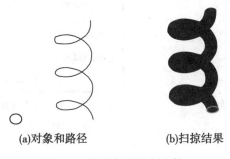。

b. 操作步骤

输入命令，回车。命令行提示：

当前线框密度：ISOLINES＝4

选择要扫掠的对象：　　　　//选择图8.23（a）中的圆

选择要扫掠的对象：　　　　//继续选择对象或按回车键结束选择

选择扫掠路径或［对齐（A）/基点（B）/比例（S）/扭曲（T）］：　　　//选择图8.23（a）中的螺旋线

绘制结果如图8.23（b）所示。

(a)对象和路径　　　　　　(b)扫掠结果

图8.23　通过扫掠绘制实体

（1）对齐：指定是否对齐轮廓以使其作为扫掠路径切向的法向。默认情况下，轮廓是对齐的。

（2）基点：指定扫掠对象的基点。如果指定的点不在选定对象所在的平面上，该点将被投影到该平面上。

（3）比例：指定比例因子以进行扫掠操作。从扫掠路径的开始到结束，比例因子将统一应用到扫掠的对象。

（4）扭曲：设置被扫掠对象的扭曲角度。扭曲角度指定沿扫掠路径全部长度的旋转量。

4. 通过放样创建实体

a. 执行方式

• 命令行：LOFT；

• 菜单：绘图→建模→放样；

● 工具栏：建模→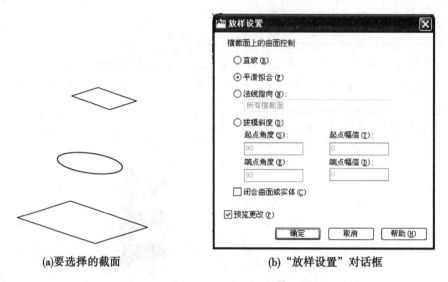。

b. 操作步骤

输入命令，回车。命令行提示：

按放样次序选择横截面：　　　　//按放样顺序选择，如图 8.24(a)中下层的长方形

按放样次序选择横截面：　　　　//按放样顺序选择，如图 8.24(a)中中间的圆

按放样次序选择横截面：　　　　//按放样顺序选择，如图 8.24(a)中上层的长方形

按放样次序选择横截面：　　　//回车结束选择

输入选项[导向(G)/路径(P)/仅横截面(C)]<仅横截面>：

(a)要选择的截面　　　　　　　　(b)"放样设置"对话框

图 8.24　通过放样中"导向"选项绘制实体

(1)仅横截面：选择该选项，系统打开"放样设置"对话框，如图 8.24(b)所示。其中有 4 个单选按钮选项，不同的选项将得到不同的放样效果。

(2)导向：指定控制放样实体或曲面形状的导向曲线。导向曲线是直线或曲线，可通过将其他线框信息添加至对象来进一步定义实体或曲面的形状。

(3)路径：指定放样实体或曲面的单一路径。图 8.25 为使用路径选项绘制的实体。

5. 通过拖曳创建实体

a. 执行方式

● 命令行：PRESSPULL；

● 工具栏：建模→。

b. 操作步骤

输入命令，回车。命令行提示：

单击有限区域以进行按住或拖动操作。

选择有限区域后，按住鼠标并拖动，对相应的区域进行拉伸。如图 8.26 所示，选择图 8.26(a)中的多边形面域，拉伸后的结果如图 8.26(b)所示。

204

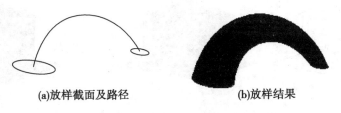

(a)放样截面及路径　　　　　(b)放样结果

图 8.25　通过放样中"路径"选项绘制实体

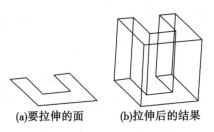

(a)要拉伸的面　　　(b)拉伸后的结果

图 8.26　通过拖曳绘制实体

8.4.3　布尔运算

布尔运算在数学的集合运算中得到广泛应用，AutoCAD 也将该运算应用到实体的创建过程中。用户可以对三维实体对象进行下列布尔运算：并集 ⬤⬤、差集 ◎◎ 和交集 ⬤⬤，如图 8.27 所示。通过布尔运算可以将多个简单的实体构造成一个复杂的实体。

(a)两个圆形面域　　　　(b)并集　　　　(c)差集　　　　(d)交集

图 8.27　布尔运算

图 8.28(a)中所示的是地面上两个长方体：尺寸分别为 80×80×60 和 70×70×60 的同心长方体，一个四棱锥形房顶，有一个 5×20×20 的窗户，一个 5×18×38 的门，共五个实体，通过布尔运算得到墙壁厚为 5 的房屋，结果如图 8.28(b)所示。

8.4.4　实体的显示控制

影响实体的显示主要有三个因素：素线的数量、对象的轮廓、曲面的面数，分别对应变量 ISOLINES、DISPSILH、FACETRES。

1. 利用 ISOLINES 改变实体的曲面轮廓素线

在 AutoCAD 中，实体的弯曲曲面在线框模式下用线条的形式显示，这些线称为"素

(a)原图   (b)差集

图 8.28   差运算效果

线"。当实体具有曲面时，用户可以利用 ISOLINES 变量控制素线的条数。

输入命令，回车。命令行提示：

输入 ISOLINES 的新值<4>：

ISOLINES 的有效范围是 0~2047 的整数，默认为 4。ISOLINES 的值越大，则曲面的素线条数越多，实体看起来也越接近于三维实物(图 8.29)，但是 AutoCAD 生成图形时花费的时间也越多。

2. 利用 DISPSILH 控制是否显示实体轮廓

输入命令，回车。命令行提示：

输入 DISPSILH 的新值<0>：

DISPSILH 变量的值设置为 0 时，执行 HIDE 命令，结果如图 8.30(a)所示。

DISPSILH 变量的值设置为 1 时，执行 HIDE 命令会使曲面的小平面隐藏，只显示曲面的轮廓边，执行结果如图 8.30(b)所示。

DISPSILH 设置适用于所有的视口，但 HIDE 命令仅针对于某个视口，用户可以对不同的视口设置不同的 HIDE 效果；如果要消除 HIDE 效果，只需执行 REGEN 或 REGENALL 命令即可。

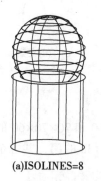

(a)ISOLINES=8   (b)ISOLINES=50   (a)DISPSILH=0   (b)DISPSILH=1

图 8.29   ISOLINES 变量对实体显示的影响   图 8.30   DISPSILH 变量对实体显示的影响

3. 利用 FACETRES 改变实体的曲面面数

当执行 HIDE、REGEN 等命令时，控制实体显示的另一变量 FACETRES 起作用，此时 AutoCAD 用很多小平面代替实体的每一个面。

输入命令，回车。命令行提示：

输入 FACETRES 的新值<0.5000>：

FACETRES 的有效范围是 0.01~10，默认值为 0.5。要使执行 HIDE 和 REGEN 命令时 FACETRES 设置生效，必须禁止轮廓显示，也即将 DISPSILH 变量设置为 0。图 8.31 显示了 FACETRES 设置对实体显示的影响。

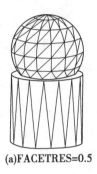

(a)FACETRES=0.5　　　　　(b)FACETRES=3

图 8.31　FACETRES 变量对实体显示的影响

小平面越多，曲面看起来越光滑，但在执行 HIDE 和 REGEN 命令时所花费的时间也越多。

8.4.5　带窗墙体的绘制

绘制如图 8.32 所示的带窗墙体。

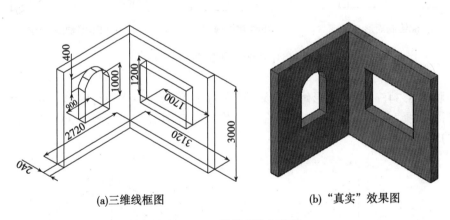

(a)三维线框图　　　　　(b)"真实"效果图

图 8.32　三维模型绘制实例

操作步骤：

(1)新建一图形文件，选择"绘图→建模→多段体"，根据命令行提示，在命令行中输入 H，将高度设为 3000；输入 W，将宽度设为 240，在绘图窗口中绘制长度分别为 2600 和 3000 的两段墙体，如图 8.33 所示。

(2)选择"视图工具栏→前视"，再选择"绘图工具栏→矩形"命令，单击"对象捕捉工具栏→捕捉自"命令，单击 a 点，输入图 8.34(a)中所示 b 点相对于 a 点的坐标(@800,

207

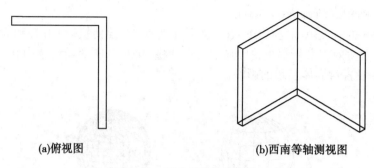

(a)俯视图   (b)西南等轴测视图

图 8.33   用多段体绘制墙体

1000)，再输入长方形右上角顶点相对于 b 点的坐标(@900，1000)，完成矩形绘制。

（3）选择"绘图工具栏→圆弧"命令，单击图 8.34(b)中 a 点，选择"对象捕捉工具栏→捕捉自"命令，单击矩形上边中点 b，输入(@0，400)，单击 c 点，完成圆弧绘制。如图 8.34(b)所示，图 8.34(c)为西南等轴测视图。

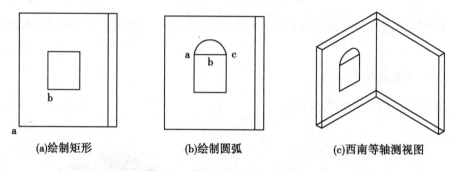

(a)绘制矩形   (b)绘制圆弧   (c)西南等轴测视图

图 8.34   绘制弧形窗户二维图形

（4）将图 8.34(c)中的图形修剪为如图 8.35(a)所示的一个闭合图形，并合并为多段线。之后，选择"绘图→建模→拉伸"命令，将该闭合图形拉伸为图 8.35(b)所示的厚度为 240 的窗体。

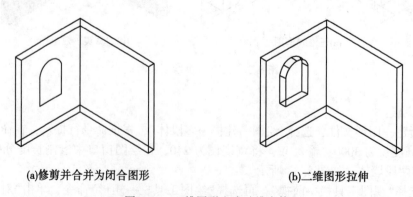

(a)修剪并合并为闭合图形   (b)二维图形拉伸

图 8.35   二维图形生成三维实体

（5）选择"视图工具栏→左视"，再选择"绘图工具栏→矩形"命令，单击"对象捕捉工具栏→捕捉自"命令，单击 a 点，输入图 8.36（a）中 b 点相对于 a 点的坐标（@-800，1000），再输入长方形左上角顶点相对于 b 点的坐标（@-1700，1200），完成矩形绘制。效果如图 8.36 所示。

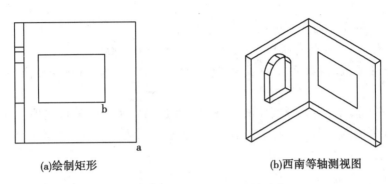

(a)绘制矩形　　　　　　　　　　(b)西南等轴测视图

图 8.36　绘制矩形小窗户二维图形

（6）选择"绘图→建模→拉伸"命令，将图 8.36（b）中的矩形拉伸为图 8.37（a）所示的厚度为 240 的长方体。将视觉样式设置为"真实"，效果如图 8.37（b）所示。

（7）选择建模工具栏上的"差集"命令，将图形中的弧形和矩形窗户减去，完成模型的绘制。效果如图 8.38 所示。

(a)矩形拉伸　　　　(b)视觉样式设置为"真实"

图 8.37　矩形拉伸为实体　　　　　　　　图 8.38　布尔运算"差集"

8.5　三维实体的操作与编辑

8.5.1　三维实体操作

1. 倒角

与平面图形的倒角与圆角命令相同，可以利用这两个命令进行三维实体的倒角与圆角操作。

a. 执行方式

- 命令行：CHAMFER；
- 菜单：修改→倒角；
- 工具栏：修改→◻；
- 功能区：常用→修改面板→◻▪→◻▪。

b. 操作步骤

输入命令，回车。命令行提示：

（"修剪"模式）当前倒角距离 1=0.0000，距离 2=0.0000

选择第一条直线或[放弃(U)/多段线(P)/距离(D)/角度(A)/修剪(T)/方式(E)/多个(M)]：

选择第一条直线：指选择实体的一条边，此选项为系统的默认选项。选择某条边以后，与此边相邻的两个面中，其中一个面的边框就变成虚线。选择实体上要倒角的边后出现如下提示：

基面选择…

输入曲面选择选项[下一个(N)/当前(OK)]<当前(OK)>：

该提示要求选择基面，默认选项是当前，即以虚线表示的面作为基面。如果选择"下一个(N)"，则与所选边相邻的另一个面将作为基面。选择基面后，会继续出现如下提示：

指定基面的倒角距离：　　//输入基面上的倒角距离

指定其他曲面的倒角距离<60.0000>：　　　//输入与基面相邻的另外一个面上的倒角距离

选择边或[环(L)]：

选择边：指确定需要进行倒角的边，此项为系统的默认选项。选择基面的某一边后，AutoCAD 出现如下提示：

选择边或[环(L)]：

在此提示下，按回车键对已选择的边进行倒直角，也可以继续选择其他需要倒直角的边。

选择环：指对基面上所有的边都进行倒直角。

图 8.39 为长方体倒角效果。

(a)倒角前图形　　　　(b)边倒角结果　　　　(c)环倒角结果

图 8.39　长方体倒角

2. 圆角

a. 执行方式

210

- 命令行：FILLET；
- 菜单：修改→圆角；
- 工具栏：修改→▢；
- 功能区：常用→修改面板→▢。

b. 操作步骤

输入命令，回车。命令行提示：

当前设置：模式=修剪，半径=0.0000

选择第一个对象或[放弃(U)/多段线(P)/半径(R)/修剪(T)/多个(M)]：

输入圆角半径：　　　//输入圆角半径

选择边或[链(C)/半径(R)]：

选择"链"选项，表示与此边相邻的边都被选中进行倒圆角的操作。

图8.40为长方体圆角效果。

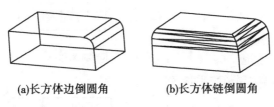

(a)长方体边倒圆角　　　　　(b)长方体链倒圆角

图8.40　长方体圆角

3. 干涉检查

干涉检查主要是通过对比两组对象或一对一地检查所有实体来检查实体模型的干涉（三维实体相交或重叠的区域），系统将在实体相交处创建和高亮显示临时实体。

干涉检查常用于检查装配体立体图是否干涉，从而判断设计是否正确。

a. 执行方式

- 命令行：INTERFERE；
- 菜单：修改→三维操作→干涉检查。

b. 操作步骤

输入命令，回车。命令行提示：

选择第一组对象或[嵌套选择(N)/设置(S)]：　　　//选择图8.41(a)中的圆柱体

选择第一组对象或[嵌套选择(N)/设置(S)]：　　　//回车

选择第二组对象或[嵌套选择(N)/检查第一组(K)]<检查>：　　　//选择图8.41(a)中的长方体

选择第二组对象或[嵌套选择(N)/检查第一组(K)]<检查>：　　　//回车

系统打开"干涉检查"对话框，如图8.42所示，对话框列出了找到干涉对数量，并可以通过"上一个"和"下一个"按钮来高亮显示干涉对，如图8.41(b)所示。

(1)设置：执行该选项，系统打开"干涉设置"对话框，如图8.43所示，可以设置干涉的相关参数。

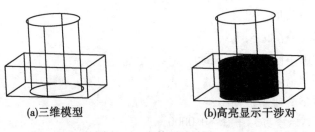

(a)三维模型   (b)高亮显示干涉对

图 8.41 实体干涉检查

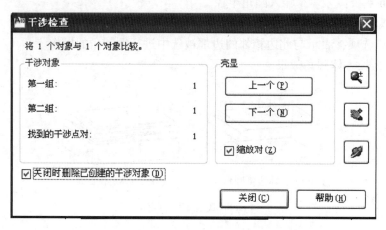

图 8.42 "干涉检查"对话框

（2）嵌套选择：执行该选项，可以选择嵌套在块和外部参照中的单个实体对象。

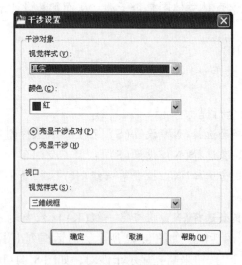

图 8.43 "干涉设置"对话框

4. 剖切

a. 执行方式

• 命令行：SLICE；

• 菜单：修改→三维操作→剖切。

b. 操作步骤

输入命令，回车。命令行提示：

选择要剖切的对象：   //选择要剖切的实体

选择要剖切的对象：   //继续选择或按 ENTER 键结束选择

指定切面的起点或[平面对象(O)/曲面(S)/Z轴(Z)/视图(V)/XY平面(XY)/YZ平面(YZ)/ZX平面(ZX)/三点(3)]<三点>：

(1)平面对象：将所选择的对象所在平面作为剖切面。

(2)曲面：将剪切平面与曲面对齐。

(3)Z轴：通过平面上指定一点和在平面的 Z 轴(法线)上指定另一点来定义剖切平面。

(4)视图：以平行于当前视图的平面作为剖切面。

(5)XY/YZ/ZX：将剖切平面与当前用户坐标系(UCS)的 XY 平面/YZ 平面/ZX 平面对齐。

(6)三点：根据空间三个点确定的平面作为剖切面，确定剖切面后，系统会提示保留一侧或两侧。

图 8.44 为实体剖切只保留一侧的效果。

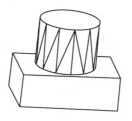 

(a)剖切前的三维实体   (b)剖切后的三维实体

图 8.44 剖切实体

5. 三维对齐

a. 执行方式

• 命令行：3DALIGN；

• 菜单：修改→三维操作→三维对齐；

• 工具栏：建模→ 🔲。

b. 操作步骤

输入命令，回车。命令行提示：

选择对象：   //选择要对齐的对象

选择对象：　　　//选择下一个对象或按 ENTER 键结束选择

指定源平面和方向...

指定基点或[复制(C)]：　　　//单击图 8.45(a)中的点 1

指定第二个点或[继续(C)]<C>：　　　//单击图 8.45(a)中的点 2

指定第三个点或[继续(C)]<C>：　　　//单击图 8.45(a)中的点 3

指定目标平面和方向...

指定第一个目标点：　　　//单击图 8.45(a)中的点 1′

指定第二个目标点或[退出(X)]<X>：　　　//单击图 8.45(a)中的点 2′

指定第三个目标点或[退出(X)]<X>：　　　//单击图 8.45(a)中的点 3′

　　一点对齐和两点对齐操作方法同三点对齐，只是在中间过程进行选择。图 8.45 为三点对齐效果。

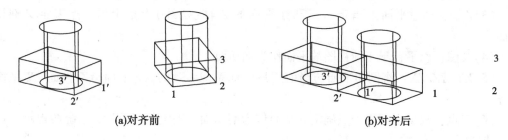

(a)对齐前　　　　　　　　　　(b)对齐后

图 8.45　三点对齐操作

8.5.2　三维实体编辑

　　三维实体编辑命令有很多，操作方法与二维编辑有类似之处，现以拉伸面为例，介绍三维实体编辑的使用方法。

　　1. 执行方式

　　●命令行：SOLIDEDIT；

　　●菜单：修改→实体编辑→拉伸面；

　　●工具栏：实体编辑→▣。

　　2. 操作步骤

　　输入命令，回车。命令行提示：

　　实体编辑自动检查：　　SOLIDCHECK=1

　　输入实体编辑选项[面(F)/边(E)/体(B)/放弃(U)/退出(X)]<退出>：F

　　输入面编辑选项

　[拉伸(E)/移动(M)/旋转(R)/偏移(O)/倾斜(T)/删除(D)/复制(C)/颜色(L)/材质(A)/放弃(U)/退出(X)]<退出>：E

　　选择面或[放弃(U)/删除(R)]：　　　//选择要拉伸的面

　　选择面或[放弃(U)/删除(R)]：　　　//继续选择面或按 ENTER 键结束选择

指定拉伸高度或[路径(P)]:

指定拉伸的倾斜角度<0>:

指定拉伸高度：按指定高度值来拉伸面，之后指定拉伸的倾斜角度，回车完成拉伸操作。

路径：沿指定的路径曲线拉伸面。如图 8.46 所示。

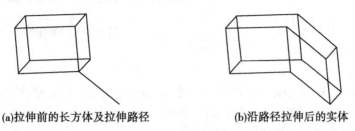

(a)拉伸前的长方体及拉伸路径　　　　　(b)沿路径拉伸后的实体

图 8.46　沿路径拉伸面

基本三维实体编辑命令除了拉伸面外，还有：移动面、偏移面、删除面、旋转面、倾斜面、复制面、着色面、着色边、复制边等。它们的执行方法如上面的拉伸面一样都有三种：命令行输入 SOLIDEDIT 命令回车后，根据提示选择相应编辑选项；选择下拉菜单"修改→实体编辑"中的相应命令；实体编辑工具栏中的相应命令。

三维实体编辑还可通过夹点编辑功能完成，操作与二维夹点编辑相似，不再赘述。

8.5.3　多孔桥的绘制

绘制如图 8.47 所示的多孔桥。

图 8.47　多孔桥

操作步骤：

1. 绘制长方体

新建一图形文件，调整为"西南等轴测"视图，打开"正交"，选择"建模→长方体"，在视图中绘制一个 31700×3000×6800 的长方体，如图 8.48 所示。

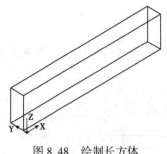

图 8.48　绘制长方体　　　　　　　　　　　　　图 8.49　绘制矩形

2. 绘制矩形

将视图切换为"前视"图，选择"绘图→矩形"命令，单击"对象捕捉工具栏→捕捉自"命令，单击 a 点，输入坐标(@3000，0)，再输入长方形右上角顶点的相对坐标(@2000，6000)，完成矩形绘制，结果如图 8.49 所示。

3. 绘制圆弧

(1)选择"绘图→圆弧"命令，捕捉矩形角点 a 作为圆弧起点，然后选用"对象捕捉工具栏→捕捉自"命令，捕捉矩形上边中点 b，在命令行输入(@0，300)，然后确认后捕捉 c 点，完成圆弧绘制，如图 8.50(a)所示。

(2)将图形修剪为如图 8.50(b)所示的一个闭合图形，并合并为多段线。

4. 拉伸形成桥孔

将视图切换为"西南等轴测"视图，选择"绘图→建模→拉伸"命令，将多段线拉伸 −3000，形成桥孔。效果如图 8.51 所示。

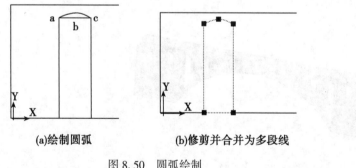

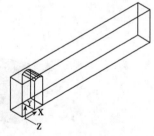

(a)绘制圆弧　　　　　　(b)修剪并合并为多段线

图 8.50　圆弧绘制　　　　　　　　　　图 8.51　拉伸实体

5. 阵列桥孔

选择"修改→三维操作→三维阵列"命令，单击桥孔，选择矩形阵列方式，将列数设置为 11 列，列间距设为 2370，效果如图 8.52 所示。

6. 剖切位于两端最外侧的桥孔

(1)选择"绘图→直线"，连接 ab 两点，然后将直线 ab 向上移 3600，如图 8.53 所示。

(2)选择"修改→三维操作→剖切"，单击要剖切的桥孔，根据提示选择上移直线的两端点，再单击桥孔上侧，完成剖切操作。

216

(3)重复第(2)步,完成另一端桥孔剖切,如图 8.54 所示。

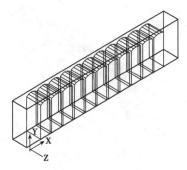

图 8.52 阵列实体

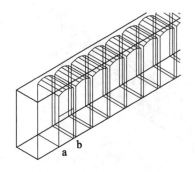

图 8.53 绘制直线并移动

7. 绘制弧线

切换到"前视"图,选择"绘图→圆弧"命令,捕捉 a 点,然后单击"对象捕捉工具栏→捕捉自"命令,捕捉位于正中的多边形的圆弧中点 b,在命令行输入(@0,-800),再捕捉 c 点,完成圆弧绘制。如图 8.55 所示。

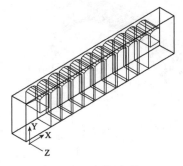

图 8.54 剖切实体

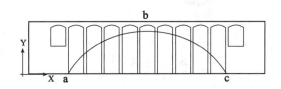

图 8.55 绘制弧线

8. 将弧线拉伸成曲面

将视图调整为"西南等轴测",选择"绘图→建模→拉伸"命令,将圆弧拉伸为曲面,拉伸高度为-3000,如图 8.56 所示。

9. 剖切弧面下方的对象

选择"修改→三维操作→剖切",选取要剖切的对象,在命令行输入 S,再选择刚绘制的圆弧曲面,回车完成剖切,再删除弧面下方多余的对象,结果如图 8.57 所示。

10. 差集运算

选择"实体编辑→差集"命令,对剖切过的长方体和桥孔执行差运算,得到镂空孔洞的桥体,如图 8.58 所示。

11. 曲面加厚

选择"修改→三维操作→加厚"命令,在视图中选择曲面,指定厚度为370,结果如图 8.59 所示。

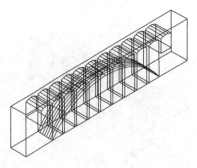

图 8.56　弧线拉伸成曲面

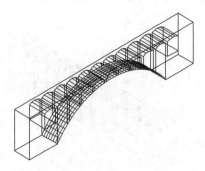

图 8.57　剖切对象

12. 并集运算

使用"实体编辑→并集"命令，选择视图中所有实体对象，按回车键完成操作。将视觉样式设置为"概念"，所绘制的多孔桥效果如图 8.47 所示。

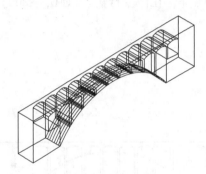

图 8.58　差集运算

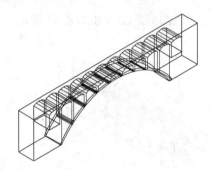

图 8.59　曲面加厚

8.6　上机实训

实训 1：绘制螺旋楼梯实体模型，根据图 8.60(a)和(b)中的尺寸进行绘制，绘制的效果如图 8.60(c)所示。

实训目的：学会识读投影平面图，掌握三维图形(圆柱体、螺旋体等)的绘图方法，掌握三维编辑命令(剖切、三维阵列、移动、扫掠等)及布尔运算(并集、差集)的使用。

操作提示：

(1)根据投影平面图中的尺寸绘制相应的三维图形，再通过不同的视图对绘制的三维图形进行编辑。

(2)使用三维编辑命令，如剖切、三维阵列、移动、扫掠等，完成螺旋楼梯的编辑。

(3)最后用布尔运算完成螺旋楼梯模型的绘制。

实训 2：绘制如图 8.61(d)所示的坡屋顶建筑物实体模型。

实训目的：掌握三维基本实体的绘制方法，二维对象生成三维图形的方法，干涉检查

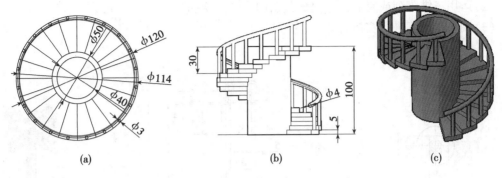

(a)   (b)   (c)

图 8.60　螺旋楼梯绘制

及布尔运算等操作。

操作提示：

(1)分解三维实体中相应的部分，观察哪些可以通过拉伸来完成。

(2)改变视图，绘制坡屋顶三角部分的二维投影图，利用二维拉伸完成房顶的绘制。

(3)用干涉检查进行两个屋顶重叠部分的检测，用布尔运算进行差集和并集操作，使各部分实体合为一个整体。

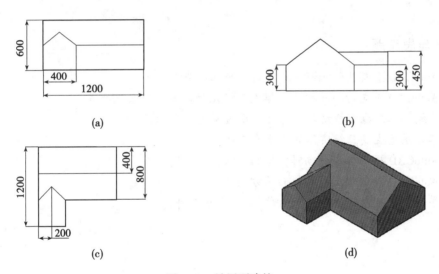

(a)   (b)

(c)   (d)

图 8.61　坡屋顶建筑

实训 3：根据图 8.62 中标注的尺寸，绘制路灯的实体模型，如图 8.62(c)所示。

实训目的：熟练运用用户坐标系，掌握三维图形的绘制及编辑方法、由二维图形生成三维图形的方法及布尔运算。

操作提示：

(1)根据图 8.62(a)、(b)中的尺寸绘制灯杆、单个灯和灯座，再通过干涉检查和布尔运算差集完成灯的绘制。

（2）运用三维阵列或复制命令完成其余四个灯的绘制。

（3）用布尔运算进行实体合并。

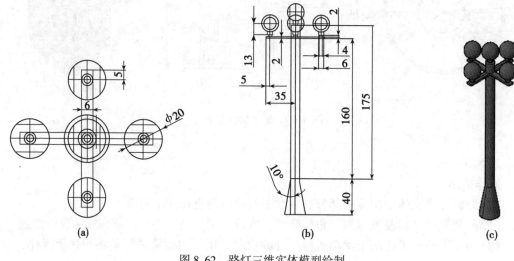

图 8.62　路灯三维实体模型绘制

◎ **习题与思考题**

1. AutoCAD 有哪几种坐标系统？各有什么特点？

2. AutoCAD 中支持的三维几何模型有哪几种？各有什么优缺点？

3. 在绘制三维线框模型时，为什么要定义用户坐标系？

4. 二维图形生成三维实体的方法有哪些？

5. AutoCAD 提供哪几种编辑实体的方法？

6. AutoCAD 提供哪几种编辑面的方法？

7. 举例说出可以转换为曲面的对象(不少于 5 种)。

第9章 图形输入、输出和打印

【教学目标】

通过本章的学习，理解图形的输入和输出、模型空间和图纸空间、布局和浮动视口等基本概念；掌握图形的输入、输出方法，能正确地创建布局并进行页面设置，能通过布局页面设置在图纸空间和模型空间中正确地打印不同比例尺的图形。

9.1 图形的输入与输出

AutoCAD 提供了图形输入与输出接口，不仅可以将其他应用程序中处理好的数据传送给 AutoCAD，以显示其图形，还可以把它们的信息传送给其他应用程序。

9.1.1 输入图形

输入图形是指把已有的其他图形文件链接到当前图形中，但不像插入块那样把块的图形数据全部存储在当前图形中。

1. 使用光栅图像和插入其他对象

光栅图像是指以光栅数据格式存储的数字图像，如数码相机拍摄的照片、用扫描仪扫描得到的图像等。在 AutoCAD 中，光栅图像可以将外部图像文件附着到当前图形中，一旦附着图像，就可以像对待块一样将它重新附着多次，每次插入可以有自己的剪裁边界、亮度、对比度、褪色度和透明度。

(1)图像附着

用户可以通过如下几种方式对图像进行附着：

- 命令行：IMAGEATTACH；
- 命令别名：IAT；
- 菜单栏：插入→插入光栅图像参照(I)…；
- 工具栏：点击 📷 按钮，然后选择选项"附着(A)…"。

执行命令后，系统弹出的"选择参照文件"对话框，从中选择欲附着的图像文件，然后弹出如图 9.1 所示的"附着图像"对话框，根据要求选择复选框，按"确定"按钮即可把光栅图像附着到当前图形中。"附着图像"对话框中各选项的含义如下：

- 名称：附着图像的文件名。
- 插入点：指定插入基点的位置。
- 缩放比例：指定图像的比例因子。

● 旋转角度：指定图像的旋转角度。

● 显示细节：列出图像的详细信息，如图像分辨率、图像像素和图像单位大小、当前采用的尺寸单位等。

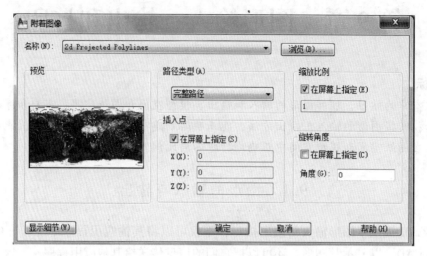

图 9.1 "附着图像"对话框

（2）光栅图像

用户可以通过如下几种方式插入光栅图像：

● 命令行：IMAGE；

● 命令别名：IM；

● 菜单栏：插入→外部参照。

执行以上操作，则弹出"外部参照"对话框。该对话框中各选项的含义与前面第 4 章介绍的"外部参照"对话框类似，这里不再赘述。

（3）插入其他对象

利用"插入"菜单的文件格式输入，AutoCAD 可将其他文件格式转换为 AutoCAD 图形，具体可输入的格式包括：

● 3D Studio：输入 Autodesk 3ds MAX 文件". 3ds"；

● ACIS 实体：输入 ACIS 实体造型文件". sat"；

● 二进制图形交换：输入二进制格式图形交换文件". dxb"；

● Windows 图元文件：输入 Windows 图元文件". wmf"。

2. 对象的链接和嵌入

链接和嵌入都是把信息从一个文档插入到另一个文档中，它们都可在合成文档中编辑源信息。它们的区别在于：如果将一个对象作为链接对象插入到 AutoCAD 中，则该对象仍保留与源对象的关联。当对源对象或链接对象进行编辑时，两者将都发生改变。若将对象嵌入到 AutoCAD 中，则它不再保留与源对象的关联，当对源对象或链接对象进行编辑时，彼此互不影响。

利用"插入"菜单，也可以插入其他 OLE(对象链接和嵌入)应用程序。

用户可以通过如下几种方式实现对象的链接和嵌入：

- 命令行：INSERTOBJ；
- 命令别名：IO；
- 菜单栏：插入→OLE 对象。

执行以上操作，将弹出如图 9.2 所示的"插入对象"对话框，该对话框中各选项的含义如下：

新建：提供插入列表中的对象类型。

由文件创建：指定创建的文件，可通过"浏览"选项查找，并可设置是否进行链接。

结果：显示选择插入对象的文件类型。

显示为图标：显示选择插入对象的文件类型图标，可通过"更改图标"改变文件类型的图标。

图 9.2 "插入对象"对话框

9.1.2 输出图形

输出图形是指在 AutoCAD 模型空间中，将已绘制好的矢量图形按照一定的数据格式存储在磁性介质中，以便于保存，同时与其他软件进行文件格式转换。

属于 AutoCAD 图形格式有四种：通用格式(.dwg)、标准格式(.dws)、图形样板(.dwt)和 ASCII 文本格式(.dxf)。由于上述图形格式与 AutoCAD 版本有关，低版本保存的图形可以在高版本的 AutoCAD 中打开，反之则不能。因此要注意 AutoCAD 的这种兼容性。

上述四种类型的格式可通过点击菜单"文件→另存为(A)…"来实现。如图 9.3 所示的"另存为"对话框，先选择"文件类型"，然后输入"文件名"，最后按"保存"按钮。

点击菜单"文件→输出(E)…"，可实现 AutoCAD 的图形与其他软件进行交换。执行该命令后，弹出如图 9.4 所示的"输出数据"对话框，从下拉列表框中选择文件的输出类型，如图元文件、ACIS、平版印刷、封装 PS、DXX 提取、位图及块等。

图 9.3 "另存为"对话框

图 9.4 "输出数据"对话框

设置了文件的输出路径、名称及文件类型后，单击对话框中的"保存"按钮，系统将以指定格式保存图形对象。

AutoCAD 支持的输出文件格式有以下几种类型：

位图文件(* . bmp)：使用命令 BMPOUT 在图形中创建一个与设备无关的位图图像。AutoCAD 创建位图(BMP)文件时将其压缩。压缩文件占据较少的磁盘空间，但有些应用程序可能无法读取这些文件。

图元文件(* . wmf)：许多 Windows 应用程序都使用 WMF 格式。WMF(Windows 图元文件格式)文件包含了矢量图形或光栅图形格式。AutoCAD 只在矢量图形中创建 WMF 文件。矢量格式比其他格式允许更快的平移和缩放。通常在 Microsoft Office 中调用与编辑。

EPS 文件(* . eps)：PostScript 封装文件。许多桌面发布应用程序使用 PostScript 文件格式，其高分辨率的打印能力使其更适用于光栅格式。将图形转换为 PostScript 格式后，可以使用 PostScript 字体。当用 PostScript 格式将文件输出为 EPS 文件时，一些 AutoCAD 对象(如文字、属性等)将被特别渲染。

ACIS 文件(* . sat)：实体建模文件格式，可将修剪过的 NURBS 曲面、面域和三维实体的 AutoCAD 对象输出到 ASCII(SAT)格式的 ACIS 文件中。其他一些对象，例如线和圆弧，将被忽略。

STL 文件(* . stl)：实体对象立体印刷文件。STL 文件格式与平版印刷设备(SLA)的文件格式兼容。实体数据以三角形网格面的形式转换为 SLA。SLA 工作站使用这个数据定义代表部件的一系列层面。

DXX 文件(* . dxx)：格式提取文件，该文件实际上是 AutoCAD 图形交换文件格式(* . dxf)的子集，其中只包括块参照、属性和序列结束对象。DXF 格式提取不需要样板。从文件扩展名". dxx"可将这种输出文件与普通 DXF 文件区分开来。

9.1.3 模型空间与图纸空间

模型是指用户绘制的二维或者三维图形，模型空间是完成绘图和设计工作的工作空间。使用在模型空间中建立的模型可以完成二维或三维物体的造型，并且可以根据需要用多个二维或三维视图来表示物体，同时配有必要的尺寸标注和注释等来完成所需要的全部绘图工作。在模型空间中，可以通过 VPORTS 命令创建多个不重叠的(平铺)视口以展示图形的不同视图。

图纸空间又称为布局图，它完全模拟图纸页面。在绘图之前或之后要安排图形的输出布局，确定模型空间的图形在图纸上出现的位置。图纸空间与模型空间类似，用户也可激活浮动视口直接在图纸空间绘图或输入文字注释等，此时所绘对象被称为图纸空间对象。

模型空间只有一个，但用户却可以为图形创建多个布局图，以适应各种不同的要求。如果图形非常复杂，可以创建多个布局图，以便在不同的图纸中分别打印图形的不同部分。如果希望在不同的图纸中打印一个三维图形的不同侧面，也需要同时创建多个布局图。

9.2 创建和管理布局及布局的页面设置

9.2.1 创建和编辑布局

在 AutoCAD 中，可以创建多种布局，每个布局都代表一张单独的打印输出图纸。创建新布局后，就可以在布局中创建浮动视口。视口中的各个视图可以使用不同的打印比例，并能够控制视口中图层的可见性。

要创建和编辑布局，只需简单地用鼠标右键单击绘图窗口下方的"布局1"、"布局2"等布局选项卡即可实现。另外，用户还可以通过以下几种途径创建和编辑布局。

1. 使用布局向导创建布局

在 AutoCAD 中，用户可以选择菜单栏"工具→向导→创建布局"，使用创建布局向导，指定打印设备，确定相应的图纸尺寸和图形的打印方向，选择布局中使用的标题栏或确定视口设置等，逐步完成设置即可创建布局。

图 9.5 布局管理菜单

2. 使用布局样板

在 AutoCAD 中，用户可以选择菜单"插入→布局→来自样板的布局"，从系统提供的大量图形样板中选择需要的布局样板。

3. 使用 AutoCAD 设计中心

在 AutoCAD 中，用户还可以通过使用 AutoCAD 设计中心创建布局，如在 AutoCAD 设计中心界面窗口中通过显示的布局图标创建布局。

4. 管理布局

右击"布局"选项，弹出快捷菜单，如图9.5所示。使用快捷菜单中的命令，可以新建、删除、激活、重命名、移动或复制布局。

默认情况下，单击某个布局选项卡时，系统将自动显示"页面设置"对话框，供设置页面布局。如果以后要修改页面布局，可从快捷菜单中选择"页面设置管理器(G)..."命令，通过修改布局的页面设置，将图形按不同比例打印到不同尺寸的图纸中。

9.2.2 布局的页面设置

页面设置是打印设备和其他影响最终输出的外观和格式设置的集合。可以修改这些设置并将其应用到其他布局中。

在"模型"选项卡中完成图形之后，可以通过单击"布局"选项卡开始创建要打印的布局。首次单击布局选项卡时，页面上将显示单一视口，如图9.6所示。虚线表示图纸中当前配置的图纸尺寸和绘图仪的可打印区域。

设置布局后，可以为布局的页面设置指定各种设置，其中包含打印设备设置和其他影

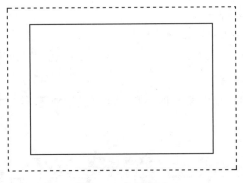

图 9.6   布局视口

响输出的外观和格式的设置。页面设置中指定的各种设置和布局一起存储在图形文件中，可以随时修改页面设置中的设置。

默认情况下，每个初始化的布局都有一个与其关联的页面设置。通过在页面设置中将图纸尺寸定义为非 0×0 的任何尺寸，可以对布局进行初始化。可以将某个布局中保存的命名页面设置应用到另一个布局中。此操作将创建与第一个页面设置具有相同设置的新的页面设置。

如果希望每次创建新的图形布局时都显示"页面设置管理器"，单击菜单栏"工具→选项"命令，弹出"选项"对话框，如图 9.7 所示。在该对话框中点击"显示"选项卡，选择"新建布局时显示页面设置管理器"选项。如果不需要为每个新布局都自动创建视口，可以在"选项"对话框的"显示"选项卡中清除"在新布局中创建视口"选项。

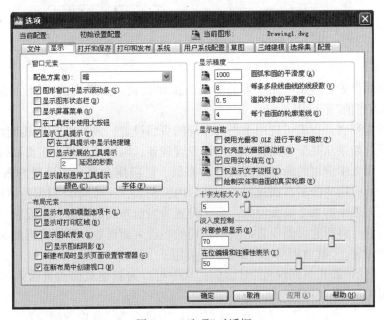

图 9.7   "选项"对话框

可以通过以下几种方式启动页面设置管理器：

- 命令行：PAGESETUP；
- 菜单栏：文件→页面设置管理器；
- 快捷菜单：在布局选项卡上单击鼠标右键，然后单击"页面设置管理器"；
- 工具栏：点击 ![button]按钮。

执行以上操作，将弹出如图 9.8 所示的"页面设置管理器"对话框，该对话框中各选项的含义说明如下：

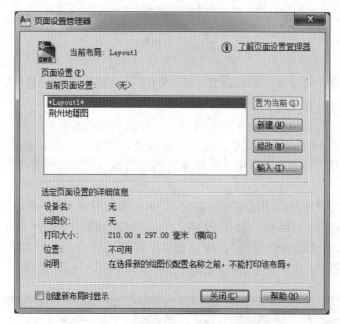

图 9.8　"页面设置管理器"对话框

- 当前页面设置：显示应用于当前布局的页面设置。如果当前页面设置为"无"，选项"置为当前"不可用。
- 页面设置列表：列出可应用于当前布局的页面设置，或列出发布图纸集时可用的页面设置。如果从某个布局打开页面设置管理器，则默认选择当前页面设置。列表包括可在图纸中应用的命名页面设置和布局。已应用命名页面设置的布局括在"﹡"号内，所应用的命名页面设置括在括号内，例如，﹡布局1(荆州地籍图)﹡。可以双击此列表中的某个页面设置，将其设置为当前布局的当前页面设置。
- 置为当前：将所选页面设置为当前布局的当前页面设置。不能将当前布局设置为当前页面设置。"置为当前"对图纸集不可用。
- 新建：显示"新建页面设置"对话框，从中可以为新建页面设置输入名称，并指定要使用的基础页面设置。
- 修改：显示"页面设置"对话框，从中可以编辑所选页面设置的设置。
- 输入：显示"从文件选择页面设置"对话框(标准文件选择对话框)，从中可以选择

228

图形格式（DWG）、DWT 或图形交换格式（DXF）文件，从这些文件中输入一个或多个页面设置。如果选择 DWT 文件类型，"从文件选择页面设置"对话框中将自动打开 Template 文件夹。单击"打开"，将显示"输入页面设置"对话框。

- 选定页面设置的详细信息：显示所选页面设置的信息。
- 设备名：显示当前所选页面设置中指定的打印设备的名称。
- 绘图仪：显示当前所选页面设置中指定的打印设备的类型。
- 打印大小：显示当前所选页面设置中指定的打印大小和方向。
- 位置：显示当前所选页面设置中指定的输出设备的物理位置。
- 说明：显示当前所选页面设置中指定的输出设备的说明文字。
- 创建新布局时显示：指定当选中新的布局选项卡或创建新的布局时，显示"页面设置"对话框。

实例 9.1：在布局 1 中新建一个页面名为"荆州地籍图"的页面设置，并将其设置为当前布局的当前页面设置。要求页面尺寸为 55cm×55cm，图幅比例尺为 1∶500。

操作步骤如下：

第一步：点击布局选项卡"布局 1"，并在布局选项卡上单击鼠标右键，在弹出的快捷菜单中单击"页面设置管理器"。弹出如图 9.8 所示的"页面设置管理器"对话框。

第二步：点击"新建（N）"按钮，在"新建页面设置"对话框中新建名为"荆州地籍图"的页面设置，点击"确定"按钮。

第三步：在弹出的"页面设置"对话框中，通过列表框选择绘图仪，点击"特性"按钮，如图 9.9 所示。在"绘图仪配置编辑器"中选"自定义特性"选项，输入自定义页面的高度和宽度为 55cm，按确定返回到"页面设置"对话框，如图 9.10 所示。

图 9.9 "绘图仪配置编辑器"对话框

第四步：在"页面设置"对话框中，按照图9.10中所示进行设置，并按"确定"按钮。

第五步：在"页面设置管理器"对话框中，用鼠标选择"荆州地籍图"选项，并按"置为当前"按钮，最后点击"关闭"按钮，完成页面设置。

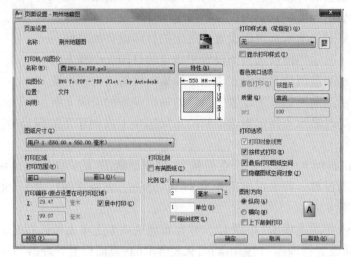

图9.10 "页面设置"对话框

9.3 使用浮动视口和打印图形

9.3.1 浮动视口

在创建布局图时，浮动视口是一个非常重要的工具，用于显示模型空间中的图形。缺省情况下的布局，只有一个浮动视口。我们可以将浮动视口视为图纸空间的图形对象，可以对其进行移动和调整，也可以任意确定视口的大小和位置，还可以将任何视口定位于图纸空间的任意位置。因此，图纸空间中视口通常称为浮动视口。

必须说明：由于在图纸空间中无法编辑模型空间中的对象，如果要编辑模型，则必须激活浮动视口，进入浮动模型空间。

1. 创建浮动视口

在图纸空间中，用户可通过MVIEW命令在图纸空间生成浮动视口。注意：该命令不允许在模型空间中使用。执行方式如下：

- 命令行：MVIEW；
- 命令别名：MV。

执行命令后，命令窗口将出现以下提示：

指定视口的角点或[开(ON)/关(OFF)/布满(F)/消隐出图(H)/锁定(L)/对象(O)/多边形(P)/恢复(R)/2/3/4]<布满>：

各选项说明如下：

230

- 指定视口的角点：指定一个矩形框，生成矩形视口。
- 开：打开浮动视口。
- 关：关闭浮动视口。
- 布满：生成浮动视口，该视口填满整个可用的区域。
- 消隐出图：从图纸空间输出时，删除指定浮动视口的隐藏线。
- 锁定：锁定指定的视口。
- 对象：指定一个由多段线、椭圆、样条曲线、面域、圆围成的一个封闭区域，将其转为一个视口。
- 多边形：通过指定一系列点，生成多边形浮动视口。
- 恢复：将使用 VPORTS 命令存储的视口转换成图纸空间的浮动视口。
- 2/3/4：将指定的视口分为 2 个/3 个/4 个视口。

在图纸空间中，用户还可以通过 VPORTS 命令在图纸空间生成浮动视口。注意：该命令也可在模型空间生成视口。执行 VPORTS 命令后，弹出如图 9.11 所示的"视口"对话框。通过指定创建浮动视口的数量和区域新建浮动视口。

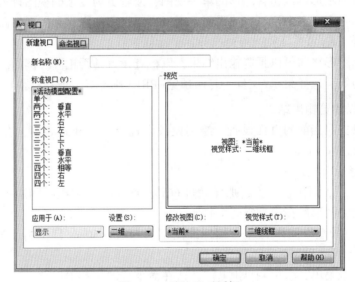

图 9.11 "视口"对话框

2. 使用浮动视口

要使用浮动视口必须先激活它。激活浮动视口的方法有多种，例如可执行 MSPACE 命令、单击状态栏上的"图纸"按钮或双击浮动视口区域中的任意位置，浮动视口的实细线变粗，此时表明进入浮动模型空间，可以对视口中的对象进行编辑。

在布局图中，如果要删除浮动视口，应先选择浮动视口边界，然后按 Delete 键即可删除浮动视口。删除浮动视口后，也可以用上述命令创建新的浮动视口。

3. 相对图纸空间比例缩放视图

如果布局图中使用了多个浮动视口，就可以为这些视口中的视图建立相同的缩放比例。这时，可选择要修改其缩放比例的浮动视口，在"特性"选项板的"标准比例"下拉列表框中选择某一比例，然后对其他的所有浮动视口执行同样的操作，就可以设置一个相同的比例值。

4. 在浮动视口中旋转视图

在浮动视口中，执行 MVSETUP 命令可以旋转整个视图。该功能与 ROTATE 命令不同，ROTATE 命令只能旋转单个对象。

5. 创立特殊形状的浮动视口

在删除浮动视口后，可以点击菜单"视图→视口→多边形视口"，创建多边形形状的浮动视口。

也可以将图纸空间中绘制的封闭多段线、圆、面域、样条曲线或椭圆等对象设置为视口边界，这时可选择"视图→视口对象"命令来创建。

9.3.2 打印图形

创建完图形之后，通常要打印到图纸上，也可以生成一份电子图纸，以便从互联网上进行访问。打印的图形可以包含图形的单一视图，或者更为复杂的视图排列。根据不同的需要，可以打印一个或多个视口，或设置选项以决定打印的内容和图形在图纸上的布置。

1. 打印预览

在打印输出图形之前可以预览输出结果，以检查设置是否正确。例如，图形是否都在有效输出区域内等。选择菜单"文件→打印预览（PREVIEW）"，或在"标准"工具栏中单击 按钮，就可以预览输出结果。

AutoCAD 将按照当前的页面设置、绘图设备设置及绘图样式表等，在屏幕上绘制最终要输出的图形。

2. 输出图形

在 AutoCAD 中，既可以像上述那样通过布局页面设置在图纸空间中打印，也可以直接在模型空间绘完图形后在模型空间中打印。

实例 9.2：在模型空间中打印一幅标准图幅为 50cm×50cm 且比例尺为 1：500 的地形图。

第一步：点击菜单"文件→打印（P）"，或在命令行键入 PLOT。

第二步：在弹出的"打印"对话框中，在"打印机/绘图仪"的列表框中选择其名称。

第三步：点击"特性"选项，在"绘图仪配置编辑器"中选择"自定义图纸尺寸"，然后点击"添加"选项。

第四步：在弹出的"自定义图纸尺寸"对话框，单选"创建新图纸"，在编辑框中输入图纸宽度和高度，如图 9.12 所示。

第五步：两次单击"下一步"，然后单击"完成"，最后返回到"打印"对话框，如图 9.13 所示。

第六步：在"打印范围"列表框中选择"窗口"，点击"窗口（0）<"按钮，用鼠标在模型空间中窗选打印范围，复选"居中打印"；

第七步：在打印比例的"比例"列表框中，选择 2：1，即 1mm＝0.5 图形单位。

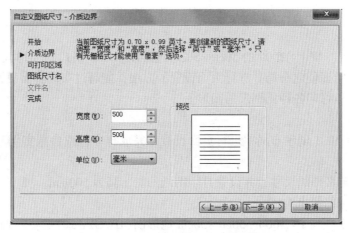

图 9.12 "自定义图纸尺寸"对话框

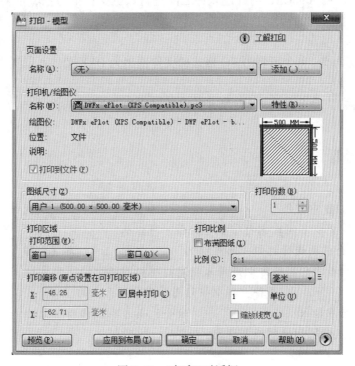

图 9.13 "打印"对话框

　　说明：图幅比例为 1∶1000 时，选择比例 1∶1；图幅比例为 1∶2000 时，选择比例 1∶2；依此类推。

　　执行完上述所有步骤后，点击"预览"，检查是否满足打印要求。最后确定满足打印要求后点击"确定"，绘图仪开始打印。

9.4　上 机 实 训

实训 1：给定一幅 1∶2000 的 50cm×50cm 地形图(DWG 格式)，对其进行输出打印。

实训目的：掌握创建布局并进行页面设置的方法，能通过布局页面设置在图纸空间和模型空间中正确地打印各种比例尺的图形。

操作提示：

(1)参照实例 9.1 创建布局并进行页面设置，完成打印；或参照实例 9.2 直接在模型空间中打印。

(2)注意自定义图纸尺寸，并设置打印图纸的宽、高为 500mm。

(3)设置打印比例为 1∶2。

实训 2：给定一幅 1∶500 的 50cm×50cm 地形图(DWG 格式)，将其输出为 DXF 格式和 BMP 格式的图形。

实训目的：掌握 AutoCAD 与其他软件之间进行数据交换的方法，能对 AutoCAD 图形文件进行不同数据格式的转换。

操作提示：

(1)使用"另存为"命令可将 DWG 格式的文件输出为 DXF 文件，以实现与相关 GIS 软件的数据交换。

(2)使用"输出"命令可将 DWG 格式的文件输出为 BMP 格式。

◎ 习题与思考题

1. 填空题

(1)在 AutoCAD 中提供了＿＿＿＿＿＿＿＿和＿＿＿＿＿＿＿＿两种打印环境。

(2)如果不需要以不同比例打印多个视图，可以从＿＿＿＿＿＿＿＿环境打印，如果对多个比例和多个视图进行打印，则可以从＿＿＿＿＿＿＿＿环境打印。

(3)打印对话框中的图纸方向是用来指定打印机图纸上的图形方向，包括＿＿＿＿＿＿＿＿和＿＿＿＿＿＿＿＿两种，其中字母图标代表页面上的＿＿＿＿＿＿＿＿方向。

(4)在命令行中输入＿＿＿＿＿＿＿＿命令，或者单击状态栏上的＿＿＿＿＿＿＿＿按钮，可以由图纸空间切换到模型空间。

2. 单选题

(1)布局空间(layout)的设置＿＿＿＿＿＿。

A. 必须设置为一个模型空间，一个布局

B. 一个模型空间可以有多个布局

C. 一个布局可以有多个模型空间

D. 一个文件中可以有多个模型空间多个布局

(2)模型空间是＿＿＿＿＿＿。

A. 和图纸空间设置一样

B. 和布局设置一样

C. 为了建立模型设定的，不能打印

D. 主要为设计建模用，但也可以打印

(3) AutoCAD 不能输出以下_____格式。

A. DXF   B. BMP   C. SWF   D. WMF

3. 简答题

(1) AutoCAD 布局窗口中的模型空间与图纸空间有哪些区别？

(2) 如何在布局窗口中进行打印设置，以最终得到一张合适比例、合适纸张、合适颜色的输出图纸？

(3) 在 AutoCAD 中如何插入一幅扫描地形图？

(4) AutoCAD 图形数据能否在 GIS 软件中共享？如何实现？

第 10 章　AutoLISP 常用函数及绘图程序设计

【教学目标】

本章主要介绍 AutoLISP 的相关知识，通过本章的学习，应了解 AutoLISP 二次开发语言的特点、AutoLISP 语言在测绘中的应用；掌握 AutoLISP 常用函数，能利用 Visual LISP 集成开发环境编制简单的测绘程序；掌握 AutoCAD 中下拉菜单、屏幕菜单、图像菜单、工具栏以及对话框的定制方法。

10.1　AutoLISP 概述

10.1.1　AutoLISP 概述

AutoLISP 是由 Autodesk 公司开发的一种 LISP 程序设计语言，由于 AutoCAD 强大的绘图功能，通过 AutoLISP 编程调用，可以节省很多开发时间，大大降低开发难度，提高开发效率。AutoLISP 语言作为嵌入在 AutoCAD 内部的具有智能化特点的编程语言，是开发 AutoCAD 的有效工具。

AutoCAD 软件包中提供了丰富的绘图、编辑命令，但不同的行业，对图形的绘制有不同的要求，常常需要用户二次开发来实现。有资料统计显示，目前在 AutoCAD 下二次开发的商品化软件达 300 多种。

LISP(List Processing)是一种计算机的表处理语言，是人工智能领域中广泛应用的一种程序设计语言，在 AutoCAD 环境下运行，是 AutoCAD 的一种嵌入式语言。AutoLISP 吸收了 LISP 语言的主要函数，同时增加了针对 AutoCAD 特点的许多功能，例如可以把 AutoLISP 和 AutoCAD 的绘图命令透明地结合起来，使设计和绘图完全融为一体。利用 AutoLISP 语言编程，可以实现对 AutoCAD 当前图形数据库进行直接访问和修改。

在 LISP 语言中，最基本的数据类型是符号表达式。LISP 语言的特点是程序和数据都采用符号表达式的形式，即一个 LISP 程序可以把另一个 LISP 程序作为它的数据进行处理。因此，使用 LISP 语言编程十分灵活，看起来是一个一个的函数调用。支持递归定义也是 AutoLISP 语言的重要特性。

AutoLISP 语言是 AutoCAD 提供给用户的主要二次开发工具之一。用 AutoLISP 语言编写应用程序，可以为 AutoCAD 增加新的命令或修改 AutoCAD 的命令功能，以适应不同行业的特殊需要。

10.1.2 AutoLISP 在测绘中的应用

目前，AutoCAD 的开发已广泛应用于地图制图、机械制图、电工线路图以及一些工程设计图。由于地图制图专业性强、符号种类很多，所以 AutoCAD 本身并未提供专门绘制地图符号的工具。为了快速高效地绘制规范的地图符号，可以通过 AutoLISP 对 AutoCAD 进行二次开发，以提高作业效率，提高绘制符号的规范化程度。

AutoLISP 在测绘中的应用，主要表现在以下几个方面：

AutoLISP 在地形测图中，可用于绘制各种点状、线状和面状地物符号，绘制等高线，计算填挖方量等。

AutoLISP 在地籍测量中，可用于开发地籍图、宗地图绘图程序，统计计算各种地类面积等。

AutoLISP 在房产测绘中，可用于开发房产测量中的计算、绘图程序，绘制房产图。

AutoLISP 在矿山测量中，可用于开发矿区巷道绘图程序，计算矿体储量等。

AutoLISP 在沉降观测中，可用于开发沉降观测数据处理与可视化系统。

总之，AutoCAD 强大的绘图功能、开放的体系结构、AutoLISP 简单易用的特点、方便的集成开发环境，确立了它在 AutoCAD 二次开发中的重要地位。同时，由于测绘行业数据处理、图形绘制的特点，使得 AutoLISP 在测绘中的应用更为广泛。

10.2 AutoLISP 常用函数

10.2.1 AutoLISP 语言的特性

1. 解释型语言

编程语言有两种基本类型：解释型和编译型。AutoLISP 属于解释型语言。在解释型语言中，用户编写的源程序直接由解释器解释并执行。而在编译型的语言中，源代码首先要编译为一种中间格式（目标文件），然后再与所需的库文件链接，生成机器码可执行文件。AutoCAD 本身是用编译型语言写成的。

解释型语言的主要优点是在执行这种语言编写的程序之前不需要中间步骤，用户可以交互、独立于其他部分来试验或验证程序段或程序语句，而不需像编译型语言那样，每当试验程序时，要全部地编译和链接整个程序。

2. 平台和操作系统独立

AutoLISP 语言的另一个优点是可移植性。AutoLISP 程序可以在运行于多种支持平台（如 Windows、Dos、Unix 和 Macintosh 等）上的 AutoCAD 中执行，而与 CPU 或操作系统无关。

3. AutoCAD 的版本独立

AutoLISP 程序除平台和操作系统独立外，AutoLISP 的设计还考虑了向下的兼容。这样，任一版本 AutoCAD 编写的 AutoLISP 程序一般不加修改，就可以在以后版本的 AutoCAD 中运行。

4. AutoLISP 与主流编程语言的比较

AutoLISP 与目前使用比较多的编程语言(如 C/C++、BASIC 等)之间有一些明显的差别，具体可体现在下述几个方面：

(1) AutoLISP 与其他大多数语言之间最重要的差别是它用表(List)存放数据。AutoLISP 没有数组、联合、结构及记录，所有复杂的数据集均由表来表示和处理。

(2) AutoLISP 的变量没有明确的类型。LISP 变量的类型是在赋值时动态确定的。

(3) AutoLISP 不需要预先声明变量或函数。

(4) 与 C/C++、BASIC 等语言不一样，LISP 没有语句、关键词及运算符。它是函数定位的语言，其所有运算都是由函数调用完成。

AutoLISP 与几种主流编程语言的比较如表 10.1 所示。

表 10.1   **AutoLISP 与几种主流编程语言的比较**

特点	AutoLISP	C/C++	VB
声明	无	有	无
数组	无	有	有
可变变量类型	有	无	有
结构类型	无	有	有
用户类型	无	有	有
解释型	是	否	否

10.2.2　AutoLISP 语言中的数据类型

AutoLISP 支持下述 10 种数据类型：
- 整型数；
- 实型数；
- 字符串；
- 符号；
- 表；
- 文件描述符；
- AutoCAD 实体名；
- AutoCAD 选择集；
- AutoCAD 函数。

1. 整型数

整型数是一种不带小数点的数字，它可由 0，1，2，…，9，+，−共 12 个字符组成，例如，123，−76，+322 等。

2. 实型数

实型数是带有小数点的数，它可由 0，1，2，…，9，+，−，E，e 共 14 个字符组成。

实数有两种表示方法，即十进制表示法和科学计数表示法。例如：

十进制表示法：12.3，-7.6，+3.22

科学计数表示法：6.1E5(610000)，-0.12E2(-12)，-0.45E-2(-0.0045)

3. 字符串

字符串(字符串常数)由一对双引号括起来的字符序列组成。这对双引号是字符串的定界符。

字符串常数最大长度为 132 个字符，但表示字符串的符号名所约束的值可以是任意长度，因而可以利用"STRCAT"(字符串拼接)函数无限制地增加其长度。

字符串中，同一字母的大小写认为是不同的字符，空格是一个有意义的字符。

字符串的长度是指字符串一对双引号之间的字符个数(不包括一对双引号)。如果字符串的定界符之间无任何字符，则称为空串，其长度为零。

字符串中可以包含 ASCII 码中任一字符，通用的表示形式为" \ nnn"，nnn 为八进制形式的 ASCII 码。例如，" \ 101 \ 102 \ 103"表示"ABC"，两者的作用完全相同。由于反斜杠" \ "已作为字符串中的前导转义符，因而当字符串中要使用反斜杠时，必须加转义符，即用双反斜杠"\\"表示字符串中一个反斜杠" \ "，也可以用反斜杠的 ASCII 码表示(即" \ 114")。同样，由于双引号已作为字符串的定界符使用，因而字符串中的双引号可以用" \ "或" \ 042"表示。对于一些常用的控制字符，其 ASCII 代码见表 10.2。

表 10.2   字符代码表

代　　码	意　　义	等价 ASCII 码值
\\	字符 \ 键	\ 114
\ "	字符"键	\ 142
\ e	ESC 键	\ 033
\ n	换行键	\ 012
\ r	回车键	\ 015
\ t	TAB 键	\ 011

例如：下面的表达式表示在显示提示内容前先进行换行，然后再显示字符串内容。

(prompt" \ nEnter filename:")

或

(prompt" \ 012Enter filename:")

二者效果完全相同。

4. 符号

AutoLISP 中符号用于存储数据，因此"符号"和"变量"这两个词含义相同，可以互相交换使用。

符号名可以由除下列 6 个字符外的任何可以打印的长度不限的字符序列来组成："("、")"、"."、"'"、"""、";"，当这 6 个字符中的任一字符在符号名中出现时，将终止符号名。不允许使用数字符号作为第一个字符。

下列为合法的符号名：

ABC，！A，&AB，A3

下列为不合法的符号名：

（A），A.B，3A

在 AutoLISP 中符号名的大小写是等价的。LISP 中"约束"是针对一对符号和值，当把一个值赋给一个符号时，也即把这个符号约束为那个值。

例如：

（setq a 6）

"！a"将显示6，表示 a 是一个整数，其值为6。

（setq a 6.0）

"！a"将显示6.0，表示 a 是一个实数，其值为6.0。

（setq a "6.0"）

"！a"将显示6，表示 a 是一个字符串，其值为"6.0"。

5. 表

表是指在一对相匹配的左右圆括号之间的元素的有序集合。表中的每一项称为表的元素，表中的元素可以是整数、实数、字符串和符号，也可以是另一个表。

为了处理图形中点的坐标，AutoLISP 对二维和三维点的坐标按如下规则表示：

二维点：以分别代表 x，y 坐标的两个实数所构成的表(x y)的形式表示，如（3.21 7.58）

三维点：以分别代表 x，y，z 坐标的三个实数所构成的表(x y z)的形式表示，如（3.21 7.58 4.68）。

表的大小用其长度来度量。长度是表中顶层元素的个数。

例如：

| （setq a 6） | 表的长度为3 |
| （setq a (+ c (/ d 2))) | 表的长度为3 |

表有两种基本类型：标准表和引用表。标准表是从左括号开始到配对的右括号结束。表中的第一个元素(0 号元素)必须是一个合法的已存在的 AutoLISP 函数。引用表是在左括号前加一撇号，表示不对此表作求值处理。

6. 文件描述符

当 AutoLISP 打开一个文件时，系统将给该文件赋一个数字标号，在以后要访问该文件时(读或写文件)，可利用该文件描述符对指定的文件进行操作。

例如：打开一个名为"myfile.dat"的文件，把打开文件时的文件描述符赋给符号 f，再把"This is a sample under AutoLISP."写入该文件。

（setq f（open "c：\\myfile.dat" "w"））

（print "This is a sample under AutoLISP." f）

7. AutoCAD 实体名

实体名是 AutoCAD 系统在绘图过程中赋予所绘实体的一个数字标号。实际是指向

AutoCAD 系统内部的数据文件的一个指针。

例如：

（setq elast（entlast））。

注：entlast 是获取数据库中最新图元的名称。

8. AutoCAD 选择集

选择集是一个或多个实体的集合。它类似于 AutoCAD 的实体选择过程。在 AutoLISP
程序中也可以构造一个选择集，并把它赋予一个符号供其他函数使用。

例如：

（setq ss（ssget "p"））。

9. AutoCAD 函数

由 AutoLISP 提供的函数称为内部函数，由 ADSRX 或 ARX 应用程序定义的子程序称
外部函数。

AutoLISP 语言是一种"表结构"语言，其基本形式为：

（函数［参数 1］［参数 2］…）

如求值 e=（a+b）/（c+d），应写为（setq e（/（+a b）（+c d））），左右括号配对。

一个左括号和一个右括号配对组成一个"表"，函数与参数之间、参数与参数之间用
一个空格分开，表中参数的有无或多少由函数的性质所规定。参数也可以是另一个表，称
为"嵌套结构"。除了函数可以互相调用外，没有其他任何语句和过程。因此，Visual LISP
程序是由一个或多个顺序排列或多层嵌套的函数（表）组合而成。执行 Visual LISP 程序就
是调用一些函数，函数可再调用其他一些函数。也就是在对各个函数求值过程中实现函数
的功能，进而实现程序的计算和绘图功能。因此，自行开发的 Visual LISP 程序也可以认
为是 AutoCAD 软件中增加的"自定义函数"，而在 Visual LISP 程序中，又可以调用
AutoCAD 几乎所有的绘图、编辑功能，二者具有良好的交互性。

在地形图机助成图中，既可直接利用 AutoCAD 绘图命令，例如，绘制具有固定形状
的地形图图式符号，建立符号库，连接地形点之间的线条等；也可用 Visual LISP 语言编
制的专用程序来完成绘图任务，例如，原始观测数据向绘图所需的坐标数据格式转换，点
位展绘与地形、地物要素连线，等高线绘制等。

10.2.3　AutoLISP 常用函数

1. 数学运算功能函数

（1）求和（+）

格式：（+num1 num2 num3 …）

功能：求 num1 num2 num3 … 之和。

示例：Command：（+ 2 3 4 5.8）返回 14.8。

（2）求差（-）

格式：（- num1 num2 num3 …）

功能：求 num1 减去 num2 num3 … 所得的差。

示例：Command：（- 40 20 10.0）返回 10.0。

(3)乘法(＊)

格式：(＊ num1 num2 num3 …)

功能：求 num1 num2 num3 … 之积。

示例：Command：(＊ 3.0 -5.5 -2)返回 33.0。

(4)除法(/)

格式：(/ num1 num2 num3 …)

功能：求 num1 除以 num2 num3 … 所得的商。

示例：Command：(/ 100.0 5.0 4)返回 5.0。

(5)自增 1(1+)

格式：(1+ number)

功能：使 number 自加 1。

示例：(1+-8.5)返回-7.5。

(6)自减 1(1-)

格式：(1-number)

功能：使 number 自减 1。

示例：(1-8.5)返回 7.5。

(7)绝对数字(abs)

格式：(abs num)

功能：返回 num 的绝对值。

示例：(abs -20.5)返回 20.5。

(8)正弦函数(sin)

格式：(sin angle)

功能：sin 函数计算一个角(以弧度表示)的正弦值。

示例：Command：(sin(/pi 6.0))返回 0.5。

说明：pi 为系统关键字，值为 3.14159265358979。

(9)余弦函数(cos)

格式：(cos angle)

功能：cos 函数计算一个角(以弧度表示)的余弦值。

示例：Command：(cos 1.0)返回 0.540302。

(10)反正切函数(atan)

格式 1：(atan num1)

功能：计算正切值为 num1 的角度值，返回角度以弧度表示。

示例：Command：(atan 1.0)返回 0.785398 弧度。

格式 2：(atan num1 num2)

功能：函数将以弧度形式返回(num1/num2)的反正切值。

示例：Command：(atan 0.5 1.0)返回 0.463648 弧度。

(11)angtos 函数(angtos)

格式：(angtos angle[mode][precision])

功能：以字符串格式返回以弧度表示的角度值。

示例：Command：（angtos −1.5708 0 2）返回"270.00"。

说明：angle 是以弧度表示的角度值；

　　　　mode 是与 AutoCAD 系统变量 AUNITS 的允许值。

　　　　AutoCAD 中可用模式如下：

0	十进制角度
1	度/分/秒
2	梯度
3	弧度
4	测量单位

precision 是一个整数，用于控制小数的位数。

2. 检验与逻辑运算函数

（1）等于（=）

格式：（=atom1 atom2 …）

功能：检查两个元素是否相等。若相等，条件为真，函数返回 T；若不相等，条件为假，函数返回 nil。

示例：（=12）返回 nil；

　　　　（="yes" "yes"）返回 T。

（2）不等于（/=）

格式：（/=atom1 atom2 …）

功能：检查两个元素是否不相等。若不相等，条件为真，函数返回 T；若相等，条件为假，函数返回 nil。

示例：（/="yes" "no"）返回 T。

（3）小于（<）

格式：（<atom1 atom2 …）

功能：检查第一个元素（atom1）是否小于后面的每一个元素。若为真，函数返回 T，否则返回 nil。

示例：（<5 4 5 6 7）返回 nil；

　　　　（<3 4 5 6 7）返回 T。

（4）小于等于（<=）

格式：（<=atom1 atom2 …）

功能：检查第一个元素 atom1 是否小于等于后面的每一个元素。若为真，函数返回 T，否则返回 nil。

示例：（<=10 15）返回 T。

（5）大于（>）

格式：（>atom1 atom2 …）

功能：检查第一个元素 atom1 是否大于后面的每一个元素。若为真，函数返回 T，否则返回 nil。

示例：(>15 10)返回 T。

(6)大于等于(>=)

格式：(>=atom1 atom2 …)

功能：检查第一个元素 atom1 是否大于等于后面的每一个元素。若为真，函数返回 T，否则返回 nil。

示例：(>=78 50)返回 T。

(7)逻辑非(not)

格式：(not 表达式 1)

功能：返回指定表达式 1 的反面，表达式 1 为真，函数返回 nil，否则返回 T。

示例：(not(>=78 50))返回 nil。

(8)逻辑并(and)

格式：(and 表达式 1 表达式 2 …)

功能：表达式 1 表达式 2 … 全为真时，函数返回 T，否则返回 nil。

示例：(and(> 3 2)(="yes" "no"))返回 nil。

(9)逻辑或(or)

格式：(or 表达式 1 表达式 2 …)

功能：表达式 1 表达式 2 … 只要有一个为真时，函数返回 T，否则返回 nil。

示例：(or(>3 2)(="yes" "no"))返回 T。

3. 转换运算功能函数

(1)angtof 函数

格式：(angtof 角度字串[角度字串模式])

功能：将字符串格式的角度值，转换为实数。

示例：(angtof "57d17"45\ ""1)返回 1.0。

说明：将"57°17′45″"转换为弧度，格式必须是系统可以识别的格式。

(2)angtos 函数

格式：(angtos 角度[模式][精度])

功能：以弧度表示的角度值转为字符串格式。

示例：(angtos 1.0 4)返回"57d17"45\ ""。

(3)atof 函数

格式：(atof 字符串)

功能：字符串转为实数值。

示例：(atof "12. 345")返回 12. 345。

(4)atoi 函数

格式：(atoi 字符串)

功能：字符串转为整数，直接截去尾数。

示例：(atoi "-12. 345")返回-12。

(5)itoa 函数

格式：(itoa 整数)

功能：将整数转换为字符串。

示例：（itoa 12）返回"12"。

（6）rtos 函数

格式：（rtos number[mode][precision]）

功能：将实数转换为字符串。

示例：（rtos 12.345 1 3）返回"12.345"。

说明：mode 是与 AutoCAD 系统变量 LUNITS 的允许值。

AutoCAD 中可用模式如下：

0	科学
1	小数
2	工程(英尺和十进制英寸)
3	建筑(英尺和分数英寸)
4	分数

precision 是一个整数，用于控制小数的位数。

（7）distof 函数

格式：（distof 字符串 [模式]）

功能：与 rtos 构成互补函数，将 AutoCAD 计数法格式的字串，转换为一个实数。

示例：（distof "12.345" 1 3）返回12.345。

4. 列表处理功能函数

（1）append 函数

格式：（append 列表 列表 ……）

功能：将多个列表合并为一个列表。

示例：（append(list 1 2 3)(list 4 5 6)）返回(1 2 3 4 5 6)。

（2）assoc 函数

格式：（assoc 关键元素 联合列表）

功能：根据关键元素找寻联合列表中的关联数据。

示例：（setq ename(car(entsel "\n请选择实体:")))   //提示用户选择一个对象

（setq sj(entget ename)) 　　//获取该对象的关联数据

（setq lx(cdr(assoc 8 sj))) 　　//根据关键元素8，提取选中对象所在图层名称

（3）car 函数

格式：（car 列表）

功能：返回列表中的第一个元素，通常用来求 X 坐标。

示例：（car(list 12 34 56)）返回12。

（4）cadr 函数

格式：（cadr 列表）

功能：返回列表中的第二个元素，通常用来求 Y 坐标。

示例：（cadr(list 12 34 56)）返回34。

（5）caddr 函数

格式：（caddr 列表）

功能：返回列表中的第三个元素，通常用来求 Z 坐标。

示例：（caddr（list 12 34 56））返回 56。

（6）cdr 函数

格式：（cdr 列表）

功能：除去第一个元素后的列表。

示例：（cdr（list 12 34 56））返回（34 56）。

（7）cons 函数

格式：（cons 新元素 列表）

功能：将新元素添加为列表的第一个元素，返回一个新表。

示例：（cons "张三"（list"李四" "王五"））返回（"张三" "李四" "王五"）。

（8）length 函数

格式：（length 列表）

功能：返回列表内的元素数量，类似数组维数。

示例：（length （list"张三" "李四" "王五"））返回 3。

（9）list 函数

格式：（list 元素 元素 …）

功能：将所有元素合并为一列表，类似初始化数组。

（10）nth 函数

格式：（nth n 列表）

功能：返回列表的第 n+1 个元素。

示例：（nth 2（list 1 2 3 4））返回 3。

（11）reverse 函数

格式：（reverse 列表）

功能：将列表元素根据顺序颠倒过来，可用于改变某多段线的方向。

示例：（reverse（list（list 1 2 3）（list 4 5 6）（list 7 8 9）））。

返回（（7 8 9）（4 5 6）（1 2 3））。

（12）subst 函数

格式：（subst 新项 旧项 列表）

功能：在给定的列表中，用新的元素替换旧的元素。

示例：（subst（list 100 200 300）（list 4 5 6）（list（list 1 2 3）（list 4 5 6）（list 7 8 9）））。

返回（（1 2 3）（100 200 300）（7 8 9））。

说明：可修改线的顶点。

5. 字符串、字符、文件处理函数

（1）ascii 函数

格式：（ascii 字符串）

功能：返回字符串中第一个字符的 ASCII 码。

示例：（ascii "asdf"）返回 97。

246

（ascii "Asdf"）返回 65。

（2）chr 函数

格式：（chr　整数）

功能：返回整数所对应的 ASCII 码字符。

示例：（chr 97）返回"a"；

（chr 65）返回"A"。

（3）open 函数

格式：（open　文件名　模式）

功能：以读、写、追加等模式，打开文件，准备读取、写入或追加信息。

示例：（setq f1（open "E：\\arc. txt" "r"））　　//以只读方式打开文件，返回文件
指针

（setq f2（open "E：\\arc. txt" "w"））　　//以写入方式打开文件，返回文件指针

（setq f3（open "E：\\arc. txt" "a"））　　//以追加方式打开文件，返回文件指针

（4）close 函数

格式：（close　文件指针）

功能：关闭文件。

示例：（close f1）　　//关闭 f1 指针对应的文件

（5）read-line 函数

格式：（read-line 文件指针）

功能：从文件指针所指的文件中读取一行，并将指针下移一行。

示例：（read-line f1）　　//从 f1 所指的文件中读取当前行

（6）write-line 函数

格式：（write-line 字符串 文件指针）

功能：将字符串写到文件指针所指的文件中。

示例：（write-line　"abcdefg" f2）　　//将"abcdefg"写入 f2 指针所指的文件中

（7）strcase 函数

格式：（strcase　字符串［方式］）

功能：将字符串转换为大写或小写，方式为真时，转为小写　　//为假时，转为大写

示例：（strcase "sAmPLe" t）返回"sample"；

（strcase "sAmPLe" nil）返回"SAMPLE"。

（8）strcat 函数

格式：（strcat　字符串 1 字符串 2 … ）

功能：将各字符串合并为一个字符串。

示例：（strcat "abc" "123" "def"）返回"abc123def"。

（9）strlen 函数

格式：（strlen　字符串）

功能：返回字符串构成的字符数（即字符串长度）。

示例：（strlen　"abc123def"）返回 9。

（10）substr 函数

格式：（substr　字符串 起始序号 截取长度）

功能：在字符串中从起始序号开始，截取指定长度的字串。

示例：（substr "abc123def " 3 3）返回"c12"。

（11）wcmatch 函数

格式：（wcmatch　字符串　格式）

功能：检查字符串中是否满足指定的格式。

示例：（wcmatch "Name" "N＊"）　返回 t；

（wcmatch "Name" "??? e"）　返回 t。

说明："＊"代表若干个字符；"?"代表一个字符。

6. 等待输入功能函数

（1）getangle 函数

格式：（getangle[基点][提示]）

功能：等待输入十进制的角度数值或以基点和用户指定点的连线确定一个角度，返回角度的弧度值。

示例：（getangle（list 0 0）"请输入一个角度："）；

输入：180，返回 3.14159；

输入：0，100，返回 1.5708；

鼠标点击：X＝66.6292，Y＝34.9464，返回（0，0）与（66.6292，34.9464）的连线与角度 0 方向的夹角弧度值 0.483047。

（2）getcorner 函数

格式：（getcorner 基点[提示]）

功能：请求输入另一矩形框对角点坐标，返回用户单击的角点坐标。

示例：（setq pt（getcorner（list 0 0）"请输入另一角点坐标："））返回点坐标。

（3）getdist 函数

格式：（getdist[基点][提示]）

功能：请求输入一段距离。

示例：（getdist（list 0 0）"请输入一个距离："）；

输入：100，返回 100.0；

鼠标点击：X＝3.0，Y＝4.0，返回（0，0）与（3.0，4.0）之间的距离 5.0。

（4）getint 函数

格式：（getint[提示]）

功能：请求输入一个整数值。

示例：（getint"请输入一个整数："），输入 5，返回 5。

（5）getpoint 函数

格式：（getpoint[基点][提示]）

功能：请求输入一个点的坐标，或通过鼠标给定一个点。

示例：（getpoint（list 0 0）"请指定点："）；

输入：3，5，返回(3，5，0)；

鼠标点击：X=3，Y=5，返回(3，5，0)。

(6)getreal 函数

格式：(getreal[提示])

功能：请求输入一个实数。

示例：(getreal "请输入一个实数:")返回：输入的实数。

(7)getstring 函数

格式：(getstring[提示])

功能：请求输入一个字串。

示例：(getstring "请输入一个字串:")返回：输入的字串。

7. 几何运算功能函数

(1)angle 函数。

格式：(angle 点1 点2)

功能：取得两点连线与定义零方向夹角的弧度值。

示例：(angle(list 0 0)(list 5 8))返回 1.0122。

(2)distance 函数。

格式：(distance 点1 点2)

功能：取得两点间的距离。

示例：(distance(list 0 0 0)(list 3 4 0))返回：5.0。

(3)inters 函数。

格式：(inters 点1 点2 点3 点4[模式])

功能：取得点1、点2的连线与点3、点4的连线的交点。

示例：(inters'(1.0 1.0) '(9.0 9.0) '(4.0 1.0) '(4.0 2.0) nil) 返回(4.0 4.0)；

(inters'(1.0 1.0)'(9.0 9.0)'(4.0 1.0)'(4.0 2.0))返回：nil，两线段无交点。

说明：模式为 nil 时，系统认为两线段无限延伸，求延伸后的交点。如果模式为其他值或无该参数，系统认为是求两线段的交点。

(4)osnap 函数

格式：(osnap 点 模式字符串)

功能：用指定模式捕捉指定点最近的点坐标。

示例：(osnap'(5 6)"end")返回：离点(5 6)最近的端点坐标；

(osnap'(5 6)"mid")返回：离点(5 6)最近的对象中点坐标。

(5)polar 函数

格式：(polar 基点 弧度 距离)

功能：从基点开始，按指定的距离和角度找一个新点。

示例：(polar'(0 0)pi 100.0)返回(-100.0 0)。

说明：pi 为系统关键字，值为 3.1415926。

8. 函数定义、查询、系统变量控制函数

(1)defun 函数。

格式：（defun[c:]函数名称（[全局变量(形式参数)]/[局部变量]））

功能：定义 Visual LISP 函数。

示例1：度．分秒化弧度的主函数。

（defun c: deg（/d1 f1 m1）

（setq d（getreal"请以'度．分秒'的形式输入角度值:"

（setq d（+ d 0.0000001））　；为减小计算的取舍误差，对输入值加上 0.0001 秒

　（setq d1 (float (fix d)))

　（setq f1 (float (fix (* (- d d1) 100.0))))

　（setq m1 (* (- (* d 100.0)(* d1 100.0) f1) 100.0))

　（setq d (* pi (/ (+ d1 (/ f1 60.0)(/ m1 3600.0)) 180.0)))

）

调用：加载函数后，在命令行输入 deg，回车。

提示：请以"度．分秒"的形式输入角度值：输入 90.3030。

返回：1.57967。

示例2：度．分秒化弧度的被调函数(子函数)。

（defun deg（d / d1 f1 m1）

（setq d (+ d 0.0000001））　；为减小计算的取舍误差，对输入值加上 0.0001 秒

　（setq d1 (float (fix d)))

　（setq f1 (float (fix (* (- d d1) 100.0))))

　（setq m1 (* (- (* d 100.0) (* d1 100.0) f1) 100.0))

　（setq d (* pi (/ (+ d1 (/ f1 60.0)(/ m1 3600.0)) 180.0)))

）

调用：加载函数后，在命令行输入（deg 90.30）回车，返回：1.57952。

说明：

参数[c:]为可选，有该参数，表示该函数为主调函数，在 AutoCAD 的命令行中输入函数名，即可运行该函数。缺省该参数，则表示该函数为被调函数，只能被主调函数调用，不可直接在 AutoCAD 的命令行中运行，函数名则必须置于圆括号中。

参数[全局变量(形式参数)]：为可选，用于在函数间传递参数，在程序结束时不会丢失。

参数[局部变量]：为局部变量，在程序的执行期间保留其值，而且只能在它所在的程序中使用。

注意：AutoLISP 包含一些内置函数，不要使用其中的任一名称作为函数名或变量名，以下是一些 AutoLISP 内置函数的保留名称：

abs, ads, alloc, and, angle, angtos, append, apply, atom, ascii, assoc, atan, atof, atoi, distance, equal, fix, float, if, length, list, load, member, nil, open, or, pi, read, repeat, reverse, set, type, while。

（2）command 函数。

格式：（command "AutoCAD 命令"　执行命令所需参数）

250

功能：程序中调用 AutoCAD 绘图、编辑命令。

示例 1：(command "circle"(list 3 8)50)

说明：调用画圆命令，以点(3，8)为圆心，绘制一个半径是 50 的圆。

示例 2：(command "pline"(list 3 8)(list 50 80)(list 200 300)"")

说明：依次过点(3，8)、点(50，80)、点(200，300)画一条多段线。

示例 3：(command "-layer" "s" "JMD" "")

说明：将"JMD"图层设置为当前层。

示例 4：(command "-layer" "n" "道路及附属设施" "s" "道路及附属设施" "")

说明：新建一个"道路及附属设施"图层，并将其设计为当前层。

(3)findfile 函数。

格式：(findfile 文件名)

功能：查找指定的文件。

示例：(findfile"c：\\aaaa.doc")

返回：如果 C 盘下有 aaaa.doc 文件，则返回其路径；否则返回 nil。

(4)getvar 函数。

格式：(getvar "系统变量")

功能：返回系统变量的设定值。

示例：(getvar "mirrtext")

返回：当前系统变量 mirrtext 的值。

(5)setvar 函数。

格式：(setvar "系统变量"要赋的值)

功能：设置系统变量的设定值。

示例：(setvar "mirrtext" 1)

说明：设置系统变量 mirrtext 的值，以控制当前镜像是否为文本镜像。

(6)alert 函数。

格式：(alert "字符串")

功能：以对话框形式显示出警告字符串。

示例：(alert "输入格式不正确")

9. 判断式、循环相关功能函数

(1)if 函数。

格式：(if(逻辑表达式)<表达式 1>[表达式 2])

功能：如果逻辑表达式为真则执行表达式 1，否则执行表达式 2。

示例 1：(if(>a b)(alert "a>b"))返回：如果 a 大于 b，提示"a>b"。

示例 2：(if(>a b)(alert"a>b")(alert"a<=b")) 返回：如果 a 大于 b，提示"a>b"；否则提示"a<=b"。

说明：条件为真时执行"表达式 1"；条件为假时执行"表达式 2"。如果条件为真时要执行一组表达式，条件为假时要执行另一组表达式，可配合使用 progn 函数。

(2)progn 函数。

格式：（progn　表达式 1　表达式 2　…）

功能：将多个表达式连接为一组表达式，常用于配合 if、cond 等函数。

示例：（if（=a b）

（progn

（princ "\ na 等于 b"）

（setq a（+a 10）b（-b 10））

）

（progn

（princ"\ na 不等于 b"）

（setq a（- a 10）b（+ b 10））

）

）

说明：如果 a 等于 b，换行输出"a 等于 b"并将 a 加 10，b 减 10；如果 a 不等于 b，换行输出"a 不等于 b"并将 a 减 10，b 加 10。

（3）repeat 函数。

格式：（repeat　次数 N　［<表达式><表达式> …]）

功能：重复执行 N 次［<表达式><表达式> …]

示例：

（setq n 1 sum 0）

（repeat 100

（setq sum（+ sum n））

（setq n（1+ n））

）

说明：求 SUM＝1+2+3+…+100，返回 5050。

（4）While 函数

格式：（While<逻辑表达式><表达式>…）

功能：当逻辑表达式为真时，执行表达式内容。

示例：

（setq n 1 sum 0）

（while（<=n 100）

（setq sum（+ sum n））

（setq n（1+ n））

）

说明：求 SUM＝1+2+3+…+100，返回 5050。

（5）cond 函数。

格式：

（cond

<逻辑表达式 1><表达式（组）1>

252

```
<逻辑表达式 2><表达式(组)2>
……
<逻辑表达式 n><表达式(组)n>
)
```

功能：多分支 if 语句，类似于 CASE 语句

示例：
```
(setq s "c")
(cond
((= s "a")(setq test 1))
((= s "b")(setq test 2))
((= s "c")(setq test 3))
((= s "d")(setq test 4))
(t (setq test 5))
)
```

说明：若 s="c"，则执行(setq test 3))，返回 3，即 test=3。

Visual LISP 函数极其丰富，可满足测绘、建筑、机械等多行业的计算、绘图程序设计。由于其简单实用的特点，在计算机制图中备受青睐。更多的函数，请参照 Visual LISP 的帮助主题或相关参考书。

10.3 AutoLISP 绘图程序设计

10.3.1 Visual LISP 集成开发环境

Visual LISP 提供完整的集成开发环境(IDE)，为开发 AutoLISP 程序提供了极大的方便，大大增强了 AutoLISP 的原有功能。该开发环境具有自己的窗口和菜单，包括编译器、调试器和其他工具，可以实时调试 AutoLISP 程序，但它并不能独立于 AutoCAD 运行。

1. Visual LISP 集成开发环境的启动

启动 Visual LISP 集成开发环境的方法有以下 2 种：

(1)选择"工具"菜单"AutoLISP"下的"Visual LISP 编辑器"。

(2)在 AutoCAD 命令行中输入 VLISP 或 VLIDE，回车即可。

2. Visual LISP 集成开发环境的主要组成部分和功能

(1)语法检查器：可识别 AutoLISP 语法错误和调用内置函数时的参数错误。

(2)文件编译器：改善了程序的执行速度，并提供了安全高效的程序发布平台。

(3)源代码调试器：专为 AutoLISP 设计，利用它可以在窗口中单步调试 AutoLISP 源代码，同时还在 AutoCAD 图形窗口显示代码运行结果。

(4)文字编辑器：可采用 AutoLISP 和 DCL 语法着色，并提供其他 AutoLISP 语法支持功能。

(5)AutoLISP 格式编排程序：用于调整程序格式，改善其可读性。

(6)全面的检验和监视功能：用户可以方便地访问变量和表达式的值，以便浏览和修改数据结构。这些功能还可用来浏览 AutoLISP 数据和 AutoCAD 图形的图元。

实例 10.1：编写一个绘制路灯的程序。

假设当前 F 盘根目录下有一个路灯符号的块文件，其尺寸按《1∶500　1∶1000　1∶2000地形图图式》的要求以毫米为单位绘制，文件名称为"ld.dwg"，现编写一个程序重复调用该符号，步骤如下：

(1)启动 Visual LISP 集成开发环境。

(2)选择菜单栏"文件→新建文件"，创建一个输入源码的空文档。

(3)输入以下源码：

```
(setq blc 0.5)                 //设定比例尺为 1∶500，相当于全局变量
(defun c：crld(/pt)            //定义函数插入路灯符号
(setq pt (getpoint " \ n 指定路灯点位："))   //等待用户指定定位点
  (while pt                   //用户指定了点，该点为真就执行以下代码
      (command "-insert" "f：\\ld" pt blc "" 0)     //插入 F 盘上的 ld.dwg
                                                       符号
      (setq pt (getpoint " \ n 插入点："))    //等待用户指定定位点
  )
)
```

说明：任何一个函数的定义形式如下：

(defun [c：]函数名([形式参数 1][形式参数 2]…/[局部变量 1][局部变量 2]…)

……   //运行本函数要执行的代码

)   //括弧配对

方括弧中的为可选项，含义如下：

c：表示在 AutoCAD 的命令行中输入函数名，就执行该函数，此时相当于该函数为主调函数。如果省略，表示该函数为被调函数，不能直接在 AutoCAD 的命令行运行，只能被主调函数调用。

[形式参数 1][形式参数 2]…：当函数为被调函数时，需要传递的形式参数。

[局部变量 1][局部变量 2]…：只在该函数运行过程中有效的局部变量，该函数运行完毕后内存空间自动释放。

(4)选择菜单"文件→保存"，保存源代码。

(5)点击工具栏上 ▨▨▨▨▨▨▨ ≡ ≡ ▣ 的第一个图标，进行代码加载。

(6)点击视图栏上 ▨▨ ▨ ▨▨▨(ß)▨ 的第一个图标，回到 AutoCAD 绘图界面。

(7)在命令行输入函数名称"crld"，回车，然后按提示指定点位，即可绘制路灯符号。

对于 Visual LISP 集成开发环境的更多知识，可参考开发环境中的帮助文档，也可参考相关书籍。

254

10.3.2 AutoLISP 绘图程序设计

为了学习 Visual LISP 程序设计语言，下面给出几个典型的源代码实例，以帮助学习 Visual LISP。

1. 自动展绘碎部点

在测绘工作中，用户如果没有专门的绘图软件，可以利用 AutoLISP 对 AutoCAD 进行二次开发来实现数字化测图。外业测量获得的碎部点数据主要包括点号、坐标 X、坐标 Y 和高程 H，这些数据需要展绘到计算机上，形成一个图形文件，用户便可以根据外业草图来连接各种线型，绘制图形符号并完成文字注记，最终绘制成图。

通常情况下，展点可以分为三种情况，即用户可以选择展绘点号与高程、仅展绘点号或仅展绘高程。选择哪种方法，要根据具体情况而定，如果需展绘的碎部点较多，分布较密，可以先展绘点号，待绘图完成之后，便可以展绘高程点来完成等高线绘制等任务；如果碎部点不是很多，可同时展绘点号和高程。需要注意的是，用户在展点之前，要取消对象捕捉，防止由于碎部点位太密而叠加在一起，导致点位错误。

碎部点数据文件的格式为：

点号	X	Y	H
1	490954.553	3573593.011	4.493
2	490956.337	3573588.149	4.361
3	490952.735	3573591.791	4.515
4	490957.374	3573589.221	4.475
5	490952.449	3573594.254	4.376

……

```
；展绘点号和高程
(defun c：zd (／ f ln pt x y z dh p1 p2)        //定义一个展点命令，参数可以不写出
(setq f(getfiled"请选择数据文件:" "" "" 4))      //选择展点数据文件
   (princ f)
(if(setq f(open(findfile f)"r"))              //选中文件继续操作，否则退出
      nil
      (exit)
)
(command "layer" "m" "000" "color" "1" "" "")    //设置生成存放碎部点的图层
(setq ln (read-line f))                  //读取"数据"
   (while(setq ln(read-line f))               //循环直到读至最后一行为止
      (setq ln(strcat"("ln")")             //构造表
            pt(read ln)                //点表赋值
            y(nth 1 pt)                //取出 y 坐标
            x(nth 2 pt)                //取出 x 坐标
```

```lisp
        dh( car pt)                    //取出点号
        z( rtos( nth 3 pt)2 2)         //取出 z 坐标
        p1( list x y)                  //构造出 x、y 点表
      )
      (prin1 dh)                       //打印点号
      (command "circle" p1 k1)         //展绘点位以圆来表示，用户也可以用点或
其他符号来绘制或插入
      (setq p2(polar p1 -0.33 k2))     //设置高程标注位置
      (command "text" p2 k2 0 z "text" "" dh "change"( entlast)"""" p" "layer"
"000" "")
                                       //标注高程和点号
    )
    (close f)                          //关闭文件
    (command "layer" "m" "0" "")       //使当前图层为 0 层
  )

;;;;;;;;;;;;;;;;;;;;;;;;;;;;;;;;;;;;;;;;;;;;;;;;;;;;;;;;;;;;;;;
; 仅展绘点号
(defun c：zd1(/f ln pt x y dh p1 p2)
  (setq f( getfiled"请选择数据文件：" "" "" 4))
  (princ f)
  (if( setq f( open( findfile f)"r"))
    nil
    (exit)
  )
  (command "layer" "m" "000" "color" "1" "" "")
  (setq ln( read-line f))
    (while( setq ln( read-line f))
    (setq ln( strcat"("ln")")
        pt( read ln)
        y( nth 1 pt)
        x( nth 2 pt)
        dh( car pt)
        ; z( rtos( nth 3 pt)2 2)
        p1( list x y)
    )
    (prin1 dh)
    (command "circle" p1 k1)
    (setq p2( polar p1 -0.33 k2))
```

256

```
( command "text" p2 k2 0 dh "change" ( entlast ) " " " " "p" "layer" "000" " " )
    )
    ( close f )
    ( command "layer" "m" "0" " " )
)
```

2. 以弧度形式返回两点间的坐标方位角

```
//这是一个由两已知点坐标( x1 y1 ) 、( x2 y2 )反算坐标方位角的子程序
( defun fwj( x1 y1 x2 y2 / dtx dty xx )
    ( setq dtx ( - x2 x1 ) )
    ( setq dty ( - y2 y1 ) )
    ( if ( and ( = dtx 0. 0 ) ( < dty 0. 0 ) ) ( setq fwj1 270. 0 ) )
    ( if ( and ( = dtx 0. 0 ) ( > dty 0. 0 ) ) ( setq fwj1 90. 0 ) )
    ( if ( / = dtx 0. 0 )
        ( progn
            ( setq xx ( / dty dtx ) )
            ( setq fwj1 ( atan xx ) )
            ( setq fwj1 ( * fwj1 ( / 180. 0 3. 14159265358 ) ) )
        )
    )
    ( if ( < dtx 0. 0 )
            ( setq fwj1 ( + fwj1 180. 0 ) )
    )
    ( if ( and ( > dtx 0. 0 ) ( >= dty 0. 0 ) )
            ( setq fwj1 ( + fwj1 0. 0 ) )
    )
    ( if ( and ( > dtx 0. 0 ) ( < dty 0. 0 ) )
            ( setq fwj1 ( + fwj1 360. 0 ) )
    )
    ( setq fwj1 ( * fwj1 ( / 3. 14159265358 180. 0 ) ) )
    ( princ )
)
```

3. 指定文本、字高、图层、注记起点和终点，程序完成两点间均匀注记汉字

```
( defun c：hzzj ( / str zg layer pt10 pt20 s fa i j ds mm pt char )
    ( setq str ( getstring "请输入要注记汉字( 不含空格和字符 )：" ) )
    ( setq zg ( getint "请输入注记字高：" ) )
    ( setq layer ( getstring "请输入注记文本所在图层名称：" ) )
```

```
(setq pt10 (getpoint "请输入注记起点:"))
(setq pt20 (getpoint "请输入注记终点:"))
(setq s  (distance pt10 pt20)
   fa (angle pt10 pt20)
)
(setq i  0
   j  (/ (strlen str) 2)
   ds (/ s (1- j))
)
(command "-layer" "s" layer "")
(setq mm (getvar "osmode"))
(command "osnap" "none")
(while (< i j)
  (setq pt (polar pt10 fa (* i ds)))
  (setq char (substr str (+ (* i 2) 1) 2))
  (command "text"
       "j"
       "mc"
       pt
       zg
       (* fa 57.0)
       char
   )
  (setq i (1+ i))
)
(setvar "osmode" mm)
(princ)
)
```

4. 对图中的所有多段线进行样条型拟合

```
//曲线拟合
(defun c: lh()
  (setq all_pline (ssget "X" (list (cons 0 "LWPOLYLINE"))))
  (setq i 0)
  (setq pline_i (ssname all_pline i))
  (while pline_i
    (command "pedit" pline_i "s" "")
    (setq i (+ i 1))
```

258

```
          (setq pline_i (ssname all_pline i))
        )
      (princ)
    )
```

5. 统一修改图形中的文本高度

```
   //修改字高
   (defun c：xgzg()
     (setq zg (getreal "请输入新的字高:"))
     (setq alltext (ssget "X" (list (cons 0 "TEXT"))))
     (setq i 0)
     (setq texti (ssname alltext i))
     (while texti
       (setq textent (entget texti))        //text object data
       (setq zg_yz (cons 40 zg))
       (setq textent (subst zg_yz (assoc 40 textent) textent))
       (entmod textent)
       (setq i (+ i 1))
       (setq texti (ssname alltext i))
     )
     (princ)
   )
```

限于篇幅,这里不能一一列举,以上源代码仅供学习参考。

10.3.3 菜单定制与开发

菜单是 AutoCAD 的主控界面,AutoCAD 通过菜单来集成有关命令及选项。主窗口的菜单类型主要有:下拉菜单、工具栏、屏幕菜单、图像菜单,另外还有人机交互的对话框。

1. 下拉菜单

标准菜单栏包括 11 个下拉菜单(Pun-Down Menus),这些菜单包含了通常情况下控制 AutoCAD 运行的功能和命令。例如,利用"文件"下拉菜单打开、保存或打印图形文件等。

要选取某一菜单项,可用鼠标左键单击。同时,在图形窗口下的状态栏中,看到该菜单项和功能说明及对应的命令名。

某些菜单项右端有一黑色小三角,说明该菜单仍为标题项,它将引出下一级菜单,称为级联菜单,可进一步在级联菜单中单击菜单项。某些菜单项后跟"…",说明该菜单将引出一个对话框,通过对话框实施操作。若一菜单项为灰色,则表示该选项不可选。如图

图 10.1 下拉菜单

10.1 所示为下拉菜单。

2. 工具栏

工具栏(Toolbars)是另一种代替命令的简便工具，利用它可以完成绝大部分的绘图工作。目前有20多个已命名的工具栏。某些工具栏包含经常使用的工具，如"标准工具"、"对象特性"工具栏。还有一些工具栏，如"渲染"、"UCS"工具栏等，在缺省的界面中是关闭的或隐藏的，但是当用户需要使用它们的时候，可以很方便地显示并将其放在一个合适的位置。用户可以将光标置于工具栏的按钮上从而迅速显示其名称，点击按钮便可执行命令，按鼠标右键显示"工具栏"选择对话框。工具栏使用非常方便，如图10.2为"地物编辑"工具栏。

图 10.2 "地物编辑"工具栏

3. 屏幕菜单

屏幕菜单是个综合性的菜单，位于 AutoCAD 主窗口的右侧。屏幕菜单按分页方式显示菜单标题项与菜单项，而若干个菜单项组合在一起构成一个子菜单。子菜单中又可以包括下一级的子菜单。选择菜单的某一菜单项，就会进入下一级子菜单或执行相应命令。通过屏幕菜单几乎可以访问 AutoCAD 的全部命令，图10.3为某软件的屏幕菜单。

屏幕菜单缺省设置为不显示。若需显示，可按下述步骤进行：

(1)单击"工具"菜单中"选项…"，启动"选项"对话框。

(2)选择"显示"标签，呈现"显示"属性卡。

(3)选择"显示屏幕菜单"复选框，按"应用"、"确认"键，则在屏幕右侧出现屏幕菜单。

4. 图像控件菜单

图像控件菜单是一种平铺的多个图形表示的菜单。由于图形的直观性，使得用户不必记忆命令或二次开发的扩展命令，只需

图 10.3 屏幕菜单

单击表示所需操作的图形块即可，使用起来十分方便。在多数情况下，图像控件菜单是通过下拉菜单或屏幕菜单调用的。当选择下拉菜单或屏幕菜单的某些项后，屏幕绘图区会出现相应的图像控件菜单，图10.4为植被绘制的图像菜单。

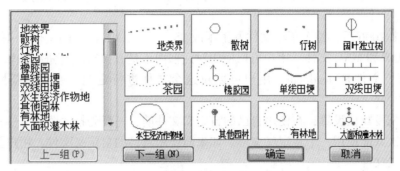

图 10.4　图像菜单

5. 人机交互对话框

人机交互对话框是 AutoCAD 绘图时，绘图人员将绘图所需参数告诉计算机的重要方法。如绘制宗地图时，需要绘图人员输入该宗地的权利人，土地使用类别，宗地所在的街道号、街坊号、宗地号等信息，图 10.5 所示为宗地属性录入的对话框。当绘制某些地图要素时，如果需要较多的参数，常采用这种方法完成人机交互。

图 10.5　"宗地基本属性"对话框

AutoCAD 主控界面用到的各种菜单，都是通过菜单文件来定义的。菜单文件的作用是建立起外部设备(如屏幕和数字化仪等)的某些区域与命令、选择项或某一预定功能的一一对应关系。而这一对应关系的实现，是通过执行一系列由命令及选择项组成的程序(或自己建立的应用程序和脚本文件)来完成的，每一段程序对应一个菜单项。有了菜单文件，才能方便地在菜单上拾取命令或选择项。利用菜单文件还可以扩充系统的功能，提高自动化设计的成分，菜单的开发是对系统进行二次开发的重要组成部分，掌握菜单文件的类型、结构及开发技术，就可以根据自己的专业特点及绘图要求，开发出适合的用户菜单，有条理地组织开发各功能模块。

对于一个数字成图系统而言，菜单的开发特别重要，可以通过在菜单中增加一个选项来提高绘图的效率。借助于这种方式，某一项需多步才能完成的任务可以通过定义一个菜单项来方便地实现。

早期的 AutoCAD 菜单文件是名为 acad. mnu 的文本文件。可以直接编辑和操作的主要菜单文件是那些 ASCII 码格式的文件，如 . mnu，. mns，. mnc 等，可以通过 MENU 命令加载菜单文件。

AutoCAD 2006 后，整个菜单文件发生了改变。一个 XML 格式的文件 acad. cui，代替了 MNU、MNS 和 MNC 文件。用户可以使用对话框而不是直接对文件进行编辑。AutoCAD 2006 的主菜单文件是 acad. cui，用户可以对这个文件进行定制，或者加载另一个 . cui 文件。

为了能恢复默认设置，在使用自己的自定义文件前，一般先把主菜单文件 acad. cui 备份。用户每次只能使用一个自定义文件。如果需使用自己的自定义文件，用户首先得卸载当前的自定义文件。

使用 CUILOAD 命令可以卸载和加载自定义文件。此时"加载/卸载自定义设置"对话框被打开，如图 10.6 所示。选择需要卸载的自定义文件，单击"卸载"按钮。

加载一个新的自定义文件，步骤如下：

(1)在"加载/卸载自定义设置"对话框里，选择当前自定义文件并单击"卸载"按钮。

(2)单击"浏览"按钮。

(3)找到并选择新的自定义文件。单击"打开"按钮。

(4)在"加载/卸载自定义设置"对话框中，单击"加载"按钮。

(5)单击"关闭"按钮关闭对话框。

(6)选择"工具→自定义→界面"菜单命令(或者输入 cui 命令)。

(7)在自定义文件窗口中，顶部的下拉列表显示所有自定义文件。在窗口的最高项列出了当前自定义文件，右击这个文件并选择"重命名"。输入被加载了的自定义文件名称，回车后，使自定义组名和文件名相匹配。

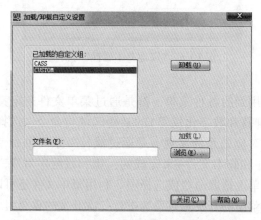

图 10.6 "加载/卸载自定义设置"对话框

6. AutoCAD 定制菜单

在早期版本的菜单定制中，可以用 Visual LISP 集成开发环境编写一个 ∗. mnu 的菜单文件，存盘时文件类型选择 ∗. mnu 文件即可。需要装载该菜单界面时，在 AutoCAD 命令行输入 MENU 并回车，指定该菜单文件即可。具体定义方法如下：

(1)定义下拉菜单

如图 10.1 所示的第四列下拉菜单，其对应的代码如下：

```
    ***POP4                                //表示这是第五列下拉菜单
    [专业工具 &V]                          //下拉菜单名称，Alt+V 为快捷功能键
    [前方交会]^C^C^Pqfjh；^P               //下拉菜单的第一个选项
    [边长交会]^C^C^Pintersu；^P            //下拉菜单的第二个选项
    [方向交会]^C^C^Pangdist；^P
    [支距量算]^C^C^Pzhiju；^P
    [多功能复合线]^C^C^Pdjf3；^P
    [--]                                    //菜单项分隔线
    [加入实体属性]^C^CPUTP
    [--]
    [测站改正]^C^C^Pmodizhan；^P
    [--]
    [->批量删减]                           //"->"表示带二级子菜单项
    [窗口删减]^C^C^Pcksj；^P               //第一个子菜单项
    [<-依指定多边形删减]^C^C^Pplsj；^P     //第二个(也是最后一个)子菜单项
    [->批量修剪]
    [窗口修剪]^C^C^Pckjq；^P
    [<-依指定 PLINE 线修剪]^C^C^Ppljq；^P
```

说明：

^C^C：表示强行终止上一个命令，以便执行新的命令。

^P：表示如果刚刚执行完一次该命令，用户空格或回车重复该命令。

(2)定义屏幕菜单。

如图 10.2 所示的屏幕菜单，其对应的代码如下：

```
    ***SCREEN 1                            //屏幕菜单标识
    **SSS
    [MAP 测试版]
    [＝＝＝＝]
    [初 始 化]^C^C^P-insert；MAP10
    [设置比例尺]^C^C^Pcsh
    [控 制 点]^C^C^P $ I=cld $ i= *
    [居 民 地]^C^C^P $ i=jmd $ i= *
    [工矿设施]^C^C^P $ i=dldw $ i= *
    [交通设施]^C^C^P $ i=dl0 $ i= *
    [管线设施]^C^C^P $ I=gxyz $ i= *
    [水系设施]^C^C^P $ i=sxss $ i= *
```

[境 界 线]^C^C^P $ I=xx $ i= *
[地　　貌]^C^C^P $ i=dmdm $ i= *
[土　　质]^C^C^P $ i=tztz $ i= *
[植　　被]^C^C^P $ i=zbtz $ i= *　　//激活名为"zbtz"的图像菜单,如图10.4所示
[注　　记] $ i=zjl $ i= *

(3)定制工具条。

在 AutoCAD 命令行输入 TOOLBAR 或 CUI 命令,回车,可激活自定义用户界面窗口,右击"工具栏",如图10.7所示,选择"新建/工具栏",输入工具栏名称即可。

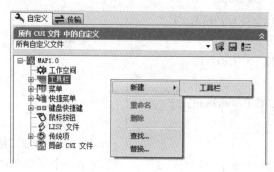

图 10.7　自定义工具条

要在工具栏中加入功能项,可通过下方的"新建命令",填写命令名称、说明、宏、图像等内容,点击"应用",然后将该命令拖到新建的工具条上即可。

(4)图像菜单。

制作图像菜单,可通过以下步骤实现:

①将要在图像菜单中显示的图像利用 AutoCAD 的 MSLIDE 命令制作幻灯片;

②利用 SLIDELIB 命令将所有的幻灯片生成一个幻灯片库;

③在 *.MNU 菜单文件中,编写图像菜单代码。如图10.4所示的图像菜单,对应代码如下:

```
*** IMAGE                     //图像菜单标识
** ZBTZ 1                     //名为"ZBTZ"的图像菜单
[植被类]
[map3(zb35,地类界)]^C^Cdlj ^P
[map3(zb19,散树)]^C^Css^P
[map3(zb20,行树)]^C^Chs^P
[map3(zb21,阔叶独立树)]^C^Ckydls^P
[map3(zb22,针叶独立树)]^C^Czydls^P
```

说明:"map3"为幻灯片库名,"zb??"为幻灯片名称,对应于列表中显示的幻灯片图像,"地类界"、"散树"为菜单左边列表中显示的名称。

(5)对话框的编写。

264

编写如图 10.8 所示的对话框，可在 Visual LISP 文字编辑器窗口中打开一个新文件，输入以下代码：

图 10.8　系统初始化对话框

```
csh：dialog                           //对话框名称
  {
  label="系统初始化"；                //对话框标题
  ：boxed_radio_row                    //定义一个单选框
    {
    label="选择比例尺"；              //单选框的标识字串
    ：radio_button
      {
        label="1：500"；
    key="m5"；
  }
：radio_button
  {
    label="1：1000"；
    key="m10"；
  }
：radio_button
  {
    label="1：2000"；
    key="m20"；
  }
  }

：boxed_radio_row
    {
    label="选择命令状态"；
```

```
    : toggle                              //定义一个开关按钮
      {
        label = "围绕顶点产生线型";
        key = "c1";
        value = "1";
      }
    : toggle
      {
        label = "十字标记可见";
        key = "c2";
        value = "1";
      }
    }

    ok_cancel;                            //使对话框自动添加确定和取消两个按钮
  }
```

然后将上述代码保存为 *. dcl 文件即可。

如果采用 Visual LISP 调用时，应编写以下调用代码：

```
  ; 初始化
  (defun c：csh ( )
    (setq dcl_dtszh (load_dialog "map. dcl"))
    (if(not(new_dialog "csh" dcl_dtszh))(exit))
    (if (= setblc 2. 0)(set_tile "m20" "1"))
    (if (= setblc 1. 0)(set_tile "m10" "1"))
    (if (= setblc 0. 5)(set_tile "m5" "1"))
    (setq setblc1 setblc)
    (action_tile "accept" "(csh_ok)")
    (action_tile "cancel" "(done_dialog)")
    (start_dialog)
    (unload_dialog dcl_dtszh)
    (if (/= setblc1 setblc)
      (progn
    (if (= setblc 0. 5)(progn (command " gbblc1" 500 "")(print " 比例尺
是1：500")))
    (if (= setblc 1. 0)(progn (command " gbblc1" 1000 "")(print " 比例尺
是1：1000")))
    (if (= setblc 2. 0)(progn (command " gbblc1" 2000 "")(print " 比例尺
是1：2000")))
    )
```

266

```
    ( print " 比例尺未改变!" )
    )
    ( princ )
)
```

随着 AutoCAD 的不断升级，基于 AutoCAD 的数字成图软件界面设计越来越方便，自 AutoCAD2006 以后，对于下拉菜单、屏幕菜单、工具条、图像菜单等都可以直接通过定制来完成。随着版本的升级，其方法稍有不同，可参考相应版本的帮助文件。

10.4　上　机　实　训

实训 1：利用 Visual LISP 集成开发环境，编写一个坐标方位角、边长反算程序，要求能对用户输入的任意两点，计算出这两点的坐标方位角和边长，并绘出图形，标注坐标方位角和边长。

实训目标：培养在 Visual LISP 集成开发环境中，开发简单测绘程序，调用 AutoCAD 绘图、编辑功能的能力。

操作提示：

(1)提示用户输入两点的坐标；

(2)根据两点坐标利用 Visual LISP 函数计算方位角、边长；

(3)绘制两点位置并连线，注记计算出的边长和方位角(设置默认的注记字高，沿线的前进方向，可左边注记方位角，右边注记边长)，如图 10.9 所示。

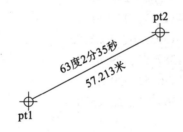

图 10.9　边长、方位计算成图实训

实训 2：请设计一种方案，通过键盘录入经纬仪所测的外业碎部点数据，实现内业 AutoCAD 中自动展点，连线。

实训目的：培养运用所学知识解决实际问题的能力。

操作提示：

(1)设计一种数据文件格式，用以保存经纬仪所测的外业碎部点数据；

(2)用任一文本编辑器按设计的格式，录入外业碎部点数据并保存为一个文本文件 A0. txt；

(3)编写一段源代码，从 A0. txt 中读入外业数据，计算每一个碎部点的 X、Y、H，按一定的格式生成一个字串，如"点号，坐标 x，坐标 y，高程 h，编码"，并将其写入一

267

个新文件，同时在 AutoCAD 中展点，注记点号、高程或编码并根据编码进行连线。

实训 3：在 AutoCAD 中利用 Visual LISP 集成开发环境，编写如图 10.1 所示的下拉菜单，如图 10.2 所示的屏幕菜单，如图 10.3 所示的工具条，如图 10.4 所示的图像菜单。

训练目的：培养学生对 AutoCAD 常用界面的设计能力。

操作提示：参照 10.3.3 小节。

◎ 习题与思考题

1. AutoLISP 二次开发语言有什么特点？

2. 试用 AutoLISP 语言设计一个绘制宗地图的程序。

3. 试用 AutoLISP 语言设计一个计算坐标方位角的子程序。

4. 请用前面介绍的 AutoCAD 菜单定制方法，设计一个大比例尺数字测图软件的绘图界面。

5. 试用 AutoLISP 语言编写一个展点程序，能将以下格式的数据文件在 AutoCAD 中展绘野外测点点号，以便内业成图。

    1，F0，53414. 28，31421. 88，39. 555
    2，+，53387. 8，31425. 02，36. 8774
    3，+，53359. 06，31426. 62，31. 225
    4，K0，53348. 04，31425. 53，27. 416
    5，+，53344. 57，31440. 31，27. 7945
    6，+，53352. 89，31454. 84，28. 4999
    7，+，53402. 88，31442. 45，37. 951
    8，A39，53393. 47，31393. 86，32. 5395
    9，U0，53358. 85，31387. 57，29. 426
    10，+，53358. 59，31376. 62，29. 223
    11，+，53348. 66，31364. 21，28. 2538

附录 I AutoCAD 2010 常用命令列表

序号	命 令	快 捷 键	功能说明
1	3D	3D	三维形体初始化
2	3DARRAY	3A	三维阵列
3	3DFACE	3F	创建三维面
4	3DORBIT	3DO	互交 3D 观察
5	3DPOLY	3P	三维多段线
6	ADCENTER	ADC	设计中心
7	ALIGN	AL	三维对齐
8	APPINT	APPINT	捕捉外观交点
9	ARC	A	画弧
10	ARRAY	AR	图形阵列
11	ATTDEF	ATT	定义属性
12	ATTEDIT	ATE	编辑参照
13	BLOCK	B	定义图块
14	BOX	BOX	长方体
15	BREAK	BR	打断线段
16	CEN	CEN	捕捉圆心点
17	CHAMFER	CHA	倒角
18	CIRCLE	C	画圆
19	COLOR	COL	设置颜色
20	COPY	CO，CP	复制实体
21	COPYCLIP	CTRL+C	跨文件复制
22	CYLINDER		圆柱体
23	DDEDIT	ED	编辑文字
24	DDUCS	US	打开 UCS 选项
25	DIMALIGNED	CAL	斜线标注
26	DIMANGULAR	DAN	角度标注

序号	命　令	快　捷　键	功能说明
27	DIMBASELINE	CBA	基线标注
28	DIMCENTER	DCE	圆心标注
29	DIMCONTINUE	DCO	连续标注
30	DIMDIAMETER	DDI	直径标注
31	DIMEDIT		标注编辑
32	DIMLINEAR	DLI	两点标注
33	DIMRADIUS	DRA	半径标注
34	DIMSTYLE	D	标注设置
35	DIMTEDIT		标注更新
36	DISTANCE	DI	计算距离
37	DIVIDE	DIV	定数等分
38	DSETTINGS	RE	草图设置
39	DSVIEWER	AV	鸟瞰视图
40	ELEV		二维厚度
41	ELLIPSE	EL	椭圆
42	END	END	捕捉最近端点
43	ERASE	EL	删除实体
44	EXPLODE	EX，XP	分解
45	EXT	EXT	捕捉延长线
46	EXTEND	EX	延伸实体
47	EXTRUDE		拉伸实体
48	FILL		控制填充
49	FILLET	F	倒圆
50	GROUP	G	创建选择集
51	HATCH	H	填充实体
52	HATCHEDIT	HE	编辑标注
53	HIDE	HI	消隐对象
54	HIGHLIGHT		高亮显示备选
55	INSERT	I	插入图块
56	INT	INT	捕捉交点
57	INTERSECT	IN	交集实体

序号	命　令	快　捷　键	功能说明
58	ISOLINES		网线密度
59	LAYER	LA	图层管理
60	LAYOUT	LO	创建新布局
61	LENGTHEN	LEN	拉长线段
62	LIGHT		设置光源
63	LIMITS		图形界限
64	LINE	L	画线
65	LINETYPE	LT	设置线型
66	LTSCALE	LTS	线型比例
67	MATCHPROP	MA	属性复制
68	MEASURE	ME	定距等分
69	MENU	MENU	加载菜单
70	MID	MID	捕捉中心点
71	MIRROR	MI	镜像实体
72	MIRROR3D		三维镜像
73	MLEDIT	MLE	编辑双线
74	MLINE	ML	双线
75	MOVE	M	移动实体
76	MSPACE	MS	图纸转模型
77	MTEXT	MT, T	多行文本
78	NEA	NEA	捕捉最近点
79	NEW	C+N	新建文件
80	NON	NON	无捕捉
81	OFFSET	O	偏移实体
82	OPEN	C+O	打开文件
83	OPTIONS	OP	选项设置
84	OSNAP	OS	设自动捕捉
85	PAN	P	实时平移
86	PASTECLIP	CTRL+V	跨文件粘贴
87	PEDIT	PE	编辑多段线

序号	命　令	快　捷　键	功能说明
88	PER	PER	捕捉垂点
89	PLINE	PL	多段线
90	POINT	PO	画点
91	POLYGON	POL	多边形
92	PRINT/PLOT	C+P	打印预览
93	PROPERTIES	CH，MO	属性编辑
94	PSPACE	PS	模型转图纸
95	PURGE	PU	删没用图层
96	QDIM		快速标注
97	QLEADER	LE	引线标注
98	QUA	QUA	捕捉象限点
99	QUIT 或 EXIT		退出 CAD
100	RECTANGLE	REC	绘制矩形
101	REGEN		重生成
102	REGION	REG	面域
103	RENDER	RR	渲染
104	REVOLVE	REV	旋转实体
105	RMAT		设置材质
106	ROTATE	RO	旋转实体
107	ROTATE3D	RO	三维旋转
108	SAVE	C+S	保存文件
109	SCALE	SC	比例缩放
110	SCENE		设置场景
111	SHADEMODE	SHA	实体着色
112	SLICE	SL	剖切实体
113	SOLIDEDIT		编辑实体
114	SOLPROF		立体轮廓线
115	SPELL	SP	拼写检查
116	SPHERE		球体
117	SPLINE	SPL	曲线

序号	命　令	快　捷　键	功能说明
118	SPLINEDIT	SPE	编辑曲线
119	STRETCH	S	拉伸实体
120	STYLE	ST	文字样式
121	SUBTRACT	SU	实体求差
122	SURFTAB1		曲面分段数
123	TOLERANCE	TOL	公差
124	TOOLBAR	TO	自定工具栏
125	TRIM	TR	修剪
126	UCS	UCS	建立用户坐标
127	UNDO	U	回退一步
128	UNION	UNI	并集实体
129	UNITS	UN	设置单位
130	VIEW	VIEW	改变视图
131	WBLOCK	W	建外部图块
132	WEDGE		楔体
133	XLINE	XL	参照线
134	ZOOM+D	Z+D	实时缩放
135	ZOOM+P	Z+P	恢复视窗
136	ZOOM+W	Z+W	窗口缩放

附录 Ⅱ AutoCAD 2010 常用快捷功能键

序号	快捷键	功能说明
1	F1	获取帮助
2	F2	实现作图窗和文本窗口的切换
3	F3	控制是否实现对象自动捕捉
4	F4	数字化仪控制
5	F5	等轴测平面切换
6	F6	控制状态行上坐标的显示方式
7	F7	栅格显示模式控制
8	F8	正交模式控制
9	F9	栅格捕捉模式控制
10	F10	极轴模式控制
11	F11	对象追踪模式控制
12	F12	动态输入模式控制
13	Ctrl+0	清除屏幕
14	Ctrl+1	打开特性对话框
15	Ctrl+2	打开图像资源管理器
16	Ctrl+3	打开工具选项板窗口
17	Ctrl+4	打开图纸集管理器
18	Ctrl+5	打开信息选项板
19	Ctrl+6	启动数据库连接
20	Ctrl+7	打开标记集管理器
21	Ctrl+8	打开快速计算器
22	Ctrl+9	命令行打开与关闭
23	Ctrl+A	全选
24	Ctrl+B	栅格捕捉模式控制(F9)
25	Ctrl+C	将选择的对象复制到剪贴板
26	Ctrl+Shift+C	带基点复制

序号	快捷键	功能说明
27	Ctrl+F	控制是否实现对象自动捕捉
28	Ctrl+G	栅格显示模式控制(F7)
29	Ctrl+J	重复执行上一步命令
30	Ctrl+K	创建超级链接
31	Ctrl+N	新建图形文件
32	Ctrl+M	打开选项对话框
33	Ctrl+O	打开图像文件
34	Ctrl+P	打开打印对话框
35	Ctrl+Q	退出系统
36	Ctrl+S	保存文件
37	Ctrl+Shift+S	将文件另存
38	Ctrl+U	极轴模式控制(F10)
39	Ctrl+V	粘贴剪贴板上的内容
40	Ctrl+Shift+V	粘贴为块
41	Ctrl+W	对象追踪模式控制(F11)
42	Ctrl+X	剪切所选择的内容
43	Ctrl+Y	重复上一个操作
44	Ctrl+Z	取消上一个操作
45	Del	删除选中对象
46	Esc	终止命令

参 考 文 献

[1]陈志民.AutoCAD 2010 中文版实用教程[M].北京：机械工业出版社，2009.

[2]孙晓非，等.AutoCAD 2010 中文版标准教程[M].北京：清华大学出版社，2010.

[3]高永芹，等.测绘 CAD[M].北京：中国电力出版社，2007.

[4]李军杰，等.测绘工程 CAD[M].郑州：黄河水利出版社，2008.

[5]王年红，等.测绘工程 CAD[M].北京：测绘出版社，2010.

[6]郭昆林.数字测图[M].北京：测绘出版社，2011.

[7]徐泮林.最新 AutoCAD 地形图测绘高级开发[M].北京：地震出版社，2008.

[8]杨晓明，苏新洲.数字测图基础[M].北京：测绘出版社，2005.

[9]梁勇，邱健壮，厉彦玲.数字测图技术及应用[M].北京：测绘出版社，2009.

[10][美]Sham Tickoo.AutoCAD 2000 高级定制[M].辛洪兵译.北京：机械工业出版社，2001.

[11]中华人民共和国国家质量监督检验检疫总局，中国国家标准化管理委员会.GB/T 20257.1—2007 国家基本比例尺地形图图式 第 1 部分：1：500 1：1000 1：2000 地形图图式[M].北京：中国标准出版社，2007.

[12]赵云华.道路工程制图[M].北京：机械工业出版社，2005.

[13]徐泮林.数字化成图——最新 AutoCAD 地形图测绘高级开发[M].北京：地震出版社，2008.

[14]张巍屹，王曙光，元买青，等.AutoCAD 2007 中文版标准教程[M].北京：清华大学出版社，2006.

[15]田立忠，周长城，胡仁喜，等.AutoCAD 2011 中文版机械制图快速入门实例教程[M].北京：机械工业出版社，2010.

[16]Autodesk 公司著.Auto CAD 2012 产品文档[M].拉菲尔：Autodesk 公司出版，2012.

[17]周宏达.测绘 CAD[M].北京：机械工业出版社，2012.

[18]崔晓利，王新平.中文版 Auto CAD 工程制图（2007 版）[M].北京：清华大学出版社，2008.

[19]计算机职业教育联盟主编.Auto CAD 2004 基础教程与上机指导[M].北京：清华大学出版社，2006.

[20]姜勇.Auto CAD 机械制图教程[M].北京：人民邮电出版社，2008.

[21]王立峰.计算机辅助设计——Auto CAD[M].北京：中国水利水电出版社，2009.